植物源新型农药研究
辽细辛精油

王桂清　张秀省　姬兰柱　著

科学出版社

北京

内 容 简 介

本书是我国第一部以单一植物为对象，研究其植物源农药价值的学术著作，对植物源农药的研究具有引领和示范作用。图书主要从辽细辛的药用价值、辽细辛根不同溶剂提取物的杀虫抑菌活性、辽细辛精油杀虫抑菌活性及作用方式、辽细辛精油和化学药剂对致病菌抑制效果的比较、辽细辛精油指纹图谱分析、辽细辛精油杀虫抑菌的作用机制研究、辽细辛精油诱导抗病性研究和植物源新型农药——辽细辛精油乳油的配制等 8 个方面，系统而详细地介绍了药用植物辽细辛的有效成分——精油在农药上的应用价值，具有较强的理论性、实践性和指导性。

本书可供高等院校和科研机构植物保护、生物技术、微生物学、植物学、中药学、药学、农药学、化学等专业师生及科研人员阅读借鉴，同时也可供从事生物农药生产和应用单位的研发、技术和管理人员参考。

图书在版编目（CIP）数据

植物源新型农药研究：辽细辛精油/王桂清，张秀省，姬兰柱著. —北京：科学出版社，2020.6

ISBN 978-7-03-065235-5

Ⅰ．①植… Ⅱ．①王… ②张… ③姬… Ⅲ．①植物农药–研究
Ⅳ．①TQ458.2

中国版本图书馆 CIP 数据核字（2020）第 088875 号

责任编辑：马 俊 白 雪 / 责任校对：严 娜
责任印制：吴兆东 / 封面设计：北京铭轩堂广告设计公司

科 学 出 版 社 出版
北京东黄城根北街 16 号
邮政编码：100717
http://www.sciencep.com

北京厚诚则铭印刷科技有限公司 印刷
科学出版社发行 各地新华书店经销

*

2020 年 6 月第 一 版 开本：720×1000 1/16
2021 年 1 月第二次印刷 印张：18
字数：360 000

定价：149.00 元
（如有印装质量问题，我社负责调换）

序

"民以食为天"，说明"食"是"民"赖以生存的最重要的东西，所以"食"的数量和质量关乎着"民"的生存，而"食"的数量和质量又往往被"病虫害"所左右。例如，玉米是我国重要的粮食作物，2012 年玉米播种面积为 3 503 万公顷，总产量 20 561.4 万吨，成为我国第一大粮食作物；2015 年玉米播种面积和总产量双双创历史新高，分别达到 3 811.9 万公顷和 22 463.2 万吨。同时伴随着农业种植业结构调整和耕作栽培方式转变、玉米品种更新换代和种植面积及地域的扩大、全球性气候变暖，玉米病虫害的发生也持续呈加重趋势，2011 年全国玉米病虫害发生面积为 7 165.7 万公顷，2012 年快速上升至 8 101.79 万公顷，2013 年为 8 157.5 万公顷，达到了历史新高，2014 年略有下降，但在 2015 年仍高达 7 753 万公顷，对玉米安全生产构成了威胁。为了控制病虫害的发生，必须采取相应的防治措施，其中农药防治是主要的防治方法之一。

农药为农业生产提供了重要支持，我国已发展成为全球第一大农药生产国，我国的农药市场发展迅速，行业总体呈现良好发展态势。

在农药使用历史上，农药经历了三代。"第一代农药"又称天然农药，指早期由矿物或植物性物质制成的农药。20 世纪初期，由于化学工业发展缓慢，有机合成化学农药的研制进展不快，因此对农业病虫害的防治仍采用以往常用的砷酸钙、砷酸铅、波尔多液、石灰硫磺合剂和除虫菊、鱼藤精等古老品种或天然物质。"第二代农药"指以有机合成农药为代表的一代农药，具有药效高、用量少、杀虫防病范围广、品种多等特点，许多方面都优于第一代农药。然而，与此同时也带来了一系列新的环境污染问题。在 20 世纪 30 年代后期，特别在 1940 年以后，由于滴滴涕和六六六两种有机氯合成农药相继问世，且在农药和卫生领域得到了广泛的应用，这种新的、有特效的农药，为合成农药开辟了一个新的应用领域，标志着农药发展由天然产品走向合成阶段。"第三代农药"来源于生物，天然、可完全降解、对环境友好、控制靶标有害生物效果好、不会对人类健康造成任何影响，是保证农产品质量安全的守护者。随着科学技术的飞速发展，21 世纪的农药应是"生物合成农药"或"环境和谐农药"。

2019.06.30

前　言

在发展种植业中，病虫害是不可避免的限制生产的因素，而控制病虫害发生的高效、快速方法是农药防治。农药按其来源可分为矿物源、化学合成、生物源三大类。矿物源农药种类少，发展前途不大。化学农药有其高效的一面，可在病虫害大量发生时发挥作用，但化学农药在使用过程中产生的"3R"问题，即残留（residue）、抗性（resistance）及害虫再猖獗（resurgence）日趋严重。据联合国环境规划署统计，全世界每年有 200 万人发生急性农药中毒，其中约有 4 万人丧生。近 20 年来，人类的癌症、肝病、心血管病等发病率剧增，不能否认它们与化学农药的长期使用有着密不可分的关系。

在我国，随着经济和社会的发展，人们对生活质量的要求日益提高，农业正经受着由数量型向质量型、由产量型向效益型转变的深刻历史变革。为了人类更好的生存，为了改善生态环境、建设美丽中国，为了与我国农业可持续发展策略相适应，业界要求开发的新农药必须具有安全性高、残留低、无公害、生物活性高、使用费用低、选择性高的特性。因此，寻找替代化学农药进行植物保护已成为当代世界各国科研工作者的热门话题。目前，研究较为成功的替代品为生物源农药，即直接利用生物活体或生物代谢过程中产生的具有生物活性的物质或从生物体提取的物质作为防治病、虫、草害和其他有害生物的农药，具体包括植物源农药、动物源农药和微生物源农药。由于植物源农药源于自然，它们与环境相容性高，无残留，对人畜及害虫天敌比较安全，害虫不易产生抗药性，且价格便宜，随着社会的发展，科学技术的进步，人们发现并证明，植物源农药才是农药发展利用的真正宝库。植物源农药属生物源农药范畴内的一个分支。各种植物源农药通常不是单一的一种化合物，而是植物有机体的全部或一部分有机物质，成分复杂多变，但一般都包含在生物碱、糖苷、有毒蛋白质、挥发性精油、单宁、树脂、有机酸、酯、酮、萜等各类物质中。从广义上讲，富含这些高生理活性物质的植物均有可能被加工成农药制剂，其数量和物质类别丰富。

植物进行光合作用后，它的细胞会分泌出芳香的分子，这些分子则会聚集成香囊，散布在花瓣、叶片或树干上。将香囊提炼萃取后，即成为"植物精油"。植物精油是一类植物源次生代谢物质，分子质量较小，具有一定的挥发性。植物精油的生物活性很高，其应用不仅仅局限于传统的医药、食品、烟酒、日用化学品等领域，在植物保护中也已经展现出很强的实力，这无疑开辟了一条植物精油利用的新途径。植物精油作为植物源农药用于植保领域中，其特点符合"无公害农药"的理念要求，可将其归为"第三代农药"。大量研究表明，植物精油具有杀菌、防腐、杀虫等活性。因植物精油具有来源天然、对人体相对安全、环境友好、生物活性多样等特点，其用途十分广泛，具有广阔的开发前景。植物精油作为一种植物源新型农药有其潜在的价值及广阔的市场，可以预见植物精油用于病虫害防治将成为生物源农药发展的趋势。

辽细辛[*Asarum heterotropoides* Fr. Schmidt var. *mandshuricum* (Maxim.) Kitag.]为马兜铃科多年生草本植物，分布较广泛，是重要的传统药材之一，《神农本草经》将其列为上品，在国内外享有盛名。辽细辛的主要活性成分为挥发油（精油）。现代药理学研究结果表明，辽细辛作用广泛，既有抗菌、解热、催眠、镇静、镇痛、局部麻醉作用，又可提高机体新陈代谢功能，同时对心血管系统、呼吸系统和生殖系统也有一定的促进或抑制作用。辽细辛不仅在医药和化妆品等行业应用广泛，而且在动植物的病虫害防治上也有一定的应用，部分植保学者对辽细辛作为农药防治病虫害进行过初步研究，使其成为开发植物源农药的潜在资源。聊城大学农学院植物病理研究室以辽细辛精油为研究目标，探索了其提取方式、生物活性、作用方式和作用机理等，为植物精油在农药中的应用奠定了理论基础。

目前对植物精油及其单体生物活性的研究仅限于对病虫害毒力的简单测试，今后应从结构与活性间的关系入手，指导新型农药的设计与合成，并对其生物活性做出预测。在植物源农药的研究中，获得新的高活性成分是植物源农药取得新突破的必然途径。目前对植物精油应用于病虫害防治的研究从以直接利用其提取物（精油）为主，今后应转为以生物活性测定为依据找出其中真正的有效成分，鉴定其结构，以其为先导化合物，进行结构改造、修饰、合成，以期研制出靶标特异的、作用机理特殊的、活性较高的新型特异性农药，同时也达到合理利用资源、保护生态环境、保证农林业可持续发展的目的。由于植物精油的有效成分易挥发，今后应加强精油农药的稳定性研究，解决如何降低有效活性成分挥发的问题，进而最大限度地利用其活性作用，即加强精油最适加工剂型或增加稳定性特殊载体的研究，这是将其广泛应用于病虫害防治中的关键因素之一。为此，今后植物精油产业化发展应走多学科合作共同开发之路，同时也要走产教研用协同之路，巩固其在生物防治领域的地位。

目　　录

第1章　辽细辛的药用价值概述

细辛(Asarum)为马兜铃科(Aristolochiaceae)多年生草本植物。辽细辛(*Asarum heterotropoides* var. *mandshuricum*)又名北细辛、细参、烟袋锅花、万病草、东北细辛，因其根细、味辛，故得名，属被子植物门双子叶植物纲马兜铃目马兜铃科细辛属。国内主产于东北，安徽省、江西省、浙江省等地亦产，以东北产质量最优；国外日本和朝鲜也有。野生辽细辛生于海拔 1 200～2 100 m 林下阴湿腐殖土中。

1.1　辽细辛的形态特征

叶：通常 2 枚，叶片卵状心形或肾状心形，全缘，长 4～11 cm，宽 4.5～13.5 cm，先端渐尖或急尖，基部深心形，两侧圆耳状，裂片长 1.5～4 cm，宽 2～5.5 cm；叶面疏生短毛，脉上较密，叶背仅脉上被毛；叶柄长 8～18 cm，光滑无毛；芽苞叶肾圆形，长与宽各 0.8～1.3 cm，边缘疏被柔毛。

花：紫棕色，少数紫绿色，单生于叶腋，花梗长 3～5 cm；花被筒壶状或半球状，直径 1～1.5 cm，内壁有疏离纵行脊皱；花被裂片三角状卵形，长约 0.7 cm，宽约 1 cm，直立或近平展；雄蕊着生子房中部，花丝与花药近等长或稍短，药隔不伸出；子房半下位或几近上位，近球状，花柱较短，顶端 2 裂，柱头侧生。花期 4～5 月。

果：半球状或近球状，直径约 1.5 cm，棕黄色。

根茎：直立或横走，呈不规则圆柱形，有短分枝，长 1～20 cm，直径 0.1～0.4 cm；表面灰棕色，有环形节，节间长 0.1～1 cm；根细长，密生节上，长 5～20 cm，直径约 0.1 cm。表面灰黄色，有纤细支根，须根多条；根质脆，易折断，断面平坦，黄白色或白色。

1.2　辽细辛的主要价值

1.2.1　药用价值

辽细辛作为药用植物为常用中药，全草均可入药。我国细辛入药历史悠久，早在两千多年前就有用药的记载，始载秦汉《神农本草经》，并将其列为上品，以根色灰黄、叶色绿、干燥、气辛香、嚼之辛辣麻舌者为佳。其粉末淡黄灰色，有浓郁香气，味辛、苦，有较持久的麻舌感。

1. 功能主治

性温，有小毒。归心经、肺经、肾经。有祛风、散寒、温肺、行水、开窍的作用。治风寒头痛、鼻渊、齿痛、痰饮咳逆、风湿痹痛。此外，辽细辛还具有抗炎免疫、局部麻醉、提高新陈代谢、抗菌的作用，亦可用于肿瘤患者化疗和放疗所致的白细胞减少。

（1）发散风寒：用于风寒感冒或风寒所致的头痛。

（2）温经止痛：用于寒邪入络的肌肉关节痛。

（3）温化寒痰：用于风痰壅盛的慢性支气管炎。

（4）宣通肺窍：用于鼻炎、鼻窦炎。

2. 药用成分

挥发油（精油）是辽细辛的主要功能成分，占全草的 2.5% 以上，油中至少有 25 种成分，甲基丁香酚（methyleugenol）、榄香脂素（elemicine）、黄樟醚（safrole）为细辛属的特征性成分（刘东吉和刘春生，2010），另含优香芹酮（eucarvone）、3,5-二甲氧基甲苯（3,5-dimethoxytoluene）、α-蒎烯（α-pinene）、β-蒎烯（β-pinene）、细辛醚（asatone）、爱草醚（estragole）、莰烯（camphene）和反式-细辛酮（trans-asarome）等。张磊等（2008）的研究表明辽细辛中的非挥发性物质也有一定的功能作用，非挥发油主要包含 dl-去甲基衡州乌药碱(dl-demethylcoclaurine)、L-细辛脂素（L-asarinin）、卡枯醇[1-(6-hydroxy-1,3-benzodioxol-5-yl)propan-1-one]、(2E,4E)-N-异丁基-2,4-癸二烯酰胺[(2E,4E)-N- isobutyl-2,4-decadienamide]、L-芝麻脂素(L-sesamin)和(2E,4E,8Z,10E)-N-异丁基-2,4,8,10-十二碳四烯酰胺[(2E,4E,8Z,10E)-N-isobutyl-2,4,8,10-dodecatetraenamide]等。

3. 辽细辛的药理作用

1）解热镇痛作用

（1）对心血管系统的影响：辽细辛挥发油能明显增加豚鼠离体心脏的冠脉流量，并能降压，而煎剂能升压。

（2）对呼吸系统的作用：辽细辛挥发油对组胺或乙酰胆碱致痉的气管平滑肌有非常显著的松弛作用，且其抗组胺作用较抗乙酰胆碱强。

2）具有祛风散寒、通窍止痛、温肺化饮的功效

（1）镇静、镇痛作用：辽细辛挥发油有明显的中枢抑制作用，小剂量可使动物安静、驯服、自主活动减少；大剂量可使动物睡眠，并有明显的抗惊厥作用。辽细辛煎剂灌服也有镇痛作用。其较强的镇痛作用为其治疗头痛、牙痛等的重要

药理学基础。

（2）解热作用：辽细辛挥发油灌服对多种原因如温刺法、四氢-β-萘胺、伤寒副伤寒联合疫苗所引起的家兔实验性发热有明显的解热作用，对啤酒酵母所致的大鼠发热也有明显的解热效果，另外还能降低正常大鼠的体温。

（3）抗炎、免疫抑制和抗变态反应：辽细辛挥发油灌服或注射均有明显的抗炎作用。例如，辽细辛挥发油对卡拉胶、酵母、蛋清、甲醛等所致的大鼠关节肿胀有明显的抑制作用，并能对抗巴豆油所致小鼠耳郭肿胀，抑制抗血清引起的大鼠皮肤浮肿、由组织胺引起的毛细血管通透性增加，以及抑制塑料环和棉球肉芽增生。对去肾上腺的大鼠仍有抗炎作用。

辽细辛水或醇提取物均能使速发型变态反应总过敏介质释放量减少 40%以上，说明其有抗变态反应作用。

（4）提高机体的代谢功能：从辽细辛中分离的消旋去甲乌药碱具有 β-受体激动剂样的广泛药理效应，有强心、扩张血管、松弛平滑肌、增强脂质代谢和升高血糖等作用。

（5）平喘、祛痰作用：辽细辛能松弛支气管平滑肌而呈现平喘作用。离体实验证明，辽细辛挥发油对组胺和乙酰胆碱所引起的支气管痉挛有明显的对抗作用；其挥发油成分甲基丁香酚对脉鼠气管也有明显的松弛作用。细辛醚有一定的平喘、祛痰作用，卡枯醇具有镇咳作用。此外，其醇浸剂静注，可对抗吗啡所致的呼吸抑制。

（6）强心、抗心肌缺血、升高血压作用：离体实验表明，辽细辛挥发油对兔、脉鼠心脏有明显的兴奋作用，表现为正性肌力、正性频率作用，并能增加冠脉流量。对犬实验性心源性休克，辽细辛能提高其平均动脉压、左室压峰值和冠状血窦流量等，其作用强度与多巴胺相似，但其不加快心率。

辽细辛挥发油进行麻醉犬、猫静脉注射，可见降压作用，但其煎剂却有明显的升压作用，其升压作用可能与去甲乌药碱有关。

（7）抗菌、抗病毒作用：辽细辛醇浸剂、挥发油等对革兰氏阳性菌（G^+）、枯草芽孢杆菌（*Bacillus subtilis*）和伤寒杆菌（*Salmonella typhi*）有一定的体外抑制作用，煎剂对结核分枝杆菌（*Mycobacterium tuberculosis*）和伤寒杆菌亦有抑制作用。辽细辛挥发油对多种真菌如交链格孢菌（*Alternaria alternata*）、黄曲霉（*Aspergillus flavus*）、黑曲霉（*A. niger*）、土曲霉（*A. terreus*）、焦曲霉（*A. ustus*）、白色念珠菌（*Canidia albicans*）等均有抑制作用，抗菌的有效成分为黄樟醚（周勇等，1981）；辽细辛中的 L-细辛脂素、L-芝麻脂素、卡枯醇对大肠杆菌（*Escherichia coli*）、金黄色葡萄球菌（*Staphylococcus aureus*）、肺炎克雷伯菌（*Klebsiella pneumoniae*）、铜绿假单胞菌（*Pseudomonas aeruginosa*）和白色念珠菌均有抑制作用（张磊等，2008）；α-细辛醚有抑制呼吸道合胞病毒（respiratory syncytial virus,

RSV）增殖的作用。

　　（8）局麻作用：50%辽细辛煎剂能阻滞蟾蜍坐骨神经冲动传导，作用可逆。其麻醉效果与1%普鲁卡因接近。挥发油有表面麻醉、浸润麻醉作用；50%细辛酊涂于人舌也有局麻作用。

　　（9）抗肿瘤作用：辽细辛中的马兜铃酸具有一定的抗肿瘤活性和增强机体白细胞吞噬能力的作用；辽细辛提取物对4种肿瘤细胞株（HL-60、BGC-823、KB和Bel-7402）有抑制活性，说明其具有抗肿瘤的特效功能（Cai et al.，2008）。

4. 不良反应

　　辽细辛有小毒，挥发油中含有毒成分，其可直接作用于中枢神经系统，先兴奋后抑制。对呼吸系统的抑制表现为，逐渐使随意运动及呼吸运动减退，反射消失，最后呼吸完全被麻痹，先于心跳而停止。故临床用量不宜过大，辽细辛作单味或散末内服不可过钱（约等于3.72 g），如入汤剂便可不拘泥于此。辽细辛在煎煮30 min后，其毒性成分黄樟醚的含量大大下降，不足以引起中毒。

1.2.2　经济价值

　　辽细辛经水蒸气蒸馏可得精油，在化妆品、医药等行业用途很多。辽细辛目前主要应用于药品领域，制成具有多种功效的中成药，用于治疗某些顽疾；以辽细辛浸膏为添加剂原料，广泛用于日用产品，如肥皂、化妆品、牙膏等，具有抗菌、消炎、止血、镇痛等疗效。含辽细辛的兽药用于治咳嗽喘、便秘；含辽细辛的农药作杀虫剂和杀菌剂；由于辽细辛中所含挥发油具有特殊芳香气味，国外已开发使用辽细辛作为建筑材料的防蛀填料和防蚊驱虫原料。

1.2.3　在农业上的应用

　　辽细辛在医药领域应用广泛，在动物和植物的病虫害上也有一定的应用。细辛挥发油对草原革蜱（*Dermacentor nuttalli*）、日本血蜱（*Haemaphysalis japonica*）、青海血蜱（*H. qinghaiensis*）、血红扇头蜱（*Rhipicephalus sanguineus*）若虫和成虫具有较好的麻痹及忌避作用，对淡色库蚊（*Culex pipiens pallens*）的成蚊与幼蚊具有杀灭作用，可从细辛等挥发油中进一步筛选分离对蜱虫和蚊虫有较好忌避作用的部分（杨银书等，2002；Perumalsamy et al.，2009，2010）。

　　华细辛粉对黄胸散白蚁（*Reticulitermes speratus*）不仅有较强的毒杀效果，而且有忌避活性；毒土柱试验结果表明，混有细辛粉的土壤对黄胸散白蚁穿透的阻止作用与土壤中细辛粉的含量有关，当每克土壤中细辛粉的含量达到36 mg时，即可对黄胸散白蚁工蚁的穿透起到良好的阻止作用（莫建初等，2003）。华细辛叶的水提取液对南方根结线虫（*Meloidogyne incognita*）2龄幼虫的杀虫效果（24 h）为100%，与烟草叶和雷公藤叶的效果相当，致死中浓度（LC_{50}）为 1 020.4 mg/L，仅次于烟草叶，即华细辛叶的水提取液对南方根结线虫 2 龄幼虫的毒杀效果较好（杨秀娟等，2002）。北细辛挥发油在 8 μg/mL 时对二斑叶螨（*Tetranychus urticae*）的熏蒸毒性最强，其 24 h 和 48 h 的螨死亡率分别为 72.6%和 100%（韩俊艳等，2012）。

细辛超临界 CO_2 萃取物对细菌、酵母、霉菌都有一定的抑菌作用，在酸性环境和碱性环境中效果较好，对大多数细菌、酵母、霉菌的最低抑菌浓度（minimum inhibitory concentration，MIC）不超过 1.56 g/L；高温长时间处理和低温长时间处理对萃取物抑菌活性影响较大，但高温瞬时处理对萃取物抑菌活性影响不大（张妙玲等，2004）。辽细辛挥发油对黑斑病菌（*Alternaria panax*）、恶疫霉菌（*Phytophthora cactorum*）、立枯丝核菌（*Rhizoctonia solani*）、腐皮镰刀菌（*Fusarium solani*）和黑粉病菌（*Ustilago coicis*）等真菌的菌丝生长和孢子萌发具有一定的抑制作用和熏蒸作用，对立枯丝核菌的有效中浓度（EC_{50}）为 87.8 mg/L，其熏蒸作用均随培养时间的延长表现出不同程度的增强（张国珍等，1995）；10%的细辛水提取物对立枯丝核菌等有一定的抑制效果（李永刚和文景芝，2003）；细辛的乙醇提取物对番茄灰霉病菌（灰葡萄孢菌 *Botrytis cinerea*）具有较强的室内抑菌活性，80%乙醇、30℃、150 r/min 振荡提取 3 d 是细辛提取物的较适宜的室内提取条件（王树桐等，2004）。

1.3　辽细辛的栽培技术

辽细辛耐寒怕高温、畏强光、喜冷凉气候和阴湿环境，冬季能耐–40℃以下低温，但气温高于 35℃时，则叶片枯萎，故多生于林下阴湿处山沟腐殖质厚的湿润土壤中，喜土质疏松、肥沃的壤土或砂质壤土。在无遮阴、干燥、黏重的土壤和低洼积水的地块不宜种植细辛。

辽细辛是早春植物，顶凌出土，花期和果期都较早，花期 5 月，果期 6 月，6～9 月上中旬为果后地上植株生长期和地下更新芽分化期，9 月后地下部根茎形成越冬芽，秋后地上部枯萎，进入休眠期。

1.3.1　选地整地

辽细辛喜含腐殖质丰富、排水良好的壤土或砂壤土，以山地棕壤和森林腐殖土为更好。栽培应选择地势平坦的阔叶林的林缘、林间空地、山脚下溪流两岸新垦地、老参地或农田。土层要深厚，土壤要疏松、肥沃、湿润。山地坡度应在 15°以下，以利于水土保持，pH 以 5.5～7.5 为宜。农田前作以豆类和玉米较好。在林下栽培辽细辛最佳，既不占粮田又不毁林，省工省料利于树木的生长。一般栽种 3 年后即可收获，每平方米可收干货 1.5～2.5 kg，如果 5 年收获，最高产量可达 6.5 kg。

　　林地或林缘栽培辽细辛，可在春季伐掉小灌木或过密枝，保持透光率 50% 左右。选地后翻耕，深度 20 cm 左右，碎土后拣出树根、杂草、石块，床面要求平整。结合耕翻施入基肥，一般每平方米施入腐熟的猪粪、鹿粪或枯枝落叶 8～10 kg、过磷酸钙（$CaP_2H_4O_8$）0.25 kg。顺山斜向做畦，畦宽 120 cm，畦高 15～20 cm，畦长视地形而定，一般长 10～15 cm，作业道宽 50～80 cm，走向尽可能呈正南正北。

1.3.2　播种

　　种子直播是发展辽细辛栽培的主要方法，4～5 年即可收获。辽细辛种子一般在 6 月间成熟，这时果实由紫红色变为粉白色，手捏果肉软，呈粉砂状时则表明成熟，可摘下处理。辽细辛种子不是一期成熟，采果期间，要每天到地里采 1～2 次，采下的果实放在阴暗处 1～2 d，待果皮变软成粉状，即可搓去果皮，用水将种子冲洗出来，稍加晾晒，即可趁鲜混砂进行播种。要见熟即采，甚至差一天也不行，否则种子易脱落或被蚂蚁吃掉。果实采收去皮后，一般要立即播种，否则易丧失发芽力。据试验，种子刚采下时发芽率达 96%；在 17～20℃ 常温下干放 20 d，其发芽率为 81%；干放 40 d 为 29%；干放 60 d 仅为 2%。

　　辽细辛种子在 6～7 月播种。播种时整平床面，按行距 10 cm，播幅 3～5 cm，种子间距离 2～3 cm，条播鲜子用量约 10 g/m^2，撒播鲜子用量 12～15 g/m^2，混拌 5～10 倍细沙或细腐殖土。后用过筛的腐殖土筛洒覆盖 1～1.5 cm，要求厚度均匀一致，再盖一层枯枝落叶，保持土壤湿润。翌年春出苗前揭除覆盖物，以利出苗。辽细辛种子小，幼苗顶土能力弱，因而也可以穴播，在苗床上按株行距 15～20 cm 开平底浅穴，深 3 cm，每穴播种 5～10 粒，覆土 1～1.5 cm，上面再盖一层半腐熟的树叶。播种后，在土中向下发根，直到秋末，根可长到 6～10 cm，而同时胚轴需经过低温越冬过程，在第二年春季方可生长出苗。

　　如采种后因故不能及时播种，可将鲜子拌上 5～10 倍的清洁湿砂，进行低温湿砂贮存，砂藏期间要经常翻动和保湿，1～2 个月后发芽率仍可达 90%，采用此法可进行长途运输。待胚根将露白时，马上取出播种，这样虽可以延期播种，但要视具体情况灵活掌握，最迟不宜迟于 7 月末，如过晚会影响当年发根和翌年出苗。

　　鲜子用 25% 多菌灵 1 000 倍液浸种 2 h，可防细辛菌核病；用 50% 代森锰锌 1 000 倍液浸种 1 h，可防细辛叶枯病。

1.3.3　移栽

　　辽细辛是多年生植物，生长发育周期长，一般林间播种后 6～8 年才能大量开花结果。为了利用野生幼苗，扩大营养面积，多数地方都采用育苗移栽方式，即先播种育苗 3 年，起苗移栽再长 3 年。移栽选整地与直播要求相近，移栽方法随种苗来源不同略有区别，分种子育苗移栽、根茎先端移栽。

1. 种子育苗移栽法

春秋两季均可移栽，而以秋季为好。春季在芽苞萌动前，秋季在叶片萎谢之后，选苗壮、根系完整、无病虫害的秧苗，株行距 10 cm×15 cm 左右。栽前适当剪去须根，留 7～10 cm 长即可，栽时须根向一侧舒展，芽头稍抬起。也可丛栽，每丛株行距 18 cm×20 cm 左右，一丛之中可栽小苗 3～4 棵，移栽秧苗不宜过大，以两年生苗为好，有一片真叶。如遇土壤干旱，移栽定植后需浇水，待水渗下后再覆一薄层土，栽后苗床行间可覆上一层枯枝落叶，以此保墒，防止土壤板结和暴雨冲刷，也可在苗床上横向开沟，坐水栽。

2. 根茎先端移栽法

辽细辛的根茎分割后栽植可独立成活，发育成新的个体。根茎顶部的节间很短，将其截成 1～3 cm 长的小段栽植，每段需带有 2～3 个芽苞和 10～20 条长须根。按行距 15 cm 开沟，株距 10 cm 一段接一段地埋入沟内，并覆细土厚 5 cm，遇天旱时需及时浇水。根茎分割成活率与根茎上、中、下的部位，分段的长短、顶芽的有无和潜伏期的大小及栽植时期有密切关系。一般茎上有越冬芽、潜伏芽大、根茎上段或者根茎段长的成活率高，秋栽的成活率比夏栽的高。

1.3.4　田间管理

1. 撤出覆盖物

播种后第二年，早春雪化后，将覆盖的落叶或茅草等搂出田外，促进出苗。

2. 松土除草

移栽地块每年 5 月出苗后，要进行 3～4 次松土除草，提高床土温度，保蓄水分，对防止菌核病、促进生长有益。在行间松土要深些（3 cm 左右），根际要浅些（约 2 cm），对露出根不用进行培土。辽细辛怕乙草胺、丁草胺等，故严禁使用除草剂。

3. 施肥灌水

在生长期间一般每年施肥 2 次，第一次在 5 月上、中旬进行，第二次在 9 月中、下旬进行，用硫酸铵[$(NH_4)_2SO_4$]或过硫酸铵[$(NH_4)_2S_2O_8$]5～7.5 kg/667m²，多于行间开沟追施。秋季多数地区认为床面施用猪粪（5 kg/m²）混拌过磷酸钙（$CaP_2H_4O_8$）（0.1 kg/m²）最好；有的药农秋季在床面上追施 1～2 cm 厚的腐熟落叶，既追肥又保土保水，有保护越冬的效果。每年春季干旱时，应于行间灌水，保持湿润。

当花蕾从地面抽出时全部摘除，并喷施药材根大灵，促使叶面光合作用产物（营养）向根系输送，提高营养转换率和松土能力，使根茎快速膨大，药用价值大大提高。

4. 清林调光

林下或林缘种植要定期清林，防止枝条过密。对于农田栽培，应搭设遮阴棚调节光照，郁闭度与种子直播相同。

5. 覆盖越冬

播种当年，辽细辛只生根、不出苗。不论是直播还是移栽，土壤结冻前，在床面上覆盖 1 cm 左右枯枝落叶或不带草子的茅草，以红松当年落叶为最好（红松针叶具有杀菌作用），每年越冬前均应覆盖，然后再覆盖一层薄土，待来年春季萌动前撤去。

6. 病害防治

辽细辛移栽田主要病害是核盘菌（*Sclerotinia* sp.）引起的细辛菌核病，多发生在多年不移栽的地块，造成全株腐烂，靠种苗、土壤和杂草传播，不能靠空气传染；侵染蔓延迅速，是一种全株腐烂型的真菌病害，严重时可使辽细辛大面积烂死，仅剩根皮；发病条件主要是低温（当地温在 0℃以下和 24℃以上时，病害处于停止状态，在 0~24℃处于侵染阶段，7~15℃时病害发生严重）、土壤湿度过大或板结；苗龄也影响发病，1~2 年生苗不发病，3 年生苗发病较少，4~6 年生苗发病较重。直播田的主要病害是叶枯病（槭菌刺孢 *Mycocentrospora acerina*），各年生植株均可感病，主要危害叶片，也可侵染叶柄、花果及芽孢。

辽细辛主要病害防治方法包括：①加强田间管理，适当加强通风透光；及时松土，保持土壤通气良好，合理灌水，雨后及时排水防涝；施用腐熟肥料，多施磷钾肥，使植株生长健壮，增强抗病力；发现病株应彻底清除，最好连土一起清除，病区用 5%石灰乳等处理。②药剂防治，菌核病在早春出苗前和晚秋覆盖上防寒土后，用 1%硫酸铜或 50%代森铵 600~800 倍液喷洒床面进行消毒，在出苗后的早春和夏末秋初时期，正是病菌繁殖的高峰期，可用 50%多菌灵 200 倍液+50%代森锌 800 倍液、50%速克灵 800~1 000 倍液、菌核利 200~400 倍液灌根或每隔 10~15 d 喷一次效果好（肖秀屏等，2015）；叶枯病的防治在辽细辛展叶后，喷洒 1.5%多抗霉素可湿性粉剂 200~300 倍液、70%代森锰锌可湿性粉剂 500 倍液、50%速克灵 1 500 倍液或 50%扑海因 1 000 倍液，每隔 7~10 d 喷药 1 次，连喷 4~5 次，防治效果达 70%以上（孙秀安和孙国刚，2011）；采收前 15 d 禁止用化学农药。

7. 虫害防治

辽细辛虫害主要有蝼蛄、地老虎、细辛凤蝶等。

蝼蛄危害种类主要有华北蝼蛄（*Gryllotalpa unispina*）和非洲蝼蛄（*G. africana*），在播种后出苗前这段时期咬断辽细辛胚根及胚芽，或在表层土壤中穿洞（蝼蛄具有向湿性的生活习性）造成土壤松动透风、干旱而引起植株死亡。每年 4～5 月开始活动，白天潜伏，夜间出来觅食或交尾，危害辽细辛；5～6 月为活动盛期，交尾产卵繁殖，若虫逐渐变为成虫，继续危害辽细辛。防治措施包括：①毒饵诱杀，用 80%敌百虫可湿性粉剂 1 kg，麦麸或其他饵料 50 kg，加入适量水混拌均匀，于黄昏时撒于被害田间，特别是雨后，效果较好；②毒土闷杀，每 1 000 平方米用 80%敌百虫可湿性粉剂 2.5～3 kg，对细土 40～50 kg，拌匀，做畦时均匀撒入畦面，与畦土拌匀；③毒粪诱杀，选马粪、鹿类粪等纤维较高的粪肥，每 30～40 千克掺拌 0.5 kg 80%敌百虫可湿性粉剂，在作业道上放成小堆，并用草覆盖，诱杀效果明显；④药剂防治，蝼蛄发生严重的地块，特别是播种后出苗前的育苗田，可用 50%辛硫磷乳油　1 000 倍液，或 80%敌百虫可湿性粉剂 800～1 000 倍液，进行畦面浇灌效果较好，植株生长期浇灌后用清水冲洗 1 次，以免产生药害。

地老虎危害种类主要有小地老虎（*Agrotis ypsilon*）、黄地老虎（*A. segetum*）和大地老虎（*A. tokionis*），主要是咬食芽苞、根茎和地表处叶柄，造成辽细辛缺苗断条，影响产量和质量。主要活动期在 6～8 月。3 龄前幼虫食量少，4 龄后食量剧增。防治措施包括：①糖醋液诱杀，诱蛾液糖∶醋∶酒∶水=9∶3∶1∶10，或用苦楝子发酵液，或用杨树枝叶来诱杀成虫；②人工捕捉，可在每天早晨到田间，扒开新被害植株周围或畦边阳面表土，捕捉幼虫杀死；③毒饵诱杀，用 80%敌百虫可湿性粉剂 1 kg、铡碎的幼嫩多汁的鲜草（灰菜、小旋花菜效果最佳）或菜叶 25～40 kg，加少许水拌匀，每 1 000 平方米用量 20 kg，或用炒香的豆饼粉、麦麸 20 kg，加 25%敌敌畏乳油 1 kg，加 2.5～5 kg 清水稀释，做成毒饵，每 1 000 平方米用 8～10 kg。

细辛凤蝶，俗称细辛虎凤蝶，其幼虫亦称细辛毛虫、黑毛虫和毛毛虫，主要以其幼虫危害辽细辛茎、叶，危害时间较长，使辽细辛叶片被咬食而残缺不全，或食掉整个叶片，或将叶柄咬断，造成叶片枯死。5～9 月均可发生，一般以 5 月下旬至 6 月上旬为幼虫取食盛期。防治措施包括：①清理田园，晚秋和早春可进行辽细辛田间和地边清除杂草和枯枝落叶，以消灭越冬蛹；②人工捕杀，根据细辛凤蝶成虫产卵部位和初孵幼虫有群集危害习性，结合辽细辛的田间管理，进行人工采卵和捕杀幼虫；③药剂防治，根据细辛凤蝶幼虫 3 龄前群集叶背处的特性，在 3 龄前用药效果更好，于叶背喷施 80%敌百虫可湿性粉剂或晶体 800～1 400 倍液。

第2章 辽细辛根不同溶剂提取物的杀虫抑菌活性

辽细辛全草入药，但在全草中根的占比最大，为主要活性物质存在的部位。为此，以辽细辛根为靶标植物，研究其杀虫抑菌活性，为探究辽细辛是否可作为植物源农药予以开发提供最基本的研究基础。

2.1 辽细辛根不同溶剂提取物的杀虫活性

2.1.1 研究方法

1. 辽细辛活性物质的提取方法

植物样品为中草药辽细辛的根系，阴干，粉碎，过 425 μm 孔径筛。选用石油醚、氯仿、乙酸乙酯、乙醇等极性不同的溶剂，60℃±1℃恒温条件下采用索氏提取器法对样品进行 6～8 h 的平行提取和顺序提取。平行提取时，每份样品重 50 g，提取溶剂 300 mL；顺序提取时样品总重 120 g。所得各提取液抽滤、浓缩，最终得到浓油状或膏状的提取物。密封，置 4℃冰箱中保存备用。

2. 杀虫活性的测定方法

1）粘虫和小菜蛾毒杀作用的测定方法

供试昆虫为粘虫（*Mythimna seperata*）敏感品系 2 龄幼虫和小菜蛾（*Plutella xylostella*）敏感品系 3 龄幼虫。

不同提取物先用少许乙醇（不超过总体积的 2%）充分溶解后，再用含吐温-20 的蒸馏水按等差法配制成 1 500 mg/L、2 000 mg/L、2 500 mg/L、3 000 mg/L、3 500 mg/L、4 000 mg/L、4 500 mg/L 和 5 000 mg/L 的所需浓度。

采用叶碟法测定不同提取物对粘虫幼虫和小菜蛾幼虫的毒杀作用。玉米嫩叶叶段长 5 cm，甘蓝嫩叶叶碟直径 2 cm，放到直径 6 cm 铺有滤纸的培养皿中，1 皿 1 个叶碟。用药量约 0.5 mL，正反面喷均匀，自然晾干。分别接入供试粘虫幼虫和小菜蛾幼虫各 10 头，3 次重复，于 48 h 后调查试虫的死亡率。以喷含吐温-20 的蒸馏水为对照。

粘虫成虫饲养：将蛹（♀:♂约 1:1）放入纸杯中，放在 60 cm×60 cm 的养虫笼内。待成虫羽化后以 10%的蜜糖水饲喂，并在笼中放一束稻草纸卷供产卵。幼虫饲养：采用新鲜小苗期玉米嫩叶喂养，在直径 30 cm、高 10 cm 的玻璃盆中，放好玉米嫩叶，接入刚刚孵化的幼虫 100 头，盖好细密纱布，放在温度 26℃±1℃、相对湿度 60%～70%养虫室内饲养，每天给予 8 h 以上光照，直至幼虫化蛹，其间需要 1～2 d 更换一次饲料和清理粪便。

小菜蛾成虫饲养：将蛹放在保湿的培养皿内，置于成虫饲养笼内，笼内放一盆刚展开子叶的萝卜苗供成虫产卵。以 10%的蜜糖水饲喂成虫。产卵开始后每天更换萝卜苗。幼虫饲养：采用新鲜甘蓝嫩叶喂养，当萝卜苗上的卵即将孵化时，其上放新鲜甘蓝嫩叶，孵化出来的小幼虫自主爬到甘蓝嫩叶上，收集甘蓝嫩叶于直径 30 cm、高 10 cm 的玻璃盆中（垫好滤纸），盖好细密纱布，在 28～30℃、相对湿度 70%～90%、光照 14～16 h/d 的条件下饲养至化蛹，其间需要添加和更换饲料，并清理污物。

2）蚊虫毒杀作用的测定方法

供试昆虫为淡色库蚊（*Culex pipiens pallens*）敏感品系 3 龄幼虫。

先将不同提取物配制成浓度为 200 mg/L 的母液，再用含蚊虫的溶液按等比法稀释到所需浓度（1.25 mg/L、2.5 mg/L、5 mg/L、10 mg/L 和 20 mg/L）。

利用 24 孔培养板，采用浸渍法测定辽细辛根提取物对蚊幼虫的毒杀作用。先在孔中加入带有 20 条左右蚊幼虫的无菌水 1.987 5 mL、1.975 mL、1.95 mL、1.9 mL 和 1.8 mL，再分别加入 200 mg/L 的提取液 0.012 5 mL、0.025 mL、0.05 mL、0.1 mL 和 0.2 mL，终体积为 2 mL，终浓度为 1.25 mg/L、2.5 mg/L、5 mg/L、10 mg/L 和 20 mg/L。同法配制浓度为 20 mg/L、40 mg/L、60 mg/L、80 mg/L 和 100 mg/L 的乙醇提取物药液，用于其顺序提取的活性测定。在温度 26℃±1℃、相对湿度 60%～80%、光照（L：D=16 h：8 h）下培养 24 h，检查死亡率。振动培养板，并用针轻触蚊幼虫身体，以沉入孔底部不动者为死亡。每个样品重复 3 次，每次均以 2% 乙醇浸渍蚊幼虫作为空白对照组。

淡色库蚊幼虫饲养：饲料为酵母粉 20%、炒面粉 80%。将卵块挑到盛有 3L 清水的搪瓷盆（直径 35 cm）中，每盆 5～6 块。待幼虫孵化后在水面撒少量饲料并用喷水枪喷水，使饲料下沉。每天早晚加饲料和喷水 1 次。随着幼虫龄期增加，撒入的饲料增加，直至化蛹。大量化蛹时，将幼虫和蛹用筛网滤出放入一只盛有冷水的大漏斗内，经搅动后幼虫即全部沉至漏斗底部而蛹则浮于水面，打开漏斗下面的活塞将水放入另一盆中，蛹便可分离出来。成虫饲养：将蛹装入一个蛹缸内，移入 30 cm×30 cm×30 cm 的尼龙纱笼中。蚊子羽化后，放入一小皿，皿内盛吸有 5%葡萄糖水的棉球，供成虫吸食。成虫羽化 3～4 d 后放入腹部剃毛的小白鼠喂血。成虫吸血后 2～3 d 即可放入盛水的产卵盆使之产卵。

2.1.2 对淡色库蚊幼虫的毒杀作用

辽细辛根的不同溶剂提取物对淡色库蚊幼虫均有较强的毒杀作用。在平行提取条件下（表 2-1 和表 2-2），辽细辛根的石油醚提取物对淡色库蚊幼虫的毒杀效果最强，当其提取物浓度为 5 mg/L 时，蚊幼虫的 24 h 死亡率为 76.97%，另三种溶剂(氯仿、乙酸乙酯、乙醇)提取物的 24 h 死亡率相接近，分别为 25.32%、23.65% 和 23.12%，前者约为后者的 3 倍；比较致死中浓度，石油醚提取物作用下，蚊虫的 LC_{50} 为 3.464 5 mg/L，其次为氯仿提取物，LC_{50} 为 4.661 8 mg/L，而乙酸乙酯和乙醇提取物的作用效果较差，LC_{50} 均为 5.5 mg/L 左右。说明辽细辛根的不同溶剂提取物对蚊幼虫的作用效果不同，即不同溶剂对辽细辛根所含的有效杀虫成分的提取效果不同，用单一溶剂提取辽细辛根的有效杀蚊成分，可以选择石油醚或氯仿，以及与两者极性相当或极性处于两者之间的溶剂。

表2-1　辽细辛根不同溶剂提取物对淡色库蚊幼虫的毒杀作用（%）

提取物		24 h 死亡率				
		1.25 mg/L	2.5 mg/L	5 mg/L	10 mg/L	20 mg/L
平行提取	石油醚	7.67±0.31	13.96±0.84	76.97±0.79	92.59±0.46	100±0.00
	氯仿	2.38±0.11	9.22±0.49	25.32±0.94	82.75±0.73	100±0.00
	乙酸乙酯	0±0.00	7.77±1.65	23.65±1.31	82.22±0.21	100±0.00
	乙醇	0±0.00	6.73±0.92	23.12±0.57	78.96±1.01	100±0.00
顺序提取	石油醚	7.67±0.31	13.96±0.84	76.97±0.79	92.59±0.46	100±0.00
	氯仿	0±0.00	12.50±0.27	49.93±0.52	86.39±1.20	100±0.00
	乙酸乙酯	0±0.00	0±0.00	5.81±0.65	35.84±0.93	95.24±0.09
		20 mg/L	40 mg/L	60 mg/L	80 mg/L	100 mg/L
	乙醇	0	17.42±0.34	42.27±1.17	78.20±0.48	91.84±2.42

表2-2　辽细辛根不同溶剂提取物对淡色库蚊幼虫的作用效果

提取物		回归方程	相关系数 r	LC_{50}/（mg/L）	LC_{90}/（mg/L）
平行提取	石油醚	$Y=4.259\ 2X+2.701\ 6$	0.972 9	3.464 5	6.926 9
	氯仿	$Y=4.541\ 6X+1.963\ 7$	0.949	4.661 8	8.927 7
	乙酸乙酯	$Y=5.720\ 6X+0.758\ 5$	0.982	5.513 6	9.235 5
	乙醇	$Y=5.706\ 3X+0.726\ 2$	0.980 6	5.609 9	9.409 1
顺序提取	石油醚	$Y=4.259\ 2X+2.701\ 6$	0.972 9	3.464 5	6.926 9
	氯仿	$Y=5.688\ 7X+1.012\ 9$	0.985 9	5.021 9	8.436 5
	乙酸乙酯	$Y=4.694\ 4X+0.178\ 1$	0.971 1	10.645	19.96
	乙醇	$Y=7.161\ 5X-7.831$	0.992 5	61.897	93.46

在顺序提取条件下（表 2-1 和表 2-2），同一药剂浓度下，随着提取步骤的

增加、溶剂极性的增加，蚊幼虫的死亡率降低，如在 10 mg/L 浓度下，石油醚提取物的毒杀效果为 92.59%（第一步），氯仿提取物的毒杀效果为 86.39%（第二步），乙酸乙酯提取物的毒杀效果为 35.84%（第三步），乙醇提取物对蚊幼虫没有毒杀效果（第四步）；比较致死中浓度，以上 4 种有机溶剂萃取的不同提取物作用下，对淡色库蚊幼虫的 LC_{50} 分别为 3.464 5 mg/L、5.021 9 mg/L、10.645 mg/L 和 61.897 mg/L，石油醚提取物的作用效果约为乙醇提取物的 20 倍。进一步说明辽细辛根所含的有效杀虫成分主要存在于极性较小的溶剂中。

2.1.3　对小菜蛾幼虫的毒杀作用

辽细辛根的不同溶剂提取物，对小菜蛾 3 龄幼虫均有较强的作用，在平行提取条件下（图 2-1 和表 2-3），当提取物浓度偏低时，辽细辛根的乙醇提取物对小菜蛾幼虫的毒杀作用较强，供试浓度下的死亡率均超过了 58%，而在高浓度下，4 种溶剂提取物对小菜蛾幼虫的毒杀作用差异不显著。比较 LC_{50}，乙醇提取物对小菜蛾幼虫的毒杀效果最强，LC_{50} 为 1 870.5 mg/L，而石油醚、氯仿和乙酸乙酯提取物对小菜蛾幼虫的毒杀 LC_{50} 相差不悬殊，分别为 2 384.8 mg/L、2 449.8 mg/L 和 2 861.9 mg/L；但从 LC_{90}（能引起 90%死亡的药剂浓度）看，辽细辛根的石油醚和氯仿提取物对小菜蛾幼虫的毒杀效果较好，LC_{90} 分别为 2 879 mg/L、2 933.3 mg/L。说明用单一溶剂提取辽细辛根的有效杀小菜蛾成分，最好用石油醚或氯仿，以及极性与两者相当的溶剂。

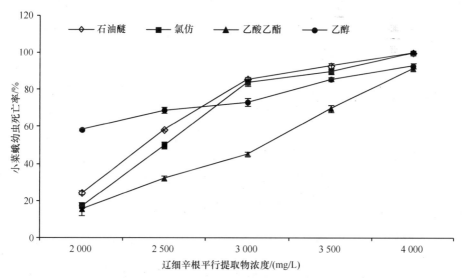

图 2-1　辽细辛根不同溶剂提取物对小菜蛾幼虫的毒杀作用（平行提取）

表2-3　辽细辛根不同溶剂提取物对小菜蛾幼虫的作用效果

提取物		回归方程	相关系数 r	$LC_{50}/$（mg/L）	$LC_{90}/$（mg/L）
平行提取	石油醚	$Y=15.669X-47.92$	0.896 9	2 384.8	2 879
	氯仿	$Y=16.383X-50.53$	0.898 5	2 449.8	2 933.3
	乙酸乙酯	$Y=7.5191X-20.99$	0.971 3	2 861.9	4 237.4
	乙醇	$Y=4.0149X-8.137$	0.964	1 870.5	3 900.8
顺序提取	石油醚	$Y=15.669X-47.92$	0.896 9	2 384.8	2 879
	氯仿	$Y=8.9173X-27.29$	0.938	4 181.2	5 821.3
	乙酸乙酯	$Y=9.7574X-30.20$	0.924	4 050	5 480.3
	乙醇	$Y=9.3649X-28.64$	0.992 7	3 911.1	5 359.8

在顺序提取条件下（图 2-2 和表 2-3），同一药剂浓度下，石油醚提取物的毒杀效果明显好于其他溶剂，48 h 的 LC_{50} 为 2 384.8 mg/L，而乙醇、氯仿和乙酸乙酯提取物的杀虫效果相当，LC_{50} 均为 4 000 mg/L 左右。进一步说明辽细辛根所含的有效杀虫成分主要存在于极性较小的溶剂中。

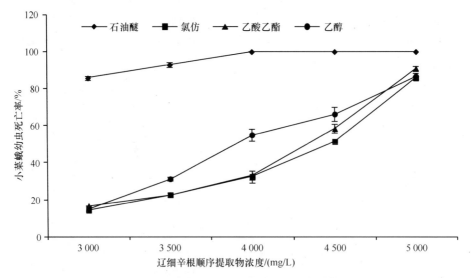

图 2-2　辽细辛根不同溶剂提取物对小菜蛾幼虫的毒杀作用（顺序提取）

2.1.4　对粘虫幼虫的毒杀作用

辽细辛根的不同溶剂提取物，对粘虫 3 龄幼虫均有较强的毒杀作用。结果表明，在平行提取条件下，辽细辛根的石油醚和氯仿提取物对粘虫幼虫的毒杀作用较好，浓度 3 000 mg/L 时，杀虫效果均达到了 100%，LC_{50} 分别为 1 220.3 mg/L

和 952.7 mg/L，而乙醇和乙酸乙酯提取物杀虫的 LC_{50} 均超过了 2 400 mg/L；在顺序提取条件下，同一药剂浓度下，石油醚提取物的毒杀效果最好，浓度 3 000 mg/L 时，杀虫效果就已达到 100%，LC_{50} 为 1 220.3 mg/L，而其他 3 种有机溶剂提取物杀虫的 LC_{50} 均超过了 2 500 mg/L，说明辽细辛根所含的有效杀虫成分主要存在于极性较小的溶剂中（图 2-3、图 2-4 和表 2-4）。

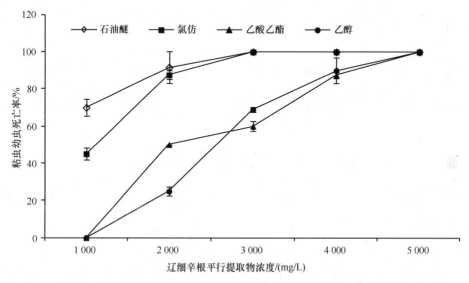

图 2-3　辽细辛根不同溶剂提取物对粘虫幼虫的毒杀作用（平行提取）

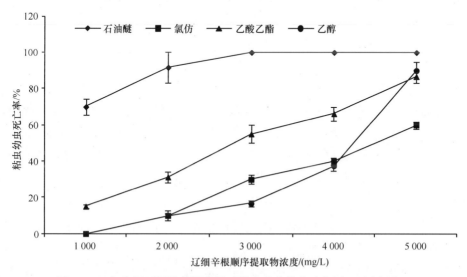

图 2-4　辽细辛根不同溶剂提取物对粘虫幼虫的毒杀作用（顺序提取）

表2-4　辽细辛根不同溶剂提取物对粘虫幼虫的作用效果

	提取物	回归方程	相关系数 r	LC_{50}/（mg/L）	LC_{90}/（mg/L）
平行提取	石油醚	$Y=10.32X-26.85$	0.965 8	1 220.3	1 624.2
	氯仿	$Y=7.586X-17.60$	0.958 9	952.7	1 405.7
	乙酸乙酯	$Y=11.692X-34.66$	0.946 8	2 465.1	3 172.7
	乙醇	$Y=12.076X-36.03$	0.966 4	2 497.9	3 189.3
顺序提取	石油醚	$Y=10.32X-26.85$	0.965 8	1 220.3	1 624.2
	氯仿	$Y=6.966X-20.11$	0.957 1	4 023.5	6 146
	乙酸乙酯	$Y=2.913X-4.92$	0.972	2 551.9	7 029.2
	乙醇	$Y=7.792X-22.83$	0.968 4	3 725.9	5 441.4

2.2　辽细辛根不同溶剂提取物的抑菌活性

2.2.1　研究方法

1. 供试致病菌

包括黄瓜灰霉病菌（灰葡萄孢菌 *Botrytis cinerea*）和牡丹（芍药）拟盘多毛孢叶斑病菌（拟盘多毛孢 *Pestalotiopsis* sp.），由聊城大学农学院植物病理研究室提供。采用 PDA 培养基（配方为马铃薯 200 g、葡萄糖 20 g、琼脂 20 g、水 1 000 mL），在 25℃±1℃光照恒温培养箱中培养。

2. 抑菌活性测定方法

1）生长速率法（琼胶平板法）

以生长速率法测定植物样品对病原菌菌丝生长的抑制作用。配制含药培养基（各提取物的终浓度分别为 75 mg/L、150 mg/L、300 mg/L、600 mg/L、1 200 mg/L）。用直径 0.5 cm 打孔器打取菌饼，菌丝一面向下，每皿 1 块，25℃±1℃光照培养箱中培养。待对照菌落直径达 3 cm 以上时，用十字交叉法测量菌落直径，根据菌落直径求抑制生长的百分率，公式如下：

$$菌落生长直径(cm) = 2次测量直径的平均值(cm) - 0.5(cm)$$

$$菌丝生长抑制率(\%) = \frac{对照菌落生长直径(cm) - 处理菌落生长直径(cm)}{对照菌落生长直径(cm)} \times 100\%$$

2）孢子萌发法（悬滴法）

以孢子萌发法测定植物样品对病原菌孢子萌发的抑制作用。制备含药供试病原菌的孢子悬液，各提取物的终浓度分别为 75 mg/L、150 mg/L、300 mg/L、600 mg/L、1 200 mg/L，孢子含量为 3.1×10^7 个孢子/mL。以 96 孔微孔培养板代替凹槽载玻片，以含二甲基亚砜的无菌水为空白对照，3 次重复。25℃±1℃光照培养箱中培养，24 h 观察结果，根据下列公式计算抑制率：

$$孢子萌发率(\%) = \frac{孢子萌发数}{检查孢子总数} \times 100\%$$

$$孢子萌发抑制率(\%) = \frac{对照组孢子萌发率(\%) - 处理组孢子萌发率(\%)}{对照组孢子萌发率(\%)} \times 100\%$$

2.2.2　对黄瓜灰霉病菌的抑制作用

1. 对菌丝生长的抑制作用

辽细辛不同溶剂提取物对黄瓜灰霉病菌的抑制效果均随提取物浓度的增大而升高，在供试浓度下，表现出了较好的抑制效果。

从平行提取结果看（图 2-5～图 2-9），当浓度≤150 mg/L，菌落直径抑制率均低于 50%；当浓度≥600 mg/L，菌落直径抑制率均高于 50%；浓度为 300 mg/L，

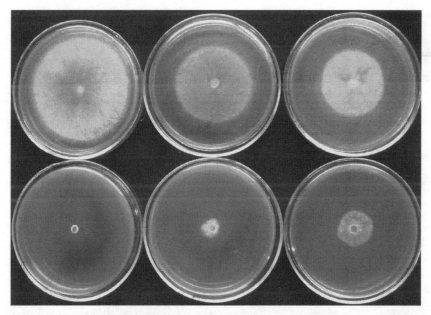

图 2-5　辽细辛根石油醚提取物对黄瓜灰霉病菌菌丝生长的抑制作用（平行提取）

上排从左到右、下排从右到左依次为 CK、75 mg/L、150 mg/L、300 mg/L、600 mg/L 和 1 200 mg/L。下同

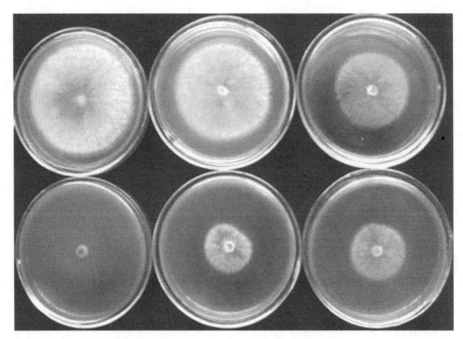

图2-6　辽细辛根氯仿提取物对黄瓜灰霉病菌菌丝生长的抑制作用（平行提取）

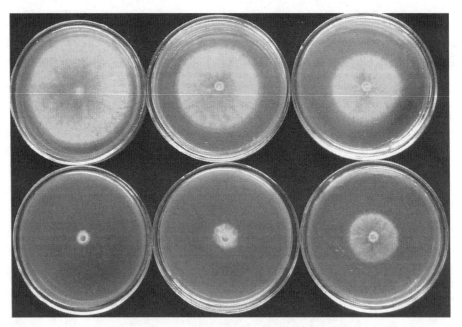

图2-7　辽细辛根乙酸乙酯提取物对黄瓜灰霉病菌菌丝生长的抑制作用（平行提取）

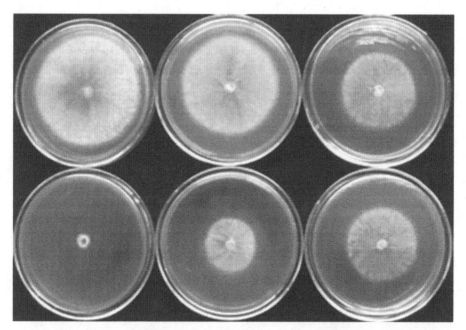

图 2-8　辽细辛根乙醇提取物对黄瓜灰霉病菌菌丝生长的抑制作用（平行提取）

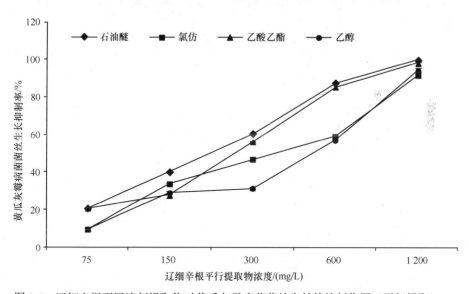

图 2-9　辽细辛根不同溶剂提取物对黄瓜灰霉病菌菌丝生长的抑制作用（平行提取）

菌落直径抑制率变化较大，石油醚提取物的抑制效果最高，为 60.58%，而乙醇提取物的抑制效果只有 31.37%；浓度为 1 200 mg/L 时，不同溶剂提取物对黄瓜灰霉病菌菌丝生长的抑制效果均超过 91%，处理间差异不显著；当浓度≤600 mg/L，各提取物对黄瓜灰霉病菌菌丝生长的抑制效果表现出极显著的差异。

从顺序提取结果看（图 2-10~图 2-14），在同一提取浓度下，对菌丝生长的抑制率均随提取物的进一步提取而降低。当浓度为 1 200 mg/L 时，石油醚提取物（第一步）的抑制效果达到了 100%，氯仿提取物（第二步）和乙酸乙酯提取物（第三步）的抑制效果分别为 50.26%和 42.51%，而到第四步用乙醇提取时，其提取物的抑制效果只有 27.01%。

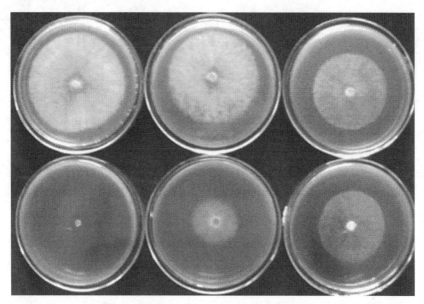

图 2-10　辽细辛根石油醚提取物对黄瓜灰霉病菌菌丝生长的抑制作用（顺序提取）

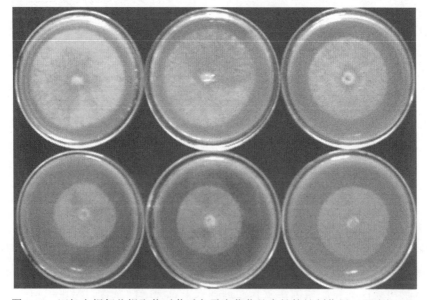

图 2-11　辽细辛根氯仿提取物对黄瓜灰霉病菌菌丝生长的抑制作用（顺序提取）

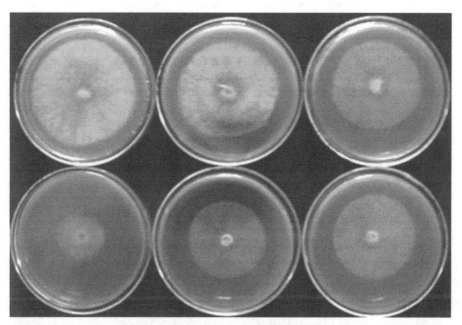

图 2-12　辽细辛根乙酸乙酯提取物对黄瓜灰霉病菌菌丝生长的抑制作用（顺序提取）

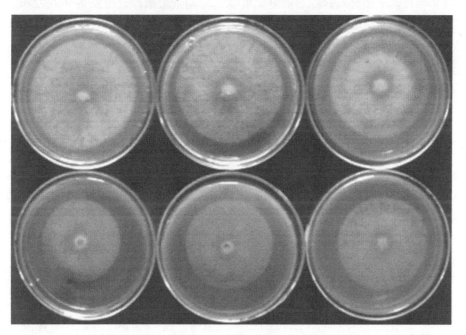

图 2-13　辽细辛根乙醇提取物对黄瓜灰霉病菌菌丝生长的抑制作用（顺序提取）

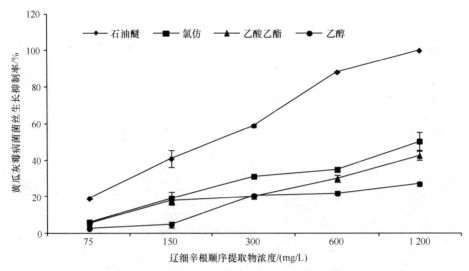

图 2-14　辽细辛根不同溶剂提取物对黄瓜灰霉病菌菌丝生长的抑制作用（顺序提取）

比较 EC_{50}（表 2-5），平行提取中 4 种极性不同溶剂提取物对黄瓜灰霉病菌菌丝生长的 EC_{50} 为 177.44～341.49 mg/L，其中石油醚提取物的抑制效果较好，EC_{50} 为 177.44 mg/L；比较 EC_{90}（抑菌 90%时的药剂浓度），4 种不同溶剂提取物的抑制效果则表现出显著差异：石油醚提取物的抑制效果最好，EC_{90} 为 446.72 mg/L，其次为乙酸乙酯提取物，氯仿提取物和乙醇提取物的抑制效果较差，EC_{90} 均大于 1 300 mg/L。顺序提取时，随着提取步骤的增加，提取物对黄瓜灰霉病菌菌丝生长的抑制效果降低，石油醚提取物（第一步）的抑制效果最好，EC_{50} 和 EC_{90} 分别为 172.44 mg/L 和 347.06 mg/L；而乙醇提取物（第四步）的抑制效果最差，EC_{50} 和 EC_{90} 分别为 2 904.2 mg/L 和 35 504 mg/mL，比较 EC_{50} 前者的抑菌能力是后者的 16.84 倍，比较 EC_{90} 前者的抑菌能力是后者的 102.3 倍。说明辽细辛根主要的抑菌活性物质容易被极性较小的溶剂所提取。

表2-5　辽细辛根不同溶剂提取物对黄瓜灰霉病菌菌丝生长的抑制效果

提取物		回归方程	相关系数 r	EC_{50}/（mg/L）	EC_{90}/（mg/L）
平行提取	石油醚	$Y=3.196X-2.188$	0.947 7	177.44	446.72
	氯仿	$Y=2.014\,3X-0.029$	0.971 7	313.62	1357.2
	乙酸乙酯	$Y=2.508\,4X-0.827$	0.978	210.48	682.56
	乙醇	$Y=2.159\,4X-0.47$	0.948 7	341.49	1 339.3
顺序提取	石油醚	$Y=4.218\,9X-4.436$	0.901 2	172.44	347.06
	氯仿	$Y=1.185\,7X+1.407\,6$	0.967 9	1 071.3	12 907
	乙酸乙酯	$Y=1.095\,6X+1.481\,9$	0.968 2	1 625.5	24 028
	乙醇	$Y=1.178\,7X+0.918$	0.939 3	2 904.2	35 504

2. 对孢子萌发的抑制作用

辽细辛不同溶剂提取物对黄瓜灰霉病菌孢子萌发的抑制作用也较好，变化趋势与对菌丝生长抑制作用的趋势相同。

从平行提取结果（图 2-15 和表 2-6）看，当浓度为 1 200 mg/L 时，石油醚、氯仿和乙酸乙酯提取物对黄瓜灰霉病菌孢子萌发的抑制效果均超过 95%，但乙醇提取物的抑制效果却只为 83.27%；不同溶剂提取物对黄瓜灰霉病菌孢子萌发的 EC_{50} 范围为 173.23～390.35 mg/L，EC_{90} 范围为 333.74～1 310.1 mg/L，其中石油醚和氯仿提取物的作用效果好。

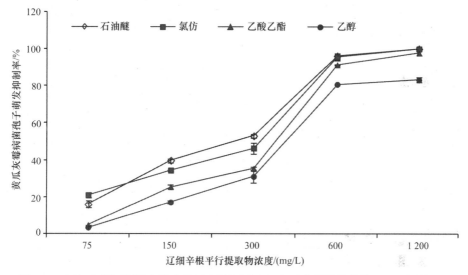

图 2-15　辽细辛根不同溶剂提取物对黄瓜灰霉病菌孢子萌发的抑制作用（平行提取）

表2-6　辽细辛根不同溶剂提取物对黄瓜灰霉病菌孢子萌发的抑制效果

提取物		回归方程	相关系数 r	EC_{50}/（mg/L）	EC_{90}/（mg/L）
平行提取	石油醚	$Y=4.500\,1X-5.074$	0.931 1	173.23	333.74
	氯仿	$Y=4.399X-4.858$	0.912 2	174.22	340.74
	乙酸乙酯	$Y=3.113\,7X-2.575$	0.979 7	270.89	698.86
	乙醇	$Y=2.437\,1X-1.316$	0.975 4	390.35	1310.1
顺序提取	石油醚	$Y=4.515X-5.172$	0.927 7	179.05	344.21
	氯仿	$Y=3.332\,1X-3.371$	0.963 5	325.29	788.66
	乙酸乙酯	$Y=3.090\,4X-3.412$	0.963 5	527.37	1 370.3
	乙醇	$Y=2.810\,5X-3.149$	0.970 5	793.2	2 266.7

　　顺序提取的结果（图 2-16 和表 2-6）表明，在同一提取浓度下，不同溶剂提取物对孢子萌发的抑制率也均随提取步骤的增加而降低，EC_{50} 范围为 179.05～793.2 mg/L，EC_{90} 范围为 344.21～2 266.7 mg/L，其中第一步石油醚提取物的作用效果最好。说明辽细辛根主要的抑菌活性物质容易被极性较小的溶剂所提取。

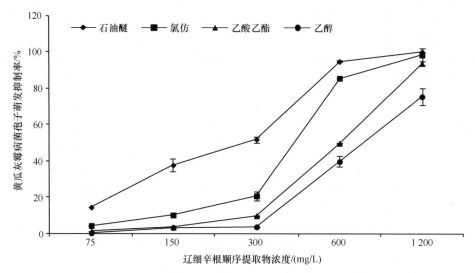

图 2-16　辽细辛根不同溶剂提取物对黄瓜灰霉病菌孢子萌发的抑制作用（顺序提取）

　　比较表 2-5 和表 2-6，从 EC_{90} 结果可以看出，辽细辛不同溶剂提取物对黄瓜灰霉病菌孢子萌发的抑制效果强于对菌丝生长的抑制作用。例如，在平行提取中，石油醚和乙醇提取物对孢子萌发的 EC_{90} 分别为 344.21 mg/L 和 2 266.7 mg/L，而对菌丝生长的 EC_{90} 分别为 347.06 mg/L 和 35 504 mg/L。

2.2.3　对牡丹拟盘多毛孢叶斑病菌的抑制作用

　　对牡丹拟盘多毛孢叶斑病菌的抑制作用只测定了不同溶剂平行提取的提取物的效果。

　　辽细辛根不同溶剂平行提取提取物对引起牡丹叶斑病的拟盘多毛孢的菌丝生长有很好的抑制效果，在供试条件下，抑制效果均随提取物浓度的加大而增高（图 2-17～图 2-20，表 2-7）。当提取物浓度为 75 mg/L，对菌丝生长的抑制效果为38.06%～45.41%，当浓度为 1 200 mg/L，抑制效果≥92.76%，即当浓度为 75 mg/L和 1 200 mg/L 时，同一浓度下辽细辛不同溶剂提取物对拟盘多毛孢菌丝生长的抑制效果差异不显著；而浓度在两者之间时，抑制效果表现出极显著的差异，当浓度<300 mg/L 时，各提取物对病原菌菌丝生长的抑制率均低于 60%，而当浓度>300 mg/L 时，各提取物对病原菌菌丝生长的抑制率均高于 60%。

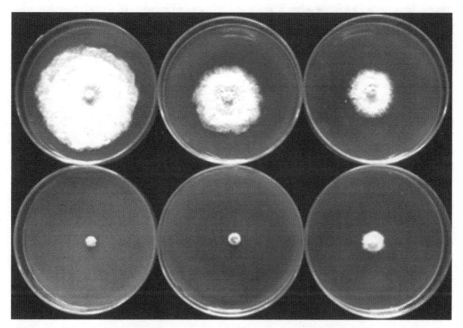

图 2-17　辽细辛根石油醚提取物对拟盘多毛孢菌丝生长的抑制作用（平行提取）

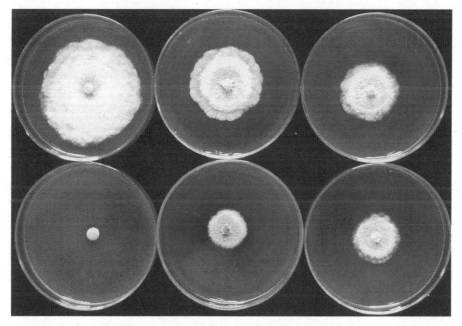

图 2-18　辽细辛根氯仿提取物对拟盘多毛孢菌丝生长的抑制作用（平行提取）

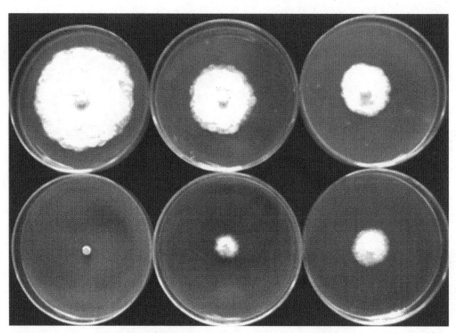

图 2-19　辽细辛根乙酸乙酯提取物对拟盘多毛孢菌丝生长的抑制作用（平行提取）

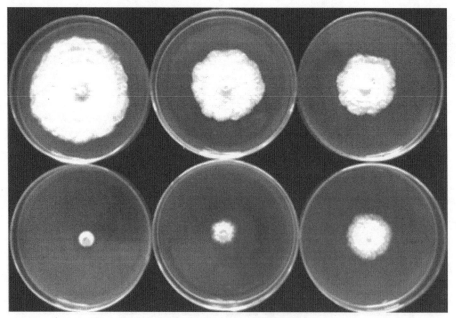

图 2-20　辽细辛根乙醇提取物对拟盘多毛孢菌丝生长的抑制作用（平行提取）

表2-7　辽细辛根不同溶剂提取物对拟盘多毛孢的抑制作用（%）

提取溶剂	菌丝生长抑制率				
	75 mg/L	150 mg/L	300 mg/L	600 mg/L	1 200 mg/L
石油醚	45.41±3.34	58.87±0.98	80.02±0.52	91.72±0.56	96.31±1.55
氯仿	38.06±1.22	49.36±1.61	59.13±1.29	64.66±2.78	92.76±1.57
乙酸乙酯	41.64±1.97	54.51±2.88	72.57±3.17	83.71±1.93	98.02±1.59
乙醇	40.23±4.74	46.77±0.89	60.10±2.93	77.83±2.85	94.33±3.44
提取溶剂	孢子萌发抑制率				
	75 mg/L	150 mg/L	300 mg/L	600 mg/L	1 200 mg/L
石油醚	33.62±0.15	55.10±0.64	75.37±2.24	98.35±1.45	100±0
氯仿	23.63±0.92	41.14±1.18	59.35±11.78	74.23±4.56	87.61±3.34
乙酸乙酯	35.62±3.92	44.96±0.22	76.06±4.72	92.60±1.73	96.97±2.31
乙醇	33.34±1.04	42.73±0.85	56.78±1.307	71.75±0.27	88.57±0.36

表 2-8 中，相关系数 r 均为正值，且 $r>0.9$，说明辽细辛不同溶剂提取物对拟盘多毛孢的抑制效果和浓度的线性相关关系显著，且均随浓度的加大而增加。比较 EC_{50}，石油醚提取物对拟盘多毛孢菌丝生长的抑制效果最好，EC_{50} 为 94.91 mg/L，余者的 EC_{50} 差异较小，为 120.98～161.73 mg/L。但当比较 EC_{90} 时，不同提取物对拟盘多毛孢菌丝生长的抑制效果则表现出显著差异：石油醚提取物的抑制效果最好，EC_{90} 为 566.98 mg/L；氯仿提取物的抑制效果最差，EC_{90} 高达 1 562.3mg/L，大约是前者的 3 倍。

表2-8　辽细辛根不同溶剂提取物对拟盘多毛孢的毒力效果

作用方式	提取溶剂	回归方程	相关系数 r	EC_{50}/（mg/L）	EC_{90}/（mg/L）
菌丝生长	石油醚	$Y=1.651X+1.735\ 6$	0.996 2	94.91	566.98
	氯仿	$Y=1.301\ 2X+2.126$	0.921 9	161.73	1562.3
	乙酸乙酯	$Y=1.796\ 7X+1.258\ 1$	0.969 9	120.98	625.21
	乙醇	$Y=1.497\ 9X+1.744\ 9$	0.963 4	148.96	1 068.2
孢子萌发	石油醚	$Y=4.114\ 7X-3.734$	0.941 3	132.64	271.73
	氯仿	$Y=1.535\ 5X+1.416\ 4$	0.999 5	215.69	1 473.9
	乙酸乙酯	$Y=2.013\ 8X+0.718\ 6$	0.988	133.67	578.68
	乙醇	$Y=1.337\ 9X+1.953\ 2$	0.985 1	189.39	1 719.1

辽细辛提取物对拟盘多毛孢的孢子萌发具有较好的抑制作用，从供试浓度看，当浓度大于 150 mg/L 时，孢子萌发抑制率均高于 50%；当浓度小于 150 mg/L

时，孢子萌发抑制率均低于 50%；当浓度等于 150 mg/L 时，孢子萌发抑制率差异较大，抑制率为 41.14%～55.1%。从提取物看，当浓度达到 1 200 mg/L 时，石油醚提取物的抑制效果最好，孢子萌发抑制率达到 100%；其次为乙酸乙酯提取物，抑制率为 96.97%；氯仿和乙醇提取物对拟盘多毛孢孢子萌发的抑制率均在 87% 左右（表 2-7）。比较 EC_{50}，辽细辛提取物对拟盘多毛孢孢子萌发的抑制效果差异不大，为 132.64～215.69 mg/L，但比较 EC_{90}，则表现出明显差异，石油醚提取物对拟盘多毛孢孢子萌发的抑制效果最好，EC_{90} 仅为 271.73 mg/L，效果最差的为乙醇提取物，EC_{90} 高达 1 719.1 mg/L，前者的抑制效果是后者的 6.33 倍（表 2-8）。

2.3　本 章 小 结

从中药植物中筛选植物源杀菌剂有广阔的研究前景。细辛为著名中药，具有一定的生物活性。同一种提取方法，不同的提取溶剂提取的效果存在差异，一般采用系统溶剂进行活性物质的提取，包括溶剂连续（顺序）提取和溶剂平行提取，前者可以使植物中活性成分不造成漏筛，后者能确定最佳的提取溶剂（吴文君等，1998）。通过采用平行提取法和顺序提取法（溶剂包括石油醚、氯仿、乙酸乙酯和乙醇）对辽细辛根的活性成分进行了提取，测定了不同提取物对代表性害虫和植物病害致病菌的生物活性。辽细辛根的不同溶剂提取物对黄瓜灰霉病菌和拟盘多毛孢的菌丝生长和孢子萌发均有一定的抑制作用，对淡色库蚊、粘虫和小菜蛾幼虫均有一定的毒杀效果，不同溶剂对辽细辛根所含的有效杀虫抑菌成分的提取效果不同，石油醚提取物的效果最好，说明辽细辛根提取物对植物病虫害具有一定的生物活性，且其所含的有效成分主要存在于极性较小的溶剂中。

第3章 辽细辛精油杀虫抑菌活性及作用方式

辽细辛根的主要杀虫抑菌活性成分易被极性较小的有机溶剂所提取，中医药学也证明，细辛精油是主要的医药成分，因此，必须明确辽细辛精油的杀虫抑菌活性及作用方式，为探究辽细辛是否可作为植物源农药予以开发进一步提供研究基础。

3.1 辽细辛精油杀虫活性及作用方式

3.1.1 研究方法

1. 辽细辛精油的提取方法

准确称取辽细辛全草 1.85 kg，装入 5 L 的萃取罐内，采用超临界 CO_2 法萃取：萃取压力 20 MPa，萃取温度 40℃，流量 20 kg/h；解析釜 I 压力 6～7 MPa，温度 45℃；解析釜 II 压力 5～6 MPa，温度 35℃，萃取时间为 60 min，每 20 分钟收集提取物称量，密封，置 4℃冰箱中保存备用。

2. 作用方式及活性测定方法

1）毒杀活性的测定方法

（1）叶碟法：测定辽细辛精油对小菜蛾幼虫的毒杀作用。甘蓝嫩叶叶碟直径 2 cm，放到直径 6 cm 铺有滤纸的培养皿中，1 皿 1 个叶碟。正反面喷雾，用药量 0.5 mL，药液终浓度 1 000 mg/L、1 500 mg/L、2 000 mg/L、2 500 mg/L 和 3 000 mg/L，自然晾干。接入供试小菜蛾幼虫各 10 头，3 次重复，于 24 h 调查试虫的死亡率。以喷含吐温-20 的蒸馏水为对照，每个处理 3 次重复。

（2）浸渍法：利用 24 孔培养板采用浸渍法测定辽细辛精油对淡色库蚊幼虫的毒杀作用。用带有蚊幼虫 20 条左右的无菌水将辽细辛精油（乙醇溶解）配制成终浓度为 20 mg/L、25 mg/L、30 mg/L、35 mg/L 和 40 mg/L 的药液。在温度 25℃±1℃、相对湿度 60%～80%、光照（L：D=16 h：8 h）下培养 24 h，检查结果。振动培养板，镊子轻触蚊幼虫身体，检查蚊虫死亡情况。每个样品重复 3 次，以含 2% 乙醇的无菌水浸渍蚊幼虫作为空白对照。

（3）茎秆浸药饲虫法：测定辽细辛精油对二化螟幼虫（敏感品系 2 龄幼虫）的毒杀作用。用含吐温-20 的无菌水将辽细辛精油梯度稀释成 250 mg/L、500 mg/L、1 000 mg/L、2 000 mg/L 和 3 000 mg/L，以含吐温-20 的无菌水作空白对照。将水稻苗去根，截取长约 8 cm 的茎秆，根端用脱脂棉包成棉团，连同棉花在供试药液中浸泡 5 s，取出，晾至茎秆干燥。每管接二化螟 2 龄幼虫 10 头，3 次重复。84 h 剖秆调查结果，计算死亡率。

二化螟（*Chilo suppressalis*）成虫饲养：将蛹放在纸杯内，置于成虫饲养笼内，笼内放一盆约 15 cm 高的水稻苗供成虫产卵。以 10%的蜜糖水饲喂成虫。产卵开始后每天更换水稻苗。幼虫饲养：在 40 cm×20 cm×40 cm 的玻璃缸底部铺上 4～5 层滤纸，完全喷湿，将已经浸好种的稻种摆在其上，在 28℃±1℃温室内培养，每天喷水，保持湿润。待稻苗长到 5 cm 左右高时，接入二化螟卵，每天 14～16 h 的光照条件下饲养至化蛹，中间仍需每天喷水，但不需要添加和更换饲料及清理污物。从幼虫孵出到化蛹需要 25～30 d。

（4）直接喷雾法：测定辽细辛精油对蚕豆蚜的毒杀作用。将带有蚜虫的蚕豆苗叶片进行修剪成直径 2 cm 的叶碟，每叶留有蚜虫 20 头左右（要求大小适中、健康、无翅 2 日龄若蚜）。用含吐温-20 的无菌水将辽细辛精油稀释成 125 mg/L、250 mg/L、500 mg/L、1 000 mg/L 和 1 500 mg/L 的浓度梯度，以含吐温-20 的无菌水作空白对照。用喷头将 0.5 mL 的药液喷在带蚜虫的叶片上，虫面向上置于铺有滤纸的培养皿中，待表面水分挥发稍干后，盖上皿盖防止蚜虫爬失。置温室（或温箱，22℃±1℃）中 24 h 后观察结果。

蚕豆蚜（*Aphis fabae*），严格挑选龄期一致，颜色一致，个体大小基本一致的无翅蚜。在温室内，待蚕豆苗长出 6～7 片真叶时接虫。将寄主植物上的蚕豆蚜成蚜用软毛笔移到蚕豆苗上，在温度 15～22℃、相对湿度 60%～80%的条件下，蚕豆蚜繁殖很快，待成熟蚕豆蚜产仔后，移走成蚜，蚕豆苗上便只留下若蚜，二日龄的若蚜供试验。

2）触杀活性的测定方法

（1）试管药膜法：测定辽细辛精油对小菜蛾幼虫的触杀活性。取直径 2.5 cm、高 7.5 cm 的指形管，药膜用药量 200 μL（药液浓度 2 000 mg/L、2 500 mg/L、3 000 mg/L、3 500 mg/L 和 4 000 mg/L，丙酮溶解），药膜浓度分别为 0.006 25 mg/cm²、0.007 812 5 mg/cm²、0.009 375 mg/cm²、0.010 937 6 mg/cm² 和 0.012 5 mg/cm²。待丙酮挥发后，每管接入 15 头小菜蛾 2 龄幼虫，用湿纱布盖好管口保湿，置于室温下饲养，每隔 2 h 检查供试幼虫的死亡情况，直至 24 h。每处理重复 3 次，以丙酮处理为对照。

（2）滤纸药膜法：一是测定辽细辛精油对杂拟谷盗敏感品系成虫的触杀活性。在直径为 9 cm 的培养皿底盘上放入面积为 63.585 cm² 的圆形滤纸，在滤纸上滴入辽细辛精油丙酮稀释液 1 mL（药液浓度 1 000 mg/L、2 000 mg/L、3 000 mg/L 和 4 000 mg/L），药膜浓度分别为 0.016 mg/cm²、0.031 mg/cm²、0.047 mg/cm² 和 0.063 mg/cm²。在同直径的另一滤纸滴入丙酮 1 mL 作为空白对照。待丙酮挥发后，每皿投入杂拟谷盗成虫各 50 头，置 25℃±1℃、相对湿度 60%～70% 的养虫室内，当试虫在药膜上爬行 48 h 后，将试虫转入盛有 20 g 饲料全麦粉的指形管内，用白布块扎住管口，置于养虫室内饲养 7 d 后，检查触杀效果，每个处理设 3 个重复。

杂拟谷盗（*Tribolium confusum*）成虫饲养：饲料以全麦粉为主，加 1% 的酵母粉。使用时在 60℃ 下烘 24 h，杀死其中的螨类等生物。饲料装入 1 000 mL 的广口瓶中，放入 200 头成虫，另放一硬卡供成虫爬行活动，瓶口用细密纱布覆盖。在 27℃±1℃ 和 70% 左右相对湿度下，2 个月每瓶可有 3 000 头昆虫供试验用。为使发育整齐，放入成虫 2 周后，用粗筛将成虫筛出。

二是测定辽细辛精油对 2 日龄蚕豆蚜若虫的触杀活性。用两张经过同样处理过的滤纸放入培养皿底和盖各 1 张，使药膜相对。辽细辛精油浓度为 125 mg/L、250 mg/L、500 mg/L、1 000 mg/L、1 500 mg/L。每处理 2 日龄蚕豆蚜若虫 20 头，3 次重复，置于 22℃±1℃ 光照培养箱中饲养，24 h 后用双目解剖镜检查死亡率。

（3）三角瓶药膜法：测定辽细辛精油对淡色库蚊成虫的触杀活性。使用体积为 250 mL 的三角瓶，表面积 260 cm²，供试药液 0.5 mL（100 mg/L、200 mg/L、300 mg/L、400 mg/L、500 mg/L，丙酮溶解）制成药膜，折合成单位面积着药量分别为：0.20 mg/cm²、0.39 mg/cm²、0.58 mg/cm²、0.77 mg/cm²、0.96 mg/cm²。待药膜干燥后，每瓶接入淡色库蚊成虫 20 头，用双层纱布封口。对照瓶只用丙酮处理，每处理 3 次重复，在温度 25℃±1℃、相对湿度 90% 以上、自然光照条件下观察 24 h，检查结果。

3）拒食活性的测定方法

采用叶碟法测定辽细辛精油对小菜蛾 3 龄幼虫的拒食活性。甘蓝叶碟直径 2 cm，每片叶碟用药量 0.5 mL，终浓度 50 mg/L、100 mg/L、200 mg/L、400 mg/L 和 800 mg/L，每片叶碟用药量 0.5 mL，自然晾干。

（1）选择拒食活性测定：将 2 张处理叶碟和 2 张对照叶碟交错放入一个 9 cm 的培养皿，皿中央放进 10 头饥饿 6 h 的 3 龄小菜蛾幼虫。24 h 后将残存叶片取出，用方格纸法或者面积测定仪测量对照和处理取食面积，并按下式计算拒食率：

选择拒食率（%）=（对照组取食面积−处理组取食面积）/
（对照组取食面积+处理组取食面积）×100%

（2）非选择拒食活性测定：将处理叶碟放在一个培养皿中，而将对照叶碟放在另一个培养皿中。其余步骤同"选择拒食活性测定"。

非选择拒食率（%）=（对照组取食面积−处理组取食面积）/对照组取食面积×100%

4）麻醉活性的测定方法

按改进的夹毒叶片法测定辽细辛精油对小菜蛾 3 龄幼虫的麻醉作用。辽细辛精油终浓度 2 000 mg/L、2 500 mg/L、3 000 mg/L、3 500 mg/L 和 4 000 mg/L，将 0.5 mL 供试药液均匀涂在直径 2 cm 的叶碟上（一片涂正面、一片涂背面），制成夹毒叶片，放入用滤纸保湿的培养皿内。将小菜蛾 3 龄幼虫饥饿 4 h，每皿接虫 10 头，3 次重复。于 25℃±1℃ 饲养。10 h 后将未吃完夹毒叶片取出，换无毒叶片，再经 2 h 检查试虫是否麻醉，统计样品的麻醉 50% 时的药剂浓度 LC_{50}。

5）熏蒸活性的测定方法

（1）三角瓶熏蒸法：辽细辛精油对淡色库蚊成虫熏蒸作用的生物测定参照侯华民（1998）的三角瓶熏蒸法进行，并加以改进。使用体积为 250 mL 的三角瓶，以锡箔纸封闭瓶口。分别吸取 31.25 mg/L、62.5 mg/L、125 mg/L、250 mg/L、500 mg/L（丙酮溶解）的供试药液 140 μL，点滴在悬挂于锡箔纸上的 1 cm×7 cm 滤纸片上，待丙酮挥发后，迅速封闭好瓶口，对照瓶的滤纸上只加 140 μL 丙酮。每瓶装入蚊成虫 20 头，每处理 3 次重复，在温度 25℃±1℃、相对湿度 90% 以上、自然光照条件下观察 24 h，检查结果。计算死亡率，用概率值分析法求出毒力回归方程，对方程进行 χ^2 检验，并求出 LC_{50}。

（2）改进熏蒸盒法：辽细辛精油对小菜蛾 3 龄幼虫的熏蒸毒力测定用改进的熏蒸盒法。用 100 mL 烧杯代替熏蒸盒，以锡箔纸封闭瓶口。分别吸取 2 000 mg/L、2 500 mg/L、3 000 mg/L、3 500 mg/L、4 000 mg/L 的供试药液 140 μL，点滴在悬挂于锡箔纸上的 1 cm×7 cm 滤纸片上，迅速封闭好杯口，对照杯的滤纸上只加 140 μL 无菌水。每瓶装入小菜蛾 3 龄幼虫各 20 头，每处理 3 次重复，在温度 25℃±1℃、相对湿度 60%～70%、自然光照条件下观察 48 h，检查结果。计算死亡率，求出毒力回归方程和 LC_{50}。

（3）玻皿法：采用玻皿法测定辽细辛精油对杂拟谷盗的熏杀作用。在面积为 63.585 cm² 的圆形滤纸上滴入辽细辛精油丙酮稀释液 1 mL（药液浓度 1 000 mg/L、2 000 mg/L、3 000 mg/L 和 4 000 mg/L），药膜终浓度分别为 0.016 mg/cm²、0.031 mg/cm²、0.047 mg/cm² 和 0.063 mg/cm²。在同直径的另一滤纸上滴入丙酮 1 mL 作为空白对照。待丙酮挥发后，放置于直径为 9 cm 培养皿底盘上，在药膜上覆盖两层尼龙筛绢，再填入饲料。每个处理设 3 个重复。每个培养皿内投入杂拟谷盗成虫各 50 头后，盖上同直径培养皿，用透明胶带封好接口处，置于养虫室内饲养 14 d 后，检查熏杀效果。

（4）二重皿法：测定辽细辛精油对蚕豆蚜的熏杀作用。将 20 头 2 日龄蚕豆蚜若虫放入培养皿的盖内，用细纱布盖住以防目标昆虫接触到药剂，在培养皿的底部放入浓度为 125 mg/L、250 mg/L、500 mg/L、1 000 mg/L、1 500 mg/L 的辽细辛精油药液，然后将皿盖盖上，3 次重复，清水作为对照，处理后放入 22℃±1℃、相对湿度 60%～70%、光照时长为 14 h/d 的室内培养，24 h 后调查死亡率，并进行毒力分析。

6）胃毒活性的测定方法

按改进的夹毒叶片法测定辽细辛精油对小菜蛾 3 龄幼虫的胃毒作用。精油终浓度为 2 000 mg/L、2 500 mg/L、3 000 mg/L、3 500 mg/L 和 4 000 mg/L，用药量 0.5 mL，叶碟直径 2 cm，一片涂正面，一片涂背面，制成夹毒叶片，放入用滤纸保湿的 9 cm 培养皿内。将小菜蛾 3 龄幼虫饥饿 4 h，每皿接虫 10 头，3 次重复。于 25℃±1℃饲养。48 h 后检查试虫死亡情况，并统计样品的致死中量（LD_{50}）。

7）忌避（忌避）活性的测定方法

（1）滤纸药膜法：采用滤纸药膜法测定辽细辛精油对杂拟谷盗的忌避作用。将直径为 9 cm 的圆形滤纸裁成两半，一半浸辽细辛精油的丙酮稀释液 0.5 mL（药液浓度 1 000 mg/L、2 000 mg/L、3 000 mg/L 和 4 000 mg/L），使药膜终浓度分别为 0.016 mg/cm^2、0.031 mg/cm^2、0.047 mg/cm^2 和 0.063 mg/cm^2，另一半浸丙酮 0.5 mL 作为对照。待丙酮挥发后将两半滤纸重新接起来，用透明胶带从背面固定后置同直径培养皿内，每个处理设 3 个重复。每皿内投入杂拟谷盗成虫 50 头，盖上皿盖，用深色布遮光，使试虫自然分散。投虫后连续观察 18 d，每周连续 3 d 记录在两半滤纸上的试虫数，用每周连续 3 d 观察记录的平均数计算药剂对试虫的忌避率。

忌避率（%）=（对照滤纸上的试虫数–处理滤纸上的试虫数）/
对照滤纸上的试虫数×100%

（2）选择栖息法：辽细辛精油对德国小蠊成虫的忌避作用采用选择栖息法测定。将盛冰淇淋的小纸盒的口沿上开 2 个 "V" 形缺口（缺口大小以试虫能自由爬进爬出为宜）。将精油的丙酮溶液（1 000 mg/L、3 000 mg/L 和 5 000 mg/L）0.5 mL 滴在纸盒底部里面作为处理盒，以滴加丙酮为对照盒。将 2 只处理盒和 2 只对照盒，口朝下交错排列在 60 cm×30 cm×40 cm 的有机玻璃盒内，在盒底中央放进 20 头（雌雄各半）试虫，室温自然光照。1 h 后检查对照和处理盒下栖息的试虫数，试验重复 5 次。

忌避率（%）=（对照盒下栖息的试虫数–处理盒下栖息的试虫数）/
对照盒下栖息的试虫数×100%

根据驱（忌）避率的不同，将忌避效果分为 0～Ⅴ 6 个等级。

分级标准[级别，驱（忌）避率]如下：

0 级：0%；

Ⅰ 级：0.1%～20%；

Ⅱ 级：20.1%～40%；

Ⅲ 级：40.1%～60%；

　　Ⅳ级：60.1%～80%；

　　Ⅴ级：80.1%～100%。

　　德国小蠊（*Blattella germanica*）的饲养：饲料组成为（重量比），燕麦粉 9 份、小麦粉 9 份、鱼粉 1 份、酵母粉 1 份，充分混合后在 60℃±1℃烘 24 h，杀死螨类等有害生物。在 40 cm×20 cm×40 cm 的玻璃缸中，放入收集的德国小蠊卵鞘，卵开始孵化时放入盛有饲料的培养皿及几张质地粗糙并折成瓦楞状的厚纸片以供若虫爬行栖息，饲养温度为 26℃±1℃、相对湿度为 50%～60%。

8）内吸活性的测定方法

　　采用根系内吸法测定辽细辛精油对蚕豆蚜 2 日龄若虫的内吸活性。将饲养有 30～40 头蚕豆蚜 2 日龄若虫的蚕豆苗根系浸渍于配制好的药液中，药液用硬塑料板盖好，防止对目标昆虫产生熏蒸等作用。精油药液浓度为 125 mg/L、250 mg/L、500 mg/L、1 000 mg/L、1 500 mg/L，3 次重复，清水作为对照，处理后放入 22℃±1℃、相对湿度 60%～70%、光照时长为 14 h/d 的室内饲养，24 h 后调查死亡率，并进行毒力分析。

3.1.2　对小菜蛾幼虫的活性及作用方式

　　辽细辛精油对小菜蛾 3 龄幼虫表现出较好的效果，而且作用方式多样。从表 3-1 中看，对小菜蛾 3 龄幼虫的毒杀作用较好，当精油浓度为 2 000 mg/L 时，幼虫死亡率为 84.45%，浓度为 3 000 mg/L 时，死亡率达到了 100%。毒杀作用测定的是综合效应，在该作用中既包括胃毒作用，也包括熏蒸、触杀和麻醉作用。所以分别测定触杀作用、胃毒作用、熏蒸作用和麻醉作用。比较之下，熏蒸效果较好，如当浓度为 4 000 mg/L 时，熏蒸死亡率为 93.49%，而触杀作用和胃毒作用的死亡率分别为 82.5%和 75%，麻醉作用的效果为 45.83%。

表3-1　辽细辛精油对小菜蛾幼虫的作用效果（%）

作用方式	校正死亡率				
毒杀作用	1 000 mg/L	1 500 mg/L	2 000 mg/L	2 500 mg/L	3 000 mg/L
	20±0.37	45±3.12	84.45±1.56	90±2.14	100±0
触杀作用	2 000 mg/L	2 500 mg/L	3 000 mg/L	3 500 mg/L	4 000 mg/L
	35±4.08	49.68±1.43	65±2.35	75.33±1.93	82.5±2.04
熏蒸作用	2 000 mg/L	2 500 mg/L	3 000 mg/L	3 500 mg/L	4 000 mg/L
	40.55±0.45	52.73±2.69	68.55±2.95	79.09±3.41	93.49±2.13
胃毒作用	2 000 mg/L	2 500 mg/L	3 000 mg/L	3 500 mg/L	4 000 mg/L
	22.92±1.51	51.43±2.83	58.57±1.17	61.25±1.02	75.00±4.08

续表

作用方式	麻醉率				
麻醉作用	2 000 mg/L	2 500 mg/L	3 000 mg/L	3 500 mg/L	4 000 mg/L
	0	0	12.5±1.93	25±0.78	45.83±2.04
作用方式	拒食率				
选择性拒食作用	50 mg/L	100 mg/L	200 mg/L	400 mg/L	800 mg/L
	35.67±3.31	52.45±2.12	56.92±1.14	62.6±2.32	81.54±1.12
非选择性拒食作用	50 mg/L	100 mg/L	200 mg/L	400 mg/L	800 mg/L
	−4.17±2.49	4.17±2.46	29.17±1.75	43.75±3.13	62.5±1.35

叶碟法是测定拒食活性的最常用方法。比较拒食作用可以看出，选择性拒食的效果比非选择性拒食的效果好，如在 200 mg/L 浓度下，选择性拒食作用的拒食率为 56.92%，而非选择性拒食作用的拒食率仅为 29.17%，前者大约为后者的 1.95 倍。

比较辽细辛精油对小菜蛾幼虫不同作用效果的致死中浓度（表 3-2），可以看出辽细辛精油对小菜蛾幼虫的综合毒杀效果较好，LC_{50} 和 LC_{90} 分别为 1 407.7 mg/L 和 1 891 mg/L；比较触杀作用、胃毒作用、熏蒸作用和麻醉作用的作用效果，从 LC_{50} 看，效果依次为：触杀作用＞熏蒸作用＞胃毒作用＞麻醉作用，从 LC_{90} 看，效果依次为：触杀作用＞麻醉作用＞熏蒸作用＞胃毒作用；从拒食作用可以看出，比较 LC_{50}，辽细辛精油对小菜蛾幼虫的选择性拒食作用强于非选择性拒食作用，比较 LC_{90}，辽细辛精油对小菜蛾幼虫的非选择性拒食作用强于选择性拒食作用。

表3-2　辽细辛精油对小菜蛾幼虫的毒力效果

作用方式	回归方程	相关系数 r	LC_{50}/（mg/L）	LC_{90}/（mg/L）
毒杀作用	$Y=9.999\ 4X−26.48$	0.871 2	1 407.7	1 891
熏蒸作用	$Y=4.447\ X−10.08$	0.999 2	2 465.9	4 788.1
触杀作用	$Y=5.540\ 7X−13.67$	0.968 2	2 340.5	3 986.8
胃毒作用	$Y=4.192\ 2X−9.43$	0.954 8	2 766.8	5 593.5
麻醉作用	$Y=17.92X−59.37$	0.930 7	3 912.2	4 612.5
选择性拒食作用	$Y=0.926\ 8X+3.09$	0.961 6	116.5	2 813.4
非选择性拒食作用	$Y=2.173\ 2X−0.86$	0.963 9	495.8	1 927.6

3.1.3　对淡色库蚊的活性及作用方式

辽细辛精油对淡色库蚊幼虫和成虫均具有较强的致死作用，供试条件下，对

淡色库蚊幼虫的毒杀作用效果较好（图 3-1），当浓度达到 40 mg/L 时，蚊幼虫的
24 h 死亡率达到了 99.56%，蚊幼虫中毒死亡时，虫体伸直，颜色变白；比较辽细
辛精油对蚊成虫的熏蒸作用（图 3-2）和触杀作用（图 3-3），熏蒸作用效果较好，
当药液浓度为 500 mg/L（药膜浓度为 0.96 mg/cm^2）时，熏蒸效果达到 100%，而
触杀效果为 88.42%。从 LC$_{50}$ 和 LC$_{90}$（表 3-3）可以看出，辽细辛精油对淡色库蚊
幼虫的毒杀效果最强，24 h 的 LC$_{50}$ 为 25.047 mg/L，LC$_{90}$ 为 31.994 mg/L；其次是
对成虫的熏蒸效果，LC$_{50}$ 和 LC$_{90}$ 分别为 69.354 mg/L 和 140.33 mg/L；效果较差的

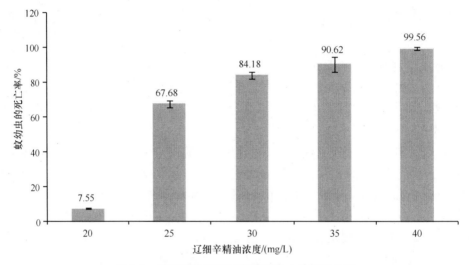

图 3-1　辽细辛精油对淡色库蚊幼虫的毒杀作用

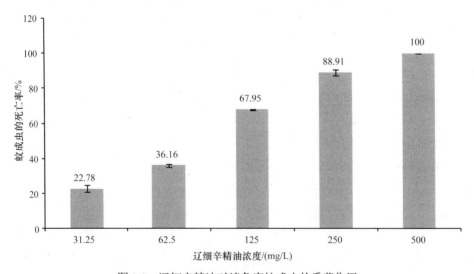

图 3-2　辽细辛精油对淡色库蚊成虫的熏蒸作用

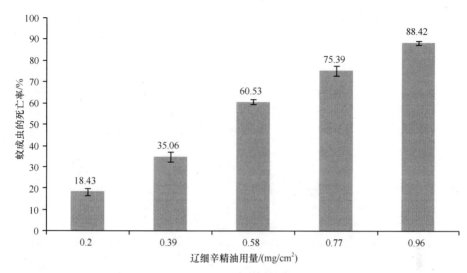

图 3-3　辽细辛精油对淡色库蚊成虫的触杀作用

表3-3　辽细辛精油对淡色库蚊的毒力效果

作用方式	回归方程	相关系数 r	LC_{50}	LC_{90}
毒杀作用	$Y=12.056X-11.86$	0.970 6	25.047 mg/L	31.994 mg/L
熏蒸作用	$Y=4.187\ 4X-2.709$	0.905 2	69.354 mg/L	140.33 mg/L
触杀作用	$Y=3.037\ 5X+6.07$	0.980 1	0.444 mg/cm^2	1.174 mg/cm^2
作用方式	回归方程	相关系数 r	KT_{50}	KT_{90}
击倒作用	$Y=2.934X+1.226\ 3$	0.951 7	19.329 min	52.848 min

为对成虫的触杀效果，24 h 的 LC_{50} 和 LC_{90} 分别为 0.444 4 mg/cm^2（相当于每只三角瓶用 231.088 mg/L 辽细辛精油 0.5 mL）和 1.174 mg/cm^2（相当于每只三角瓶用 610.48 mg/L 细辛精油 0.5 mL）。

在 2 500 mg/L 浓度下，辽细辛精油对淡色库蚊成虫的熏蒸效果为100%。为此又测定了该浓度下辽细辛精油对淡色库蚊成虫的击倒速率（图 3-4）。在此浓度下，随着熏蒸时间的延长，对淡色库蚊成虫的击倒率增加，在 45 min 时，击倒率达100%；在 20～35 min 范围内，击倒率增幅较小。辽细辛精油对淡色库蚊成虫的击倒效果较好，击倒中时（击倒50%时有用时间，KT_{50}）为 19.329 min，KT_{90} 为 52.848 min。

综合致死中浓度（LC_{50}）和击倒中时（KT_{50}），辽细辛精油对淡色库蚊幼虫有较强的毒杀作用，对成虫有较好的熏蒸作用。

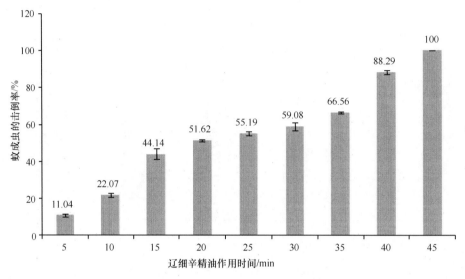

图 3-4　辽细辛精油对淡色库蚊成虫的击倒作用

3.1.4　对二化螟幼虫的毒杀作用

辽细辛精油对二化螟 2 龄幼虫的毒杀效果较好，用药 84 h 后，供试浓度的辽细辛精油均对二化螟幼虫有明显的致死活性，浓度大于 2 000 mg/L 时，死亡率达 100%，浓度为 500 mg/L 时，死亡率为 50%（图 3-5）。通过毒力回归分析，辽细辛精油对二化螟幼虫毒杀的毒力回归线、相关系数、致死中浓度 LC_{50} 和死亡率达

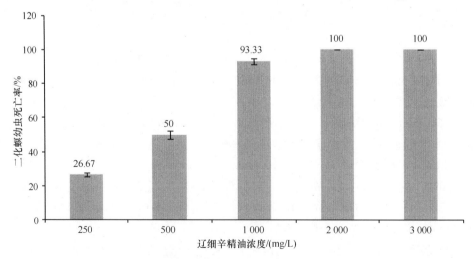

图 3-5　辽细辛精油对二化螟幼虫的毒杀效果

90%的致死浓度 LC_{90} 分别为：$Y=5.656\ 8X–9.746$，$r=0.964\ 6$，$LC_{50}=404.38$ mg/L，$LC_{90}=681.31$ mg/L。$r=0.964\ 6$，说明死亡率与浓度之间的线性关系理想；$LC_{50}=404.38$ mg/L 和 $LC_{90}=681.31$ mg/L，说明辽细辛精油对二化螟 2 龄幼虫的毒杀效果较好。

用辽细辛精油处理二化螟 2 龄幼虫时，不同浓度下，幼虫的表现不同：当浓度≤1 000 mg/L 时，随着浓度的降低，幼虫取食加重，部分死亡，说明辽细辛精油对二化螟幼虫有胃毒作用；浓度为 2 000 mg/L 时，幼虫对处理茎秆稍有取食，浓度为 3 000 mg/L 时，幼虫不取食，但两个浓度下，二化螟幼虫大量死亡，说明辽细辛精油对二化螟幼虫有触杀和熏蒸作用。

被辽细辛精油致死的二化螟幼虫，死亡症状表现为：死亡前剧烈扭动，死亡后身体变软，多数直伸，部分个体身体中段颜色加深，尾端变得半透明，喜集中。

3.1.5　对杂拟谷盗成虫的活性及作用方式

辽细辛精油对杂拟谷盗成虫具有一定的忌避作用、熏蒸作用和触杀作用，且忌避效果明显好于熏蒸作用和触杀作用。如表 3-4 所示，如当精油浓度为 2 000 mg/L 时，忌避率为 37.72%，而熏蒸作用和触杀作用的死亡率分别为 9.76%和 4.17%，前者是后两者的 4～10 倍；根据忌避效果的分级标准，供试浓度下，辽细辛精油对杂拟谷盗成虫的忌避等级为Ⅱ级和Ⅲ级（浓度为 1 000 mg/L 和 2 000 mg/L 时Ⅱ级，浓度为 3 000 mg/L 和 4 000 mg/L 时Ⅲ级）；比较熏蒸作用和触杀作用可以看出，熏蒸效果好于触杀效果，在供试的任何浓度下，熏蒸作用的死亡率均为触杀作用死亡率的 2～3 倍。

表3-4　辽细辛精油对杂拟谷盗成虫的生物活性（%）

作用方式	24 h 校正死亡率或忌避率			
	1 000 mg/L	2 000 mg/L	3 000 mg/L	4 000 mg/L
忌避作用	23.50±1.29	37.72±2.02	44.21±1.92	51.68±0.99
熏蒸作用	9.68±0.77	9.76±0.46	11.67±1.64	26.67±2.82
触杀作用	2.67±0.31	4.17±0.17	4.48±0.11	10.17±1.83

比较致死中浓度（表 3-5），辽细辛精油对杂拟谷盗成虫的忌避效果相对较好，LC_{50} 为 3 747.3 mg/L，熏蒸和触杀作用的 LC_{50} 均超过 30 000 mg/L。

表3-5　辽细辛精油对杂拟谷盗成虫的毒力效果

作用方式	回归方程	相关系数 r	LC_{50}/（mg/L）	LC_{90}/（mg/L）
忌避作用	$Y=1.245\ 2X+0.549\ 9$	0.997 7	3 747.3	40 081
熏蒸作用	$Y=0.919\ 6X+0.821\ 4$	0.742	34 985	865 962
触杀作用	$Y=0.937\ 8X+0.204\ 9$	0.882 3	129 827	数值过大

3.1.6　对德国小蠊成虫的忌避活性

采用选择栖息法测定辽细辛精油对德国小蠊成虫的忌避作用（图3-6）。当精油浓度分别为 1 000 mg/L、3 000 mg/L 和 5 000 mg/L 时，忌避率分别为 87.96%、90.41%和 94.12%，按照忌避（忌避）效果的分级标准，供试浓度下，辽细辛精油对德国小蠊成虫的忌避等级为 V 级（即最高级），说明辽细辛精油可以作为德国小蠊的忌避剂开发利用。

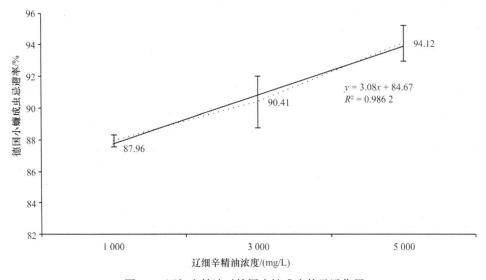

图3-6　辽细辛精油对德国小蠊成虫的忌避作用

3.1.7　对蚕豆蚜的活性及作用方式

对蚕豆蚜 2 日龄若虫的作用效果主要测定了触杀作用、熏蒸作用和内吸作用，而采用直接喷雾法测定了对无翅成蚜的毒杀作用，如图3-7所示。辽细辛精油对蚕豆蚜 2 日龄若虫的作用效果较好，当浓度为 250 mg/L 时，对蚕豆蚜 2 日龄若虫的触杀效果、熏蒸效果和内吸效果均超过 50%；在同一浓度下，辽细辛精油对蚕豆蚜 2 日龄若虫的 3 种作用效果不同，相比较而言，熏蒸效果最好，其次为触杀作用，第三为内吸作用；浓度为 500 mg/L 时，24 h 对蚕豆蚜 2 日龄若虫的熏蒸效果、触杀效果和内吸效果分别为 80%、77.08% 和 71.8%；而对无翅成蚜的毒杀效果较差，当浓度为 500 mg/L 时杀虫效果才超过 50%，为 59.61%。

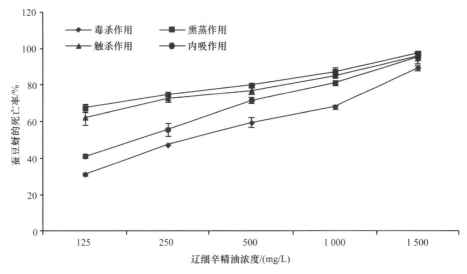

图 3-7　辽细辛精油对蚕豆蚜的致死作用

在比较毒力的基础上，求出了辽细辛精油对蚕豆蚜作用效果的毒力回归方程和致死中浓度，如表 3-6 所示。比较 LC_{50}，辽细辛精油对蚕豆蚜的作用效果最好的是熏蒸作用，LC_{50} 为 68.643 mg/L，其次是触杀作用，LC_{50} 为 78.588 mg/L，内吸作用的 LC_{50} 为 195.59 mg/L，毒杀作用的 LC_{50} 为 298.27 mg/L；比较 LC_{90}，均超过了 750 mg/L，说明辽细辛精油对蚕豆蚜致死 90% 的效果一般，需要较高的浓度。

表3-6　辽细辛精油对蚕豆蚜的毒力效果

作用方式	回归方程	相关系数 r	LC_{50}/（mg/L）	LC_{90}/（mg/L）
毒杀作用	$Y=1.424\,9X+1.473\,8$	0.953 3	298.27	2 366
熏蒸作用	$Y=1.213\,3X+2.117\,6$	0.907 8	68.643	781.36
触杀作用	$Y=1.144\,7X+2.830\,3$	0.930 7	78.588	1 034.9
内吸作用	$Y=1.602\,3X+1.328\,7$	0.966 5	195.59	1 233.7

3.2　辽细辛精油对植物病害致病菌的抑菌活性

3.2.1　抑菌活性测定方法

1. 生长速率法（琼胶平板法）

以生长速率法测定辽细辛精油对病原菌菌丝生长的抑制作用。辽细辛精油用少许无水乙醇（不超过总体积的 2%）充分溶解，用无菌水稀释，配制含药 PDA 培养基，辽细辛精油药液终浓度分别为 100 mg/L、200 mg/L、400 mg/L、800 mg/L、1 600 mg/L。

2. 孢子萌发法（悬滴法）

以孢子萌发法测定辽细辛精油对病原菌孢子萌发的抑制作用，以 96 孔微孔培养板代替凹槽载玻片。辽细辛精油先用二甲基亚砜（不超过总体积的 2%）充分溶解，用无菌水制备含药孢子悬浮液，辽细辛精油药液终浓度分别为 100 mg/L、200 mg/L、400 mg/L、800 mg/L、1 600 mg/L，孢子含量为 3.1×10^7 个孢子/mL。

3.2.2　对 7 种玉米病害致病菌的抑制作用

7 种引起玉米病害的致病菌包括小斑病菌（玉蜀黍平脐孺孢 *Bipolaris maydis*）、圆斑病菌（炭色长孺孢 *B. carbonum*）、弯孢霉叶斑病菌（弯孢菌 *Curvularia lunata*）、顶腐病菌（串珠镰孢亚粘团变种 *Fusarium moniliforme* var. *subglutinans*）、青枯病菌（禾谷镰刀菌 *F. graminearum*）、链格孢叶斑病菌（细链格孢菌 *Alternaria tenuis*）和瘤黑粉病菌（玉蜀黍黑粉菌 *Ustilago maydis*）。

辽细辛精油对引起玉米病害的 7 种病原菌的菌丝生长和孢子萌发均有很好的抑制效果（图 3-8～图 3-14），抑制效果均随精油浓度的加大而增高。

当浓度达到 1 600 mg/L 时，抑制效果均超过 90%，有的甚至达到 100%。在同一浓度下，辽细辛精油对不同病原菌的抑制效果不同，这种差异在 200 mg/L 浓度下表现得尤为突出，如对玉米小斑病菌的菌丝生长抑制效果高达 56.09%，而对圆斑病菌的抑制效果只有 22%，前者是后者的 2.55 倍；对青枯病菌孢子萌发的抑制效果高达 77.49%，对弯孢霉叶斑病菌孢子萌发的抑制效果仅为 9.83%，前者是后者的 7.88 倍（图 3-15 和图 3-16）。

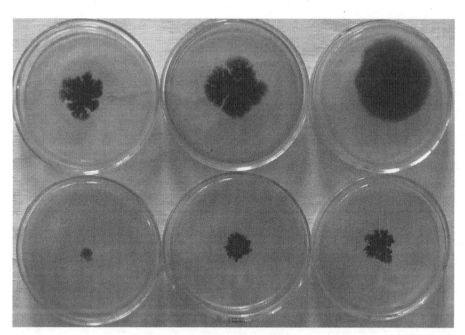

图 3-8 辽细辛精油对玉米小斑病菌的抑制作用

从右到左、从上到下依次为 CK、辽细辛精油浓度 100 mg/L、200 mg/L、400 mg/L、800 mg/L、1 600 mg/L。下同

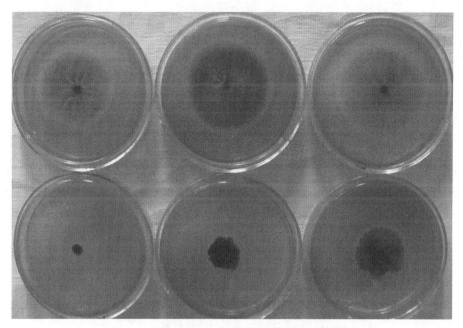

图 3-9 辽细辛精油对玉米圆斑病菌的抑制作用

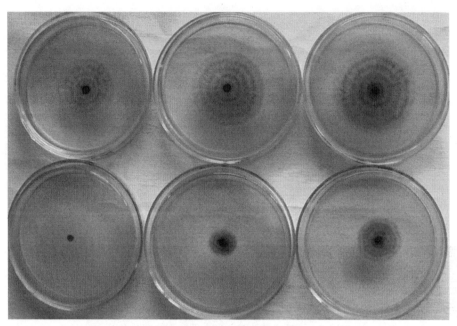

图 3-10　辽细辛精油对玉米弯孢霉叶斑病菌的抑制作用

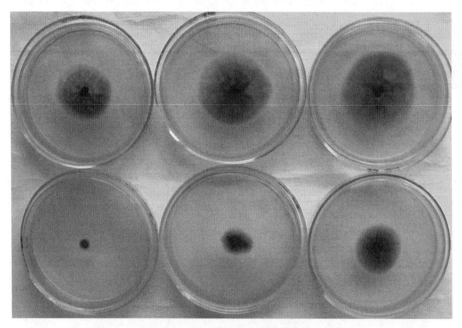

图 3-11　辽细辛精油对玉米链格孢叶斑病菌的抑制作用

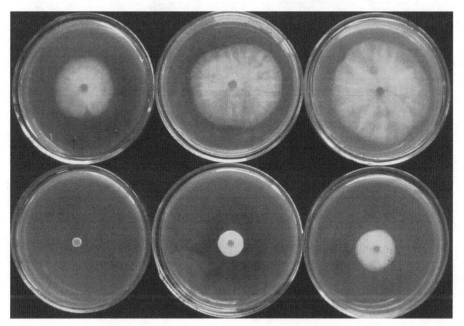

图 3-12 辽细辛精油对玉米顶腐病菌的抑制作用

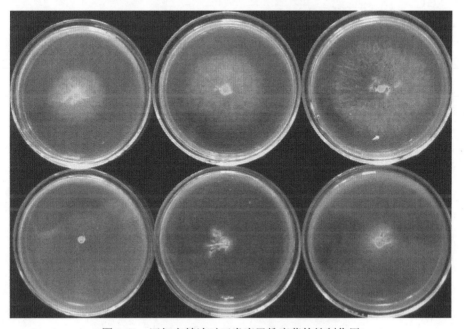

图 3-13 辽细辛精油对玉米瘤黑粉病菌的抑制作用

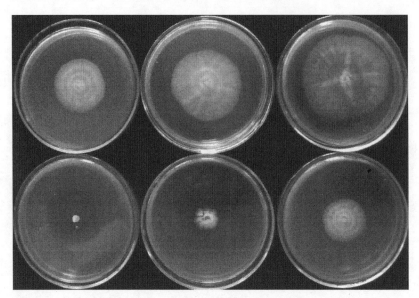

图 3-14　辽细辛精油对玉米青枯病菌的抑制作用

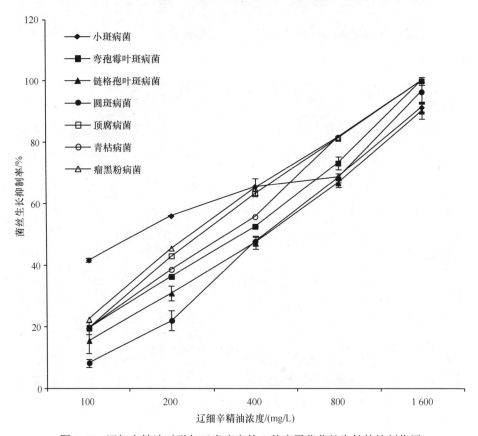

图 3-15　辽细辛精油对引起玉米病害的 7 种病原菌菌丝生长的抑制作用

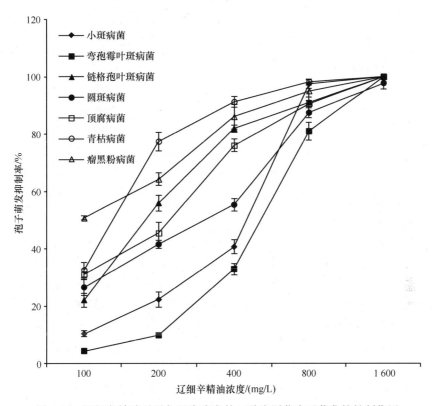

图 3-16　辽细辛精油对引起玉米病害的 7 种病原菌孢子萌发的抑制作用

比较 EC$_{50}$（表 3-7），辽细辛精油对 7 种玉米病害病原菌菌丝生长的抑制效果存在差异，但不是特别大，EC$_{50}$ 为 166.69～394.83 mg/L，对小斑病菌的抑制力最强，对圆斑病菌的抑制力最弱，前者大约为后者的 2.37 倍；抑制孢子萌发的 EC$_{50}$ 为 134.3～353.57 mg/L，对瘤黑粉病菌的抑制力最强，对弯孢霉叶斑病菌的抑制力最弱，前者大约为后者的 2.63 倍。

表3-7　辽细辛精油对7种玉米病害致病菌的毒力效果

作用方式	病原菌	回归方程	相关系数 r	EC$_{50}$/（mg/L）	EC$_{90}$/（mg/L）
	小斑病菌	$Y=1.156\ 6X+2.430\ 1$	0.943 8	166.69	2 137.8
	弯孢霉叶斑病菌	$Y=3.364\ 5X-3.115$	0.886 9	258.21	620.73
	链格孢叶斑病菌	$Y=1.840\ 7X+0.239\ 2$	0.990 4	385.89	1 917.5
菌丝生长	圆斑病菌	$Y=2.534\ 8X-1.581$	0.984 8	394.83	1 264.8
	顶腐病菌	$Y=3.392X-3.043$	0.915 9	234.99	560.9
	青枯病菌	$Y=3.436\ 7X-3.218$	0.912 1	246.21	581.05
	瘤黑粉病菌	$Y=3.311\ 3X-2.789$	0.911 4	225.08	548.74

续表

作用方式	病原菌	回归方程	相关系数 r	EC_{50}/（mg/L）	EC_{90}/（mg/L）
孢子萌发	小斑病菌	$Y=4.212\,7X-5.278$	0.957	275.21	554.48
	弯孢霉叶斑病菌	$Y=4.324\,5X-6.021$	0.941 8	353.57	699.57
	链格孢叶斑病菌	$Y=3.379\,8X-2.724$	0.954 8	192.84	461.73
	圆斑病菌	$Y=2.204\,7X-0.246$	0.977	239.58	913.58
	顶腐病菌	$Y=3.273\,5X-2.489$	0.937 8	193.95	477.75
	青枯病菌	$Y=3.223\,5X-1.886$	0.986	136.83	341.78
	瘤黑粉病菌	$Y=2.986\,1X-1.142$	0.941 5	134.30	373.38

但比较 EC_{90}（表 3-7），抑制效果则表现出显著差异，对瘤黑粉病菌、顶腐病菌、青枯病菌和弯孢霉叶斑病菌菌丝生长的抑制效果较好，EC_{90} 均低于 621 mg/L；对小斑病菌、圆斑病菌和链格孢叶斑病菌的抑制效果较差，EC_{90} 均高于 1 264 mg/L，其中对小斑病菌的抑制效果最差，EC_{90} 高达 2 137.8 mg/L；对青枯病菌孢子萌发的抑制效果最好，其 EC_{90} 为 341.78 mg/L，效果较差的为圆斑病菌，其 EC_{90} 为 913.58 mg/L。

辽细辛精油对 7 种引起玉米病害的病原菌（小斑病菌、弯孢霉叶斑病菌、链格孢叶斑病菌、圆斑病菌、顶腐病菌、青枯病菌和瘤黑粉病菌）的菌丝生长和孢子萌发均有抑制作用：对瘤黑粉病菌、顶腐病菌、青枯病菌和弯孢霉叶斑病菌的菌丝生长和孢子萌发的抑制效果均较好，EC_{90} 均低于 700 mg/L；对小斑病菌和链格孢叶斑病菌的孢子萌发的抑制效果较好，而对其菌丝生长的抑制效果较差；对圆斑病菌的菌丝生长和孢子萌发的抑制效果均较差，EC_{90} 均高于 900 mg/L。对于同一种病原菌来说，辽细辛精油在供试条件下，抑制效果均随精油浓度的加大而增高，且对其孢子萌发的抑制效果好于对其菌丝生长的抑制效果，如对小斑病菌，对其孢子萌发的抑制效果较好，EC_{90} 为 554.48 mg/L；而对其菌丝生长的抑制效果最差，EC_{90} 高达 2 137.80 mg/L，即对其孢子萌发的抑制效果是对其菌丝生长的 3.86 倍。

3.2.3　对 6 种苹果病害致病菌的抑制作用

引起苹果病害的 6 种病原菌为灰斑病菌（梨叶点霉 *Phyllosticta pirina*）、褐斑病菌（苹果盘二孢 *Marssonina mali*）、斑点落叶病菌（交链格孢苹果专化型 *Alternaria alternata* f. sp. *mali*）、炭疽病菌（胶孢炭疽菌 *Colletotrichum gloeosporioides*）、轮纹病菌（贝伦格葡萄座腔菌果实专化型 *Botryospuaeria berengeriana* de Not. t. sp.）和干腐病菌（贝伦格葡萄座腔菌 *Botryosphaeria berengeriana* Tode Not）。

1. 对菌丝生长的抑制作用

当辽细辛精油浓度为 1 600 mg/L 以下时，其对引起苹果病害的 6 种病原菌菌丝生长的抑制效果均随精油浓度的加大而增高（图 3-17～图 3-22）；浓度为 100 mg/L 时，对 6 种病原菌的抑制效果有一定的差异，但不显著；浓度达到和超

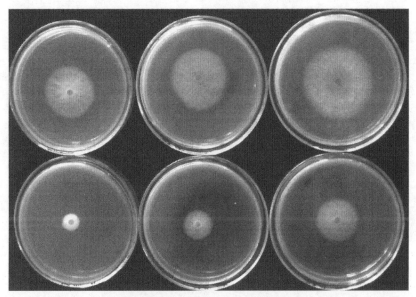

图 3-17 辽细辛精油对苹果灰斑病菌菌丝生长的抑制作用

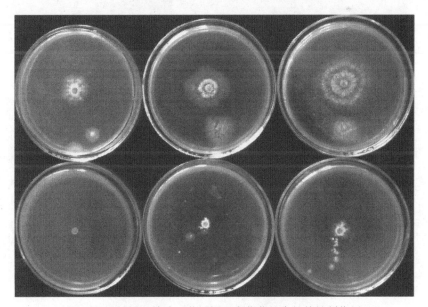

图 3-18 辽细辛精油对苹果褐斑病菌菌丝生长的抑制作用

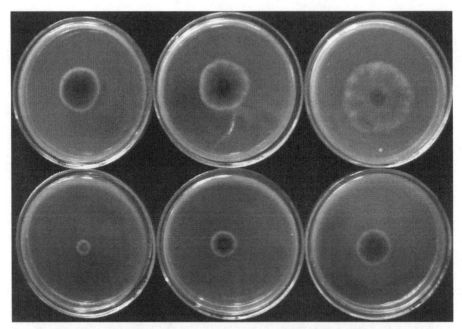

图 3-19　辽细辛精油对苹果斑点落叶病菌菌丝生长的抑制作用

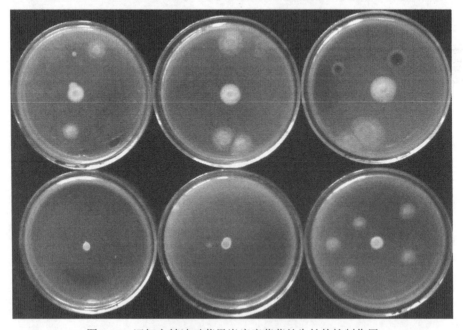

图 3-20　辽细辛精油对苹果炭疽病菌菌丝生长的抑制作用

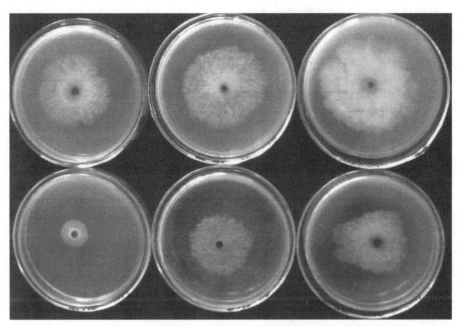

图 3-21　辽细辛精油对苹果轮纹病菌（果）菌丝生长的抑制作用

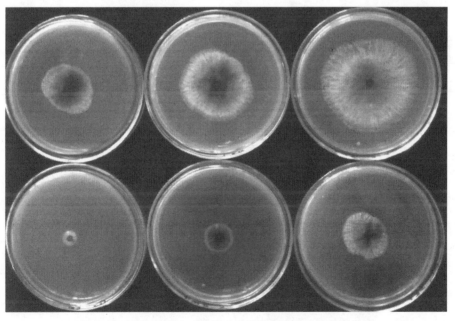

图 3-22　辽细辛精油对苹果干腐病菌菌丝生长的抑制作用

过 200mg/L，对 6 种病原菌的抑制效果表现出显著的差异，如浓度为 1 600 mg/L
时，对褐斑病菌的抑制效果高达 100%，而对轮纹病菌的抑制效果只有 69.9%
（图 3-23）。

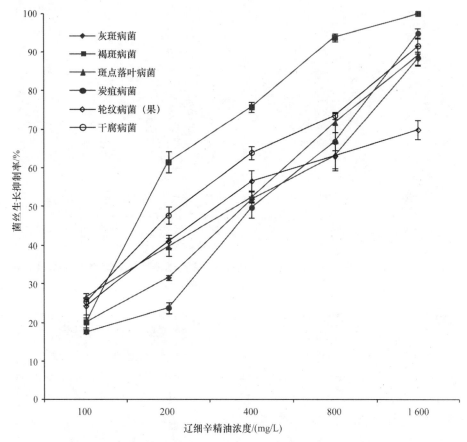

图 3-23 辽细辛精油对 6 种苹果病害致病菌菌丝生长的抑制作用

辽细辛精油对苹果褐斑病菌的抑制效果最好，EC_{50} 和 EC_{90} 仅为 194.73 mg/L 和
397.37 mg/L；而对苹果轮纹病菌（果）的抑制效果较差，EC_{50} 为 381.58 mg/L，前
者是后者的 1.96 倍，而 EC_{90} 高达 7 362.1 mg/L，前者是后者的 18.53 倍（表 3-8）。

表3-8 辽细辛精油对6种苹果病原菌菌丝生长的毒力效果

病原菌	回归方程	相关系数 r	EC_{50}/（mg/L）	EC_{90}/（mg/L）
灰斑病菌	$Y=1.616\ 2X+0.846\ 9$	0.983 6	371.19	2 304.4
褐斑病菌	$Y=4.137\ 4X-4.472$	0.927 8	194.73	397.37
斑点落叶病菌	$Y=1.518\ X+1.247\ 7$	0.988 7	296.35	2 070.4

续表

病原菌	回归方程	相关系数 r	EC$_{50}$/（mg/L）	EC$_{90}$/（mg/L）
轮纹病菌（果）	$Y=0.997\ X+2.426\ 1$	0.974 3	381.58	7 362.1
炭疽病菌	$Y=2.084\ 3X-0.339$	0.968 8	364.28	1 500.8
干腐病菌	$Y=1.585\ 5X+1.205\ 4$	0.989 1	247.38	1 591.1

2. 对孢子萌发的抑制作用

由于轮纹病菌在正常条件下不易产孢，所以未测定辽细辛精油对其孢子萌发的抑制效果。辽细辛精油对 4 种苹果病害的病原菌的孢子萌发具有较强的抑制作用，当精油浓度大于 200 mg/L 时，孢子萌发抑制率均高于 50%；当精油浓度小于 200 mg/L 时，孢子萌发抑制率均低于 50%；当精油浓度等于 200 mg/L 时，孢子萌发抑制率差异较大，为 36.93%～61.97%。从病原菌看，辽细辛精油对苹果炭疽病菌孢子萌发的抑制作用最好，当精油浓度达到 800 mg/L 时，抑制率就已经达到 100%，而对其他 3 种病原菌孢子萌发的抑制率均在 85% 左右（图 3-24）。

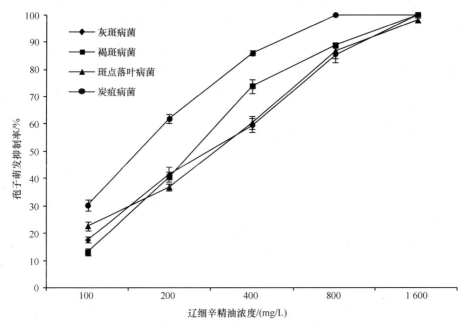

图 3-24　辽细辛精油对 4 种苹果病害致病菌孢子萌发的抑制作用

根据表 3-9，比较辽细辛精油对 4 种不同病原菌孢子萌发的 EC$_{50}$，抑制效果在 4 种病原菌间差异较小，尤其是对灰斑病菌、褐斑病菌和斑点落叶病菌的抑制效果，EC$_{50}$ 均为 240 mg/L 左右；但比较 EC$_{90}$，辽细辛精油对 4 种苹果病原菌孢子萌发的抑制效果则表现出很大差异，对炭疽病菌孢子萌发的抑制效果最好，EC$_{90}$

仅为 276.77 mg/L，对斑点落叶病菌的抑制效果较差，EC_{90} 为 880.79 mg/L，即对前者的效果是后者的 3.18 倍。

表3-9　辽细辛精油对4种苹果病害致病菌孢子萌发的毒力效果

病原菌	回归方程	相关系数 r	EC_{50}/（mg/L）	EC_{90}/（mg/L）
灰斑病菌	$Y=4.207\,2X-4.963$	0.896 2	233.36	470.59
褐斑病菌	$Y=4.394\,7X-5.382$	0.926 6	230.3	450.72
斑点落叶病菌	$Y=2.352\,5X-0.646$	0.987 8	251.24	880.79
炭疽病菌	$Y=4.993\,8X-5.914$	0.944 1	153.28	276.77

辽细辛精油对 6 种引起苹果病害的病原菌（灰斑病菌、褐斑病菌、斑点落叶病菌、炭疽病菌、苹果轮纹病菌和干腐病菌）的菌丝生长和 4 种病原菌（灰斑病菌、褐斑病菌、斑点落叶病菌、炭疽病菌）的孢子萌发均有一定的抑制作用：对褐斑病菌菌丝生长的抑制效果最好，EC_{90} 仅为 397.37 mg/L；对炭疽病菌孢子萌发的抑制效果最好，EC_{90} 仅为 276.77 mg/L。对于同一种病原菌来说，辽细辛精油在供试条件下，抑制效果均随精油浓度的加大而增高，且对其孢子萌发的抑制效果好于对其菌丝生长的抑制效果。例如，灰斑病菌，辽细辛精油对其孢子萌发的抑制效果较好，EC_{90} 为 470.59 mg/L，而对其菌丝生长的抑制效果较差，EC_{90} 高达 2 304.4 mg/L，即对其孢子萌发的抑制效果是对其菌丝生长的 4.9 倍。

3.2.4　对 5 种黄瓜病害致病菌的抑制作用

黄瓜病害主要由黄瓜灰霉病菌（灰葡萄孢菌 *Botrytis cinerea*）、黄瓜枯萎病菌（尖孢镰刀菌 *Fusarium oxysporum*）、黄瓜褐斑病菌（多主棒孢霉 *Corynespora cassiicola*）、黄瓜叶斑病菌（瓜类尾孢菌 *Cercospora citrullina*）和黄瓜根腐病菌（腐皮镰刀菌 *Fusarium solani*）等 5 种病原菌引起。

辽细辛精油对引起黄瓜病害的 5 种病原菌的抑制效果均很好，如图 3-25～图 3-29 所示。

辽细辛精油对黄瓜 5 种病害致病菌的菌丝生长和孢子萌发的抑制作用，均随精油浓度的加大而增高（图 3-30 和图 3-31）。在同一浓度下，辽细辛精油对不同病原菌的抑制效果不同，在供试浓度下均能达到极显著的差异，如在 1 200 mg/L 浓度下，对黄瓜灰霉病菌菌丝生长的抑制效果高达 100%，对褐斑病菌和叶斑病菌的效果也均在 97%以上，其次是枯萎病菌，抑制效果为 85.52%，而对根腐病菌的抑制效果只有 39.93%；但辽细辛精油浓度为 600 mg/L 时，其对 5 种病原菌孢子萌发的抑制作用差异最明显，如对枯萎病菌孢子萌发的抑制率只有 27.67%，而对灰霉病菌的抑制作用已达 100%。从图 3-30 可以看出，在供试浓度下辽细辛精油对根腐病菌菌丝生长的抑制效果最差,抑制率曲线在最下方;从图 3-31 可以看出,辽细辛精油对灰霉病菌孢子萌发的抑制效果最优良,抑制率曲线在最上方。

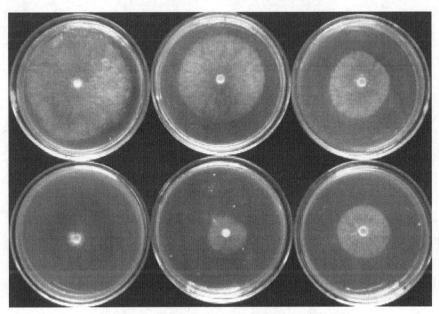

图 3-25　辽细辛精油对黄瓜灰霉病菌的抑制作用

上一排从左到右、下一排从右到左依次为 CK、辽细辛精油浓度 75 mg/L、150 mg/L、300 mg/L、600 mg/L、1 200 mg/L。下同

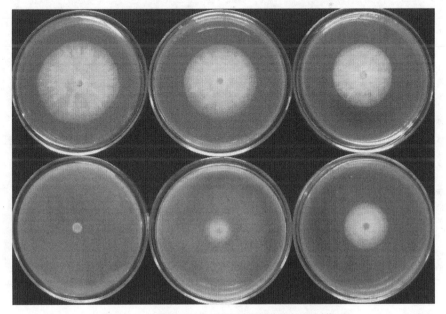

图 3-26　辽细辛精油对黄瓜枯萎病菌的抑制作用

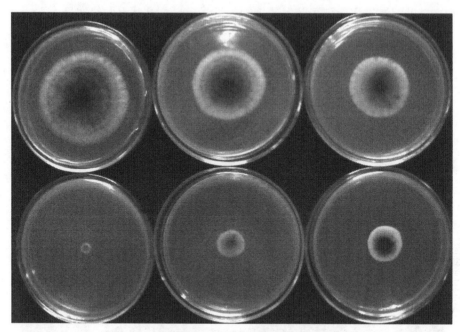

图 3-27　辽细辛精油对黄瓜褐斑病菌的抑制作用

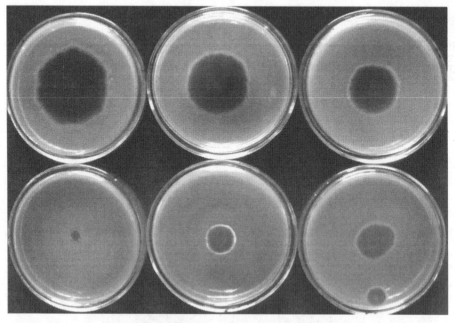

图 3-28　辽细辛精油对黄瓜叶斑病菌的抑制作用

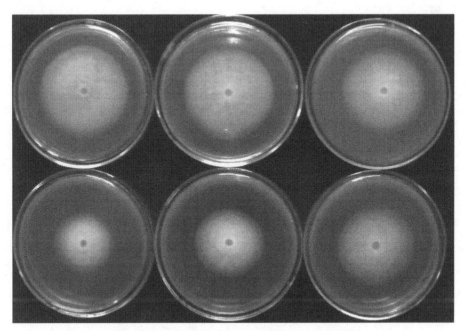

图 3-29　辽细辛精油对黄瓜根腐病菌的抑制作用

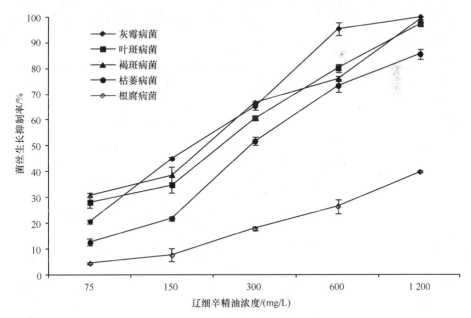

图 3-30　辽细辛精油对 5 种黄瓜病害致病菌菌丝生长的抑制作用

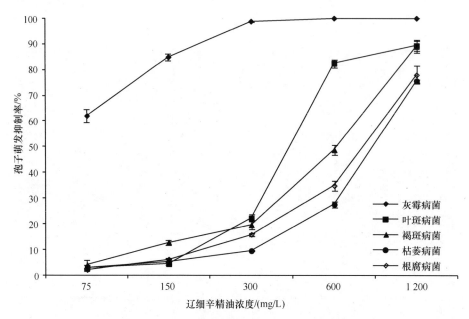

图 3-31　辽细辛精油对 5 种黄瓜病害致病菌孢子萌发的抑制作用

比较 EC_{50} 和 EC_{90}，辽细辛精油对 5 种黄瓜病害病原菌菌丝生长的抑制效果表现出明显差异，对灰霉病菌、褐斑病菌和叶斑病菌菌丝生长的抑制效果较好，EC_{50} 均低于 190 mg/L，EC_{90} 均低于 800 mg/L；对枯萎病菌的抑制效果较差，EC_{50} 为 314.12 mg/L，EC_{90} 为 1 451.8 mg/L；对根腐病菌的抑制效果最差，EC_{50} 高达 1 918.8 mg/L，EC_{90} 高达 21 575 mg/L。对 5 种黄瓜病害病原菌孢子萌发的抑制效果也表现出极大差异，其中最好的为灰霉病菌，其 EC_{50} 仅为 71.184 mg/L，EC_{90} 仅为 143.63 mg/L；其次为褐斑病菌和叶斑病菌，EC_{50} 为 400～500 mg/L，EC_{90} 为 1 000～2 000 mg/L；效果较差的为根腐病菌和枯萎病菌，EC_{50} 超过 700 mg/L，EC_{90} 超过 2 500 mg/L。

表3-10　辽细辛精油对5种黄瓜病害致病菌的毒力效果

作用方式	病原菌	回归方程	相关系数 r	EC_{50}/（mg/L）	EC_{90}/（mg/L）
	灰霉病菌	$Y=4.308\,2X-4.491$	0.930 6	159.58	316.56
	叶斑病菌	$Y=2.053\,2X+0.323\,8$	0.973 8	189.43	797.33
菌丝生长	褐斑病菌	$Y=1.840\,7X+0.239\,2$	0.941 5	171.2	660.31
	枯萎病菌	$Y=1.927\,8X+0.186\,2$	0.993 4	314.12	1 451.8
	根腐病菌	$Y=2.186\,1X+0.117\,2$	0.995 7	1 918.8	21 575

作用方式	病原菌	回归方程	相关系数 r	EC$_{50}$/（mg/L）	EC$_{90}$/（mg/L）
孢子萌发	灰霉病菌	$Y=4.2038X-2.787$	0.9642	71.184	143.63
	叶斑病菌	$Y=2.9284X-2.678$	0.9634	418.65	1 146.8
	褐斑病菌	$Y=2.3325X-1.281$	0.9694	493.15	1 747.5
	枯萎病菌	$Y=2.0508X-1.018$	0.9453	860.43	3 627.9
	根腐病菌	$Y=2.2141X-1.309$	0.9804	707.4	2 682.3

辽细辛精油对 5 种引起黄瓜病害的病原菌（灰霉病菌、根腐病菌、褐斑病菌、枯萎病菌和叶斑病菌）的菌丝生长和孢子萌发均有抑制作用：比较 EC$_{50}$ 和 EC$_{90}$，对灰霉病菌的菌丝生长和孢子萌发的抑制效果均较好，EC$_{50}$ 均低于 160 mg/L，EC$_{90}$ 均低于 350 mg/L；而对根腐病菌菌丝生长和孢子萌发的抑制效果均较差（EC$_{50}$＞700 mg/L，EC$_{90}$＞2 000 mg/L）。对于同一种病原菌来说，辽细辛精油对其孢子萌发的抑制效果和对其菌丝生长的抑制效果存在差异，如灰霉病菌和根腐病菌，对其孢子萌发的抑制效果较好，而对其菌丝生长的抑制效果较差；再如褐斑病菌、枯萎病菌和叶斑病菌，对其菌丝生长的抑制效果较好，而对其孢子萌发的抑制效果较差。

3.2.5　对 6 种花卉病害致病菌的抑制作用

6 种花卉病害致病菌分别为牡丹（芍药）拟盘多毛孢叶斑病菌（棒状拟盘多毛孢菌 *Pestalotiopsis clavispora*）、牡丹炭疽病菌（炭疽菌 *Colletotrichum* sp.）、月季黑斑病菌（蔷薇放线孢菌 *Actinonema rosae*）、佛肚竹炭疽病菌（炭疽菌 *Colletotrichum* sp.）、肉桂链格孢叶斑病菌（交链格孢菌 *Alternaria alternata*）和龙血树镰孢叶斑病菌（串珠镰刀菌 *Fusarium moniliforme*）。

1. 对菌丝生长的抑制作用

辽细辛精油对 6 种木本花卉病菌均有较好的抑制作用（图 3-32～图 3-37）。

在供试浓度下，对佛肚竹炭疽病菌的抑制率均小于 60%。对于其他致病菌，在同一浓度下，辽细辛精油对其抑制率不同，当精油浓度≥600 mg/L 时，对菌丝生长的抑制率均超过 60%；当浓度≤150 mg/L 时，抑制率均低于 60%；而当浓度等于 300mg/L 时，抑制率差异较大，如对牡丹拟盘多毛孢叶斑病菌的抑制率为 68.54%，而对牡丹炭疽病菌的抑制率仅为 32.7%（图 3-38）。

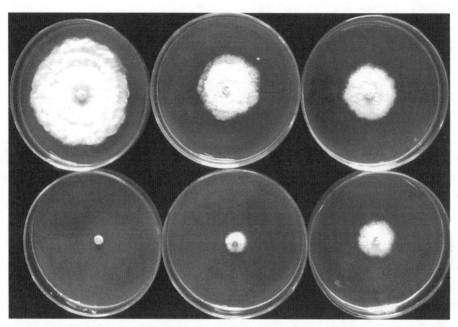

图 3-32　辽细辛精油对牡丹拟盘多毛孢叶斑病菌的抑制作用

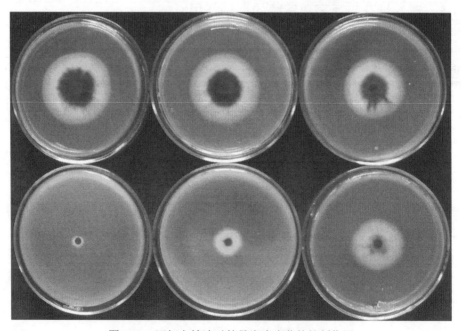

图 3-33　辽细辛精油对牡丹炭疽病菌的抑制作用

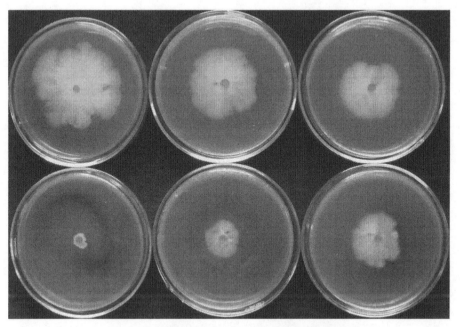

图 3-34　辽细辛精油对月季黑斑病菌的抑制作用

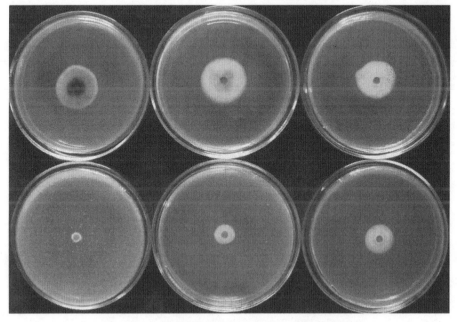

图 3-35　辽细辛精油对佛肚竹炭疽病菌的抑制作用

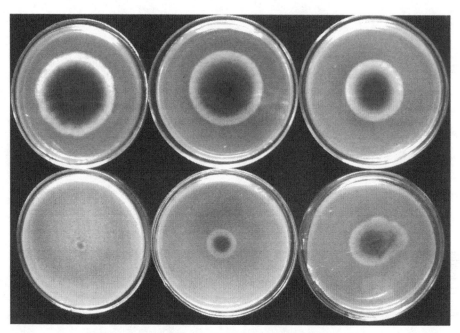

图 3-36　辽细辛精油对肉桂链格孢叶斑病菌的抑制作用

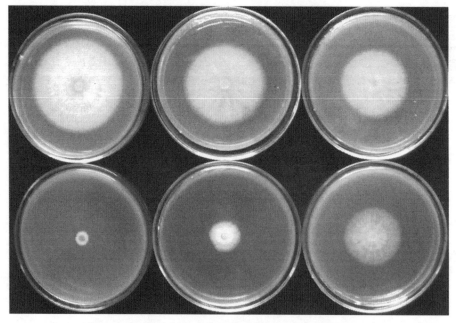

图 3-37　辽细辛精油对龙血树镰孢叶斑病菌的抑制作用

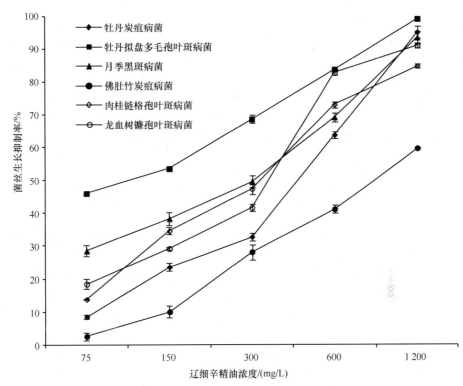

图 3-38 辽细辛精油对 6 种花卉病害致病菌菌丝生长的抑制作用

比较 EC_{50}（表 3-11），辽细辛精油对牡丹拟盘多毛孢叶斑病菌菌丝生长的抑制效果最好，EC_{50} 仅为 120.43 mg/L，其次是月季黑斑病菌、龙血树镰孢叶斑病菌和肉桂链格孢叶斑病菌，$EC_{50} < 300$ mg/L，而对佛肚竹炭疽病菌的抑制效果较差，EC_{50} 为 788.75 mg/L。比较 EC_{90}，抑制效果最好的仍是对牡丹拟盘多毛孢叶斑病菌，EC_{90} 为 570.4 mg/L，而对佛肚竹炭疽病菌的抑制效果较差，EC_{90} 为 4 037 mg/L，即辽细辛精油对牡丹拟盘多毛孢叶斑病菌菌丝生长的抑制效果是佛肚竹炭疽病菌的 7.08 倍。

表3-11 辽细辛精油对6种花卉病害致病菌菌丝生长的毒力效果

病原菌	回归方程	相关系数 r	EC_{50}/（mg/L）	EC_{90}/（mg/L）
牡丹炭疽病菌	$Y=2.347\,5X-0.927$	0.969 9	334.74	1 176.6
牡丹拟盘多毛孢叶斑病菌	$Y=1.897\,3X+1.052\,2$	0.936 4	120.43	570.4
月季黑斑病菌	$Y=1.632\,9X+1.1781$	0.957 1	219.03	1 334.6
佛肚竹炭疽病菌	$Y=1.807\,3X-0.236$	0.991 5	788.75	4 037
肉桂链格孢叶斑病菌	$Y=1.735\,X+0.716\,6$	0.994 6	294.31	1 612.4
龙血树镰孢叶斑病菌	$Y=1.974\,1X+0.231\,5$	0.973 5	260.34	1 160.8

2. 对孢子萌发的抑制作用

　　由于月季黑斑病菌在普通培养基上不易产孢，故未测定辽细辛精油对其孢子萌发的抑制效果。辽细辛精油对 5 种花卉病害病原菌孢子萌发均有一定的抑制作用，如图 3-39 和表 3-12 所示。在同一浓度下，辽细辛精油对不同病菌的抑制率不同，并均达到显著差异，如在 600 mg/L 浓度下的孢子萌发抑制率最低的为肉桂链格孢叶斑病菌，仅为 30.26%，最高的为牡丹拟盘多毛孢叶斑病菌，高达 90.3%，是前者的 2.98 倍。

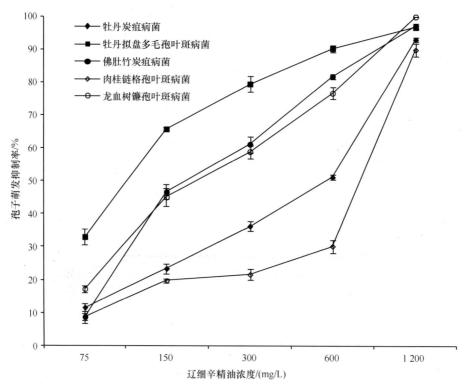

图 3-39　辽细辛精油对 5 种花卉病害致病菌孢子萌发的抑制作用

表3-12　辽细辛精油对5种花卉病害致病菌孢子萌发的毒力效果

病原菌	回归方程	相关系数 r	EC₅₀/（mg/L）	EC₉₀/（mg/L）
牡丹炭疽病菌	$Y=2.028\,8X-0.179$	0.947 9	356.98	1 528.8
牡丹拟盘多毛孢叶斑病菌	$Y=1.814\,9X+1.290\,2$	0.991 8	110.66	562.5
佛肚竹炭疽病菌	$Y=2.162\,9X+0.055\,1$	0.986 7	193.3	756.45
肉桂链格孢叶斑病菌	$Y=1.867\,7X-0.075$	0.878 1	521.57	2 532.2
龙血树镰孢叶斑病菌	$Y=4.079\,6X-4.175$	0.870 6	177.41	365.7

比较 EC_{50}，辽细辛精油对牡丹拟盘多毛孢叶斑病菌孢子萌发的抑制效果最好，EC_{50} 为 110.66 mg/L，其次为龙血树镰孢叶斑病菌，EC_{50} 为 177.41 mg/L，而对肉桂链格孢叶斑病菌的抑制效果最差，EC_{50} 为 521.57 mg/L；比较 EC_{90}，对龙血树镰孢叶斑病菌孢子萌发的抑制效果最好，EC_{90} 为 365.7 mg/L，其次为牡丹拟盘多毛孢叶斑病菌，EC_{90} 为 562.5 mg/L，而对肉桂链格孢叶斑病菌的抑制效果最差，EC_{90} 为 2 532.2 mg/L。

辽细辛精油对 6 种引起花卉叶部病害[牡丹炭疽病、牡丹（芍药）拟盘多毛孢叶斑病、月季黑斑病、肉桂链格孢叶斑病、佛肚竹炭疽病和龙血树镰孢叶斑病]致病菌的抑制效果不同，从 EC_{50} 看，对拟盘多毛孢叶斑病菌菌丝生长和孢子萌发的抑制效果均为最好，EC_{50} 分别为 120.43 mg/L 和 110.66 mg/L；对牡丹炭疽病菌和肉桂链格孢叶斑病菌菌丝生长的抑制作用强于对其孢子萌发的抑制作用，对拟盘多毛孢叶斑病菌和龙血树镰孢叶斑病菌孢子萌发的抑制作用强于对其菌丝生长的抑制作用。

3.2.6 对 3 种棉花病害致病菌的抑制作用

棉花病害致病菌包括棉花褐斑病菌（棉小叶点霉 *Phyllosticta gossypina*）、棉铃红腐病菌（串珠镰刀菌中间变种 *Fusarium moniliforme* var. *intermedium*）和棉铃曲霉病菌（黄曲霉 *Aspergillus flavus*），辽细辛精油对三者的抑制作用如图 3-40～图 3-42 所示。

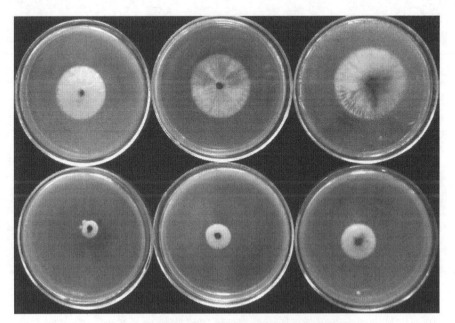

图 3-40　辽细辛精油对棉花褐斑病菌的抑制作用

从右到左、从上到下依次为 CK、辽细辛精油浓度 100 mg/L、200 mg/L、400 mg/L、800 mg/L、1 600 mg/L。下同

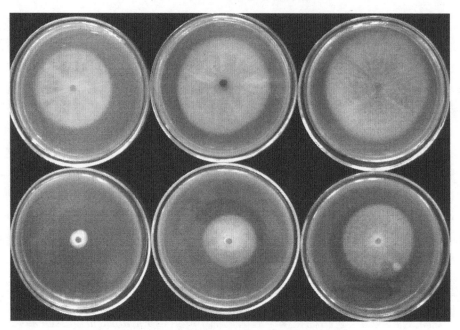

图 3-41　辽细辛精油对棉铃红腐病菌的抑制作用

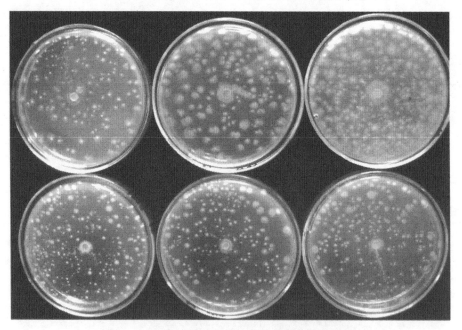

图 3-42　辽细辛精油对棉铃曲霉病菌的抑制作用

　　由于棉铃曲霉病菌孢子易飞弹，因此计算菌丝生长抑制率时将所有的小菌落折合成总面积。从图 3-43 及表 3-13 可以看出，当辽细辛精油浓度≤200 mg/L

时，对 3 种棉花病害致病菌菌丝生长的抑制率均小于 50%；当浓度≥800 mg/L 时，抑制率均大于 50%；而当浓度等于 400 mg/L 时，对褐斑病菌和曲霉病菌菌丝生长的抑制率高于 50%，分别为 53.96% 和 51.95%，而对红腐病菌的抑制率低于 50%，为 29.9%。相比较而言，对棉花褐斑病菌菌丝生长的抑制效果较好，当浓度达到 1 600 mg/L 时，对菌丝生长的抑制率超过 90%，EC_{50} 和 EC_{90} 分别为 312.7 mg/L 和 1 205.1 mg/L。供试浓度下对棉铃曲霉病菌菌丝生长的抑制率为 32%~75.07%，即随精油浓度的提高，抑制率增幅较小，浓度从 100 mg/L 增至 1 600 mg/L，增加了 15 倍，而抑制率仅增加 1.35 倍；EC_{50} 为 330.66mg/L，而 EC_{90} 高达 8 345.9 mg/L，说明辽细辛精油对棉铃曲霉病菌菌丝生长的抑制效果不是很理想。

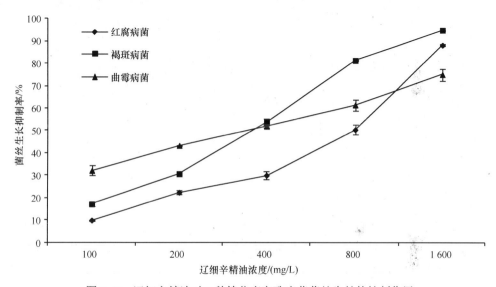

图 3-43　辽细辛精油对 3 种棉花病害致病菌菌丝生长的抑制作用

表3-13　辽细辛精油对3种棉花病害致病菌的毒力效果

作用方式	病原菌	回归方程	相关系数 r	EC_{50}/（mg/L）	EC_{90}/（mg/L）
菌丝生长	红腐病菌	$Y=1.905\ 5X-0.236$	0.961 3	559.32	2 631.8
	褐斑病菌	$Y=2.187\ 4X-0.458$	0.994 2	312.7	1 205.1
	曲霉病菌	$Y=0.914\ 1X+2.697\ 1$	0.995	330.66	8 345.9
孢子萌发	红腐病菌	$Y=4.487\ X-5.665$	0.931 3	238.11	459.61
	褐斑病菌	$Y=2.221\ 5X-0.264$	0.993 2	234.15	883.91
	曲霉病菌	$Y=4.517\ 4X-5.538$	0.950 2	215.2	413.56

辽细辛精油对 3 种棉花病害致病菌的孢子萌发具有较强的抑制作用（图 3-44 和表 3-13），当精油浓度大于 200 mg/L 时，孢子萌发抑制率均高于 50%；当精油浓

度小于或等于 200 mg/L 时，孢子萌发抑制率均低于 50%；比较 EC_{50}，辽细辛精油对 3 种棉花病害病原菌孢子萌发的抑制效果差异不显著，EC_{50} 在 210～240 mg/L。从病原菌看，当精油浓度小于 400 mg/L 时，对褐斑病菌的抑制作用最好；当精油浓度大于 400 mg/L 时，对曲霉病菌的抑制作用最好；而当精油浓度达到 400 mg/L 时，对 3 种棉花病害病原菌孢子萌发的抑制效果相当，抑制率 66% 左右。比较 EC_{90} 可以看出，辽细辛精油对 3 种棉花病害病原菌孢子萌发的抑制效果存在差异，其中对曲霉病菌孢子萌发的抑制效果最好，EC_{90} 为 413.56 mg/L；其次是对红腐病菌的效果，EC_{90} 为 459.61 mg/L；而对褐斑病菌的抑制效果较差，EC_{90} 为 883.91 mg/L。

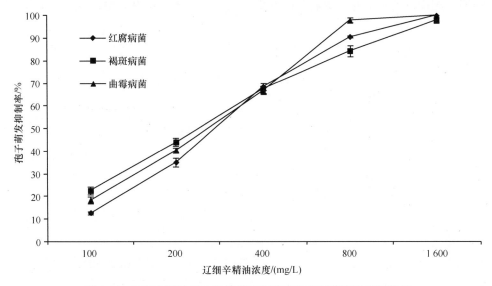

图 3-44　辽细辛精油对 3 种棉花病害致病菌孢子萌发的抑制作用

辽细辛精油对 3 种引起棉花病害的致病菌（红腐病菌、褐斑病菌、曲霉病菌）均有一定的抑制作用，对褐斑病菌菌丝生长的抑制效果最好，EC_{50} 为 312.7 mg/L；对曲霉病菌孢子萌发的抑制效果最好，EC_{50} 仅为 215.2 mg/L。对于同一种病原菌来说，对其孢子萌发的抑制效果好于对其菌丝生长的抑制效果，如对红腐病菌，对其孢子萌发的抑制效果较好，EC_{50} 为 238.11 mg/L，而对其菌丝生长的抑制效果较差，EC_{50} 为 559.32 mg/L。

3.3　本章小结

1. 辽细辛对害虫的作用方式多样，杀虫谱广泛

采用叶碟法测定了辽细辛精油对小菜蛾幼虫的毒杀作用和拒食活性，采用试管药膜法测定了触杀活性，采用改良的熏蒸盒法测定了熏蒸毒力，采用改进

的夹毒叶片法测定了胃毒作用。结果表明，辽细辛精油对小菜蛾幼虫的综合毒杀效果较好，LC_{50} 和 LC_{90} 分别为 1 407.7 mg/L 和 1 891 mg/L；比较触杀作用、胃毒作用、熏蒸作用和麻醉作用的作用效果，从 LC_{50} 看，效果依次为：触杀作用＞熏蒸作用＞胃毒作用＞麻醉作用；从拒食作用 LC_{50} 可以看出，辽细辛精油对小菜蛾幼虫的选择性拒食作用强于非选择性拒食作用。

采用浸渍法和三角瓶法测定了辽细辛精油对淡色库蚊幼虫的毒杀作用和对成虫的熏蒸、触杀作用。结果表明，辽细辛精油对淡色库蚊幼虫有较强的毒杀作用，24 h 的 LC_{50} 为 25.047 mg/L，LC_{90} 为 31.994 mg/L；对成虫有较好的熏蒸作用，LC_{50} 和 LC_{90} 分别为 69.354 mg/L 和 140.33 mg/L，KT_{50} 和 KT_{90} 分别为 19.329 min 和 52.848 min。说明辽细辛精油作为新一代的经济环保型高效低毒杀蚊剂有良好的前景。

采用茎秆浸药饲虫法测定了辽细辛精油对二化螟 2 龄幼虫的毒杀作用，其毒杀效果较好，LC_{50} 为 404.38 mg/L，LC_{90} 为 681.31 mg/L。

采用滤纸药膜法和玻皿法分别测定了辽细辛精油对杂拟谷盗成虫的触杀活性、忌避作用和熏杀作用。结果表明，辽细辛精油对杂拟谷盗成虫有较好的忌避作用，供试浓度下的忌避等级为Ⅱ级和Ⅲ级；其次为熏蒸作用，而触杀效果最差。说明辽细辛精油主要以其挥发性成分对杂拟谷盗成虫起作用。

采用选择栖息法测定了辽细辛精油对德国小蠊成虫的忌避作用，辽细辛精油对德国小蠊成虫的忌避等级为Ⅴ级（即最高级），说明辽细辛精油可以作为德国小蠊的忌避剂开发利用。

采用直接喷雾法、二重皿法、滤纸药膜法和根系内吸法分别测定了辽细辛精油对蚕豆蚜 2 日龄若虫的毒杀活性、熏蒸活性、触杀活性和内吸活性。结果表明，辽细辛精油对蚕豆蚜 2 日龄若虫的作用效果较好，其中最好的是熏蒸作用，抑制中浓度为 68.643 mg/L。

通过以上试验，得到以下结论：

（1）辽细辛精油杀虫范围较广，对鳞翅目、鞘翅目、同翅目、双翅目和蜚蠊目的昆虫均有一定的生物活性。

（2）辽细辛精油对害虫的作用方式多样，可以通过毒杀、触杀、熏蒸、忌避、拒食等途径作用于昆虫。

试虫对药效结果影响至关重要。标准试虫是被普遍采用的具有一定代表性和经济意义及耐药能力较稳定而均匀的昆虫群体。标准试虫的大量供应与质量均匀是影响生物测定结果正确、稳定与可靠的最基本因子，同时也是保证顺利地开展和完成生物测定最基本的条件之一。因此，适合的标准试虫的选用及一定的试虫群体质量均匀性的保证措施在生物测定中关系重大。

生物测定对标准试虫的要求：①在室内人为环境条件控制下，应用较简便而快速的饲养方法，可保证全年中稳定地定时大批供应，不受季节的限制；②具有一定的代表性和经济意义，即能代表农业害虫（或卫生害虫）的目和科及不同的取食特性和敏感特性；③试虫的生活力及对样品的敏感性比较稳定而且均匀一致；④试虫应是同一繁殖世代、同一虫态、同一龄期甚至同一日龄，试虫个体大小、体重及群体的雌雄性比（或用同一性别）亦应尽量一致。

试虫经处理一定时间后，其反应有三种情况：①存活：处理试虫和对照试虫同样正常；②中毒：与对照试虫相比，处理试虫明显失常，如大量失水、不能正常爬行、翻倒，但对外界刺激仍有反应；③死亡：试虫完全停止活动，对外界刺激没有任何反应。

在毒力测定中，试虫"死亡"的标准没有统一的规定。大多数情况下将试虫真正死亡或濒于死亡均视作"死亡"。

2. 辽细辛精油对植物病害致病真菌的抑菌谱广泛

辽细辛精油对引起7种玉米病害、6种苹果病害、5种黄瓜病害、6种花卉病害和3种棉花病害的共27种植物病害致病真菌均有一定的抑制效果，采用生长速率法测定了辽细辛精油对病原菌菌丝生长的抑制作用，采用孢子萌发法测定了对其孢子萌发的抑制作用。

（1）辽细辛精油对分类地位不同的玉米病害、苹果病害、黄瓜病害、花卉病害和棉花病害的致病真菌均有抑制效果，说明辽细辛精油对植物病害致病真菌的抑菌活性具有广谱性。

（2）辽细辛精油对致病真菌的菌丝生长和孢子萌发均具有较好的活性，说明辽细辛精油对植物病害致病真菌的作用方式多样。

（3）对于同一种病原菌来说，辽细辛精油抑制效果均随精油浓度的加大而提高。

（4）对于同一种病原真菌来说，辽细辛精油对其孢子萌发的抑制效果和对其菌丝生长的抑制效果存在差异，对部分病原菌孢子萌发的抑制效果好于对其菌丝生长的抑制效果，对部分病原菌菌丝生长的抑制效果好于对其孢子萌发的抑制效果。

（5）对黄瓜灰霉病菌的抑制效果较好，菌丝生长的 EC_{50} 为 159.58 mg/L，孢子萌发的 EC_{50} 为 71.18 mg/L；对牡丹（芍药）拟盘多毛孢叶斑病菌的抑制效果也较好，EC_{50} 分别为 120.43 mg/L 和 110.66 mg/L；说明辽细辛精油对于防治园艺、园林植物叶部病害具有较好的前景。

（6）辽细辛精油对黄瓜根腐病菌的抑制效果较差，菌丝生长的 EC_{50} 为 1 918.8 mg/L，孢子萌发的 EC_{50} 为 707.4 mg/L；试验过程中还发现辽细辛精油对辣椒根腐病菌的抑制效果也较差；说明辽细辛精油对于防治土传病害的效果不理想。

　　植物材料提取物对病原物的抑制作用非常复杂，一方面对一种病原菌有抑制作用的植物样品不一定对其他病原菌也有抑制作用，另一方面对病原菌菌丝生长有抑制作用的植物样品不一定对孢子萌发也有抑制作用。因此判断活性的生物测定方法的选择非常重要。

　　植物能够产生多种多样性质各异的次生代谢产物，这为研究植物源农药提供了广阔的天地，同时也加大了研究难度。在天然抑菌活性筛选中，生物测定方法的选择直接关系到能否发现并保证不漏筛活性物质，因此在植物源抑菌活性物质研究中，应综合采用多种方法进行活性物质的追踪：①只以水为溶剂可将极性的活性成分提取很充分，但非极性活性成分不能充分提取或微量提取，因而达不到抑制效果，因此应多种溶剂进行提取；②对于干品植物材料，若采取煮沸方法提取活性成分，某些具有较强挥发性的杀菌活性物质损失严重，因此还应采用超临界法等进行活性成分提取；③活性筛选时选用的中药植物材料，有一些植物可能也是病菌的寄主，这样中药提取物中就会存在诱导病菌菌丝生长或孢子萌发的成分，使抑菌活性物质不能充分发挥作用，因此应对提取物进行分离提纯；④活性筛选时选用的中药植物材料的采集地、采集时间不同，其有效活性成分含量存在差异，可能会使试验重复性较差，因此应选择来自同一地区、同一时间段的上品中药植物；⑤与杀虫剂不同，杀菌剂中有许多品种如乙膦铝、三环唑等在离体条件下对病菌本身没有活性或活性较低，而在活体植物上则表现出极强的病害防治效果，因此活性筛选时既要做离体试验也要做活体试验。

第4章 辽细辛精油和化学药剂对致病菌抑制效果的比较

辽细辛精油对植物病害致病真菌具有一定的抑制作用,但抑制效果强弱如何,需要与生产上常用化学药剂进行比较,进而明确。

4.1 对致病真菌离体抑制效果的比较

4.1.1 研究方法

1. 供试菌种

为黄瓜灰霉病菌(灰葡萄孢菌 *Botrytis cinerea*)、茄子枯萎病菌(尖孢镰刀菌 *Fusarium oxysporum*)、茄子炭疽病菌(胶孢炭疽菌 *Colletotrichum gloeosporioides*)和小麦赤霉病菌(禾谷镰刀菌 *Fusarium graminearum*),由聊城大学农学院植物病理研究室提供,在 PDA 培养基 25℃±1℃恒温光照培养箱中培养。

2. 生物活性测定方法

以生长速率法和孢子萌发法测定各种药液对供试病菌菌丝生长和孢子萌发的抑制作用。

植物样品为辽细辛精油,由超临界 CO_2 萃取法提取。

化学药剂包括 30%嘧霉胺乳油(山东京博农化有限公司)、75%百菌清可湿性粉剂(云南化工厂)、70%正品甲津托可湿性粉剂(山东美罗福农化有限公司)、70%恶霉灵可湿性粉剂(山东烟台鑫润精细化工有限公司)、500 g/L 异菌脲(拜耳杭州作物科学有限公司)、50%福美双可湿性粉剂(青岛好利特生物农药有限公司)、125 g/L 氟环唑悬浮剂(巴斯夫欧洲公司)、10%苯醚甲环唑微乳剂(中国农科院植保所廊坊农药中试厂)、60%进口多菌灵(青岛好利特生物农药有效公司)、25%氰烯菌酯悬浮剂(青岛奥迪斯生物科技有限公司)、70%甲基硫菌灵可湿性粉剂(日本曹达株式会社)。所有化学药剂均用无菌水配制成所需浓度。

4.1.2 对黄瓜灰霉病菌抑制效果的比较

化学药剂包括30%嘧霉胺乳油、50%福美双可湿性粉剂、75%百菌清可湿性粉剂和 70%正品甲津托可湿性粉剂。

　　4 种化学药剂（图 4-1～图 4-4）和辽细辛精油（图 3-25）对黄瓜灰霉病菌菌丝生长的抑制率均随药剂浓度的提高而上升，在同一浓度下，不同化学药剂的抑制效果不同，当浓度≤100 mg/L 时，百菌清的抑制效果最好，在 12.5 mg/L 的浓度下即 88.07%，而正品甲津托仅为 9.82%，前者是后者的 8.97 倍；辽细辛精油的抑制效果与化学农药相比较差，当浓度≥300 mg/L 时，对灰霉病菌菌丝生长的抑制率才超过 50%（图 4-5）。比较 EC_{50} 和 EC_{90}，百菌清对黄瓜灰霉病菌菌丝生长的抑制效果最好，EC_{50} 为 1.623 mg/L，EC_{90} 为 17.764 mg/L；福美双、嘧霉胺和正品甲津托的抑制效果相当，EC_{50} 在 22.573～30.625 mg/L，EC_{90} 在 48.625～61.465 mg/L；辽细辛精油的抑制效果较差，EC_{50} 为 159.58 mg/L，化学农药是它的 5.21～98.32 倍，EC_{90} 为 316.56 mg/L，化学农药是它的 5.15～17.82 倍（表 4-1）。

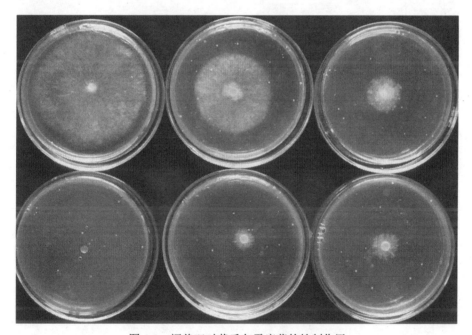

图 4-1　福美双对黄瓜灰霉病菌的抑制作用

上排从左至右、下排从右到左浓度依次为 CK、12.5 mg/L、25 mg/L、50 mg/L、100 mg/L、200 mg/L。下同

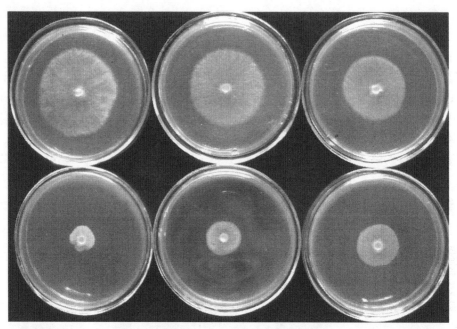

图 4-2　百菌清对黄瓜灰霉病菌的抑制作用

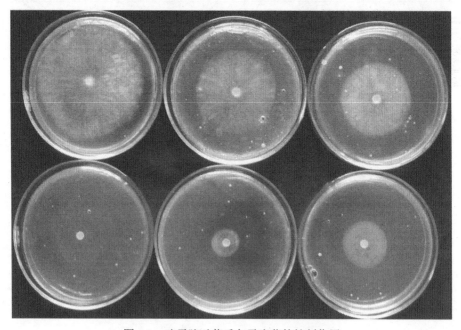

图 4-3　嘧霉胺对黄瓜灰霉病菌的抑制作用

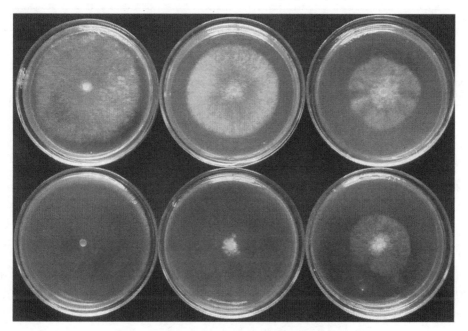

图 4-4　正品甲津托对黄瓜灰霉病菌的抑制作用

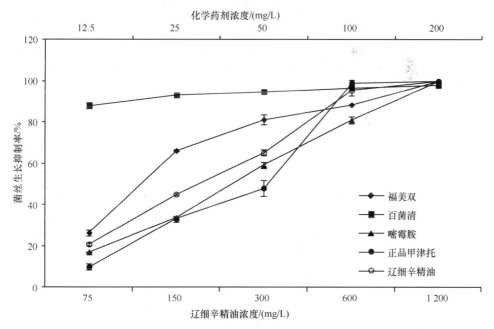

图 4-5　不同制剂对黄瓜灰霉病菌菌丝生长的抑制作用

表4-1　不同制剂对黄瓜灰霉病菌的毒力效果

作用方式	药剂	回归方程	相关系数 r	EC_{50}/（mg/L）	EC_{90}/（mg/L）
菌丝生长	福美双	$Y=3.845\ 5X-0.205$	0.895 5	22.573	48.625
	百菌清	$Y=1.233\ 3X+4.741$	0.970 8	1.623	17.764
	嘧霉胺	$Y=4.235\ 9X-1.295$	0.888 5	30.625	61.465
	正品甲津托	$Y=4.962\ 8X-2.356$	0.954 4	30.351	55.007
	辽细辛精油	$Y=4.308\ 2X-4.491$	0.930 6	159.58	316.56
孢子萌发	福美双	$Y=0.944\ 8X+7.246\ 5$	0.999 1	0.004 2	0.095 2
	百菌清	$Y=0.861\ X+6.884\ 8$	0.996 6	0.006 5	0.199 3
	嘧霉胺	$Y=0.589\ 3X+5.484\ 3$	0.993 4	0.150 7	22.536
	正品甲津托	$Y=1.065\ 4X+5.585\ 5$	0.992 1	0.282 1	4.502 1
	辽细辛精油	$Y=4.203\ 8X-2.787$	0.964 2	71.184	143.63

　　福美双和百菌清对黄瓜灰霉病菌孢子萌发的抑制效果较好，在 0.006 1 mg/L 的浓度下抑制率均超过 50%；嘧霉胺与正品甲津托在极低浓度下（0.390 625 mg/L），抑制率均超过了 50%；辽细辛精油对灰霉病菌孢子萌发的抑制效果也较好，在供试浓度下（≥75 mg/L），抑制率在 62.12% 以上（图 4-6～图 4-10）；比较 EC_{50} 和 EC_{90}，以上 4 种化学药剂对黄瓜灰霉病菌孢子萌发的抑制效果较好，其中最好的为福美双和百菌清，其 EC_{50} 均小于 0.007 mg/L，EC_{90} 均小于 0.2 mg/L；辽细辛精油对黄瓜灰葡萄孢菌的抑制效果虽不及化学农药，但也较好，EC_{50} 为 71.184 mg/L，EC_{90} 为 143.63 mg/L，均低于 150 mg/L，说明辽细辛精油可用于黄瓜灰霉病菌的防控（表 4-1）。

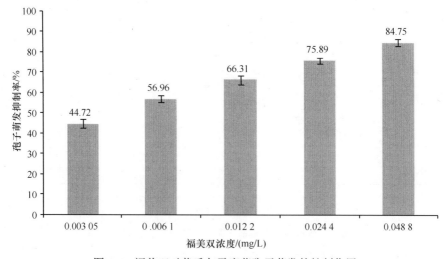

图 4-6　福美双对黄瓜灰霉病菌孢子萌发的抑制作用

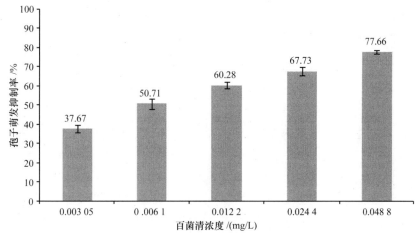

图 4-7　百菌清对黄瓜灰霉病菌孢子萌发的抑制作用

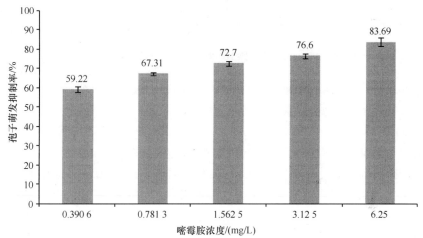

图 4-8　嘧霉胺对黄瓜灰霉病菌孢子萌发的抑制作用

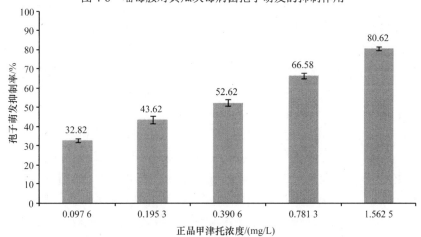

图 4-9　正品甲津托对黄瓜灰霉病菌孢子萌发的抑制作用

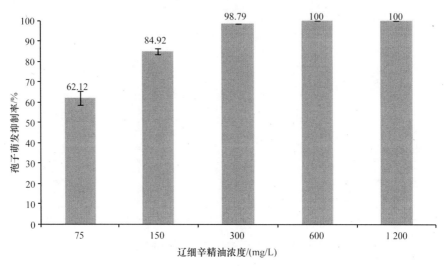

图 4-10　辽细辛精油对黄瓜灰霉病菌孢子萌发的抑制作用

4.1.3　对茄子枯萎病菌抑制效果的比较

对照化学药剂包括 30%嘧霉胺乳油、70%恶霉灵可湿性粉剂、500 g/L 异菌脲。

异菌脲对茄子枯萎病菌菌丝生长的抑制效果最强，浓度为 50 mg/L 时的抑制率已达到 68.78%，EC_{50} 为 41.08 mg/L，EC_{90} 为 155.76 mg/L；其次是嘧霉胺，浓度为 100 mg/L 时的抑制率达到了 73.92%，EC_{50} 和 EC_{90} 分别为 58.3 mg/L 和 216.25 mg/L；恶霉灵的抑制效果最差，浓度为 200 mg/L 时的抑制率只有 30.08%；辽细辛精油对茄子枯萎病菌菌丝生长的抑制效果与恶霉灵相近，当精油浓度为 62.5 mg/L，恶霉灵浓度为 12.5 mg/L 时，其抑制率均在 5%左右，辽细辛精油与恶霉灵的 EC_{50} 分别为 1 009.7 mg/L 和 827.07 mg/L，EC_{90} 分别为 6 962.6 mg/L 和 18 146.34 mg/L，虽然从 EC_{50} 看辽细辛精油的效果不如恶霉灵，但从 EC_{90} 看其效果却优于恶霉灵，说明供试浓度下，辽细辛精油对茄子枯萎病菌菌丝生长的抑制作用可以达到某些化学农药的效果（图 4-11～图 4-15，表 4-2）。

异菌脲和嘧霉胺对茄子枯萎病菌的孢子萌发抑制作用较强，当浓度为 100 mg/L 时，抑制率分别达到了 90.13%和 81.74%（图 4-16），EC_{50} 分别为 42.047 mg/L 和 71.638 mg/L，EC_{90} 分别为 133.51 mg/L 和 221.47 mg/L（表 4-2）；恶霉灵的效果不佳，最高浓度时的抑制率仅为 7.18%，虽然辽细辛精油在最高供试浓度下的抑制率为 96.39%，但其最高浓度为 1 000 mg/L，是恶霉灵的 10 倍，比较辽细辛精油与恶霉灵的抑制效果，EC_{50} 分别为 348.99 mg/L 和 7 243.3 mg/L，EC_{90} 分别为 777.01 mg/L 和 315 236 mg/L，从 EC_{50} 和 EC_{90} 看，辽细辛精油的效果均远远优于恶霉灵，且均小于 1 000 mg/L，说明辽细辛精油作为植物源杀菌剂具有一定的应用前景。

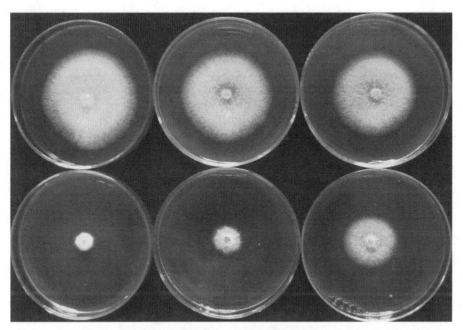

图 4-11   嘧霉胺对茄子枯萎病菌的抑制作用

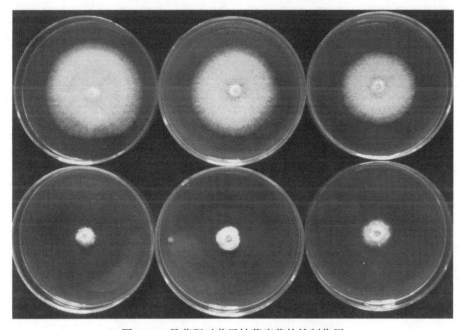

图 4-12   异菌脲对茄子枯萎病菌的抑制作用

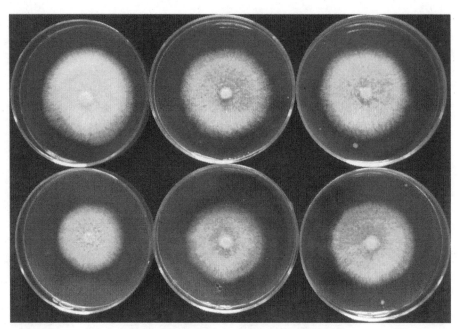

图 4-13　恶霉灵对茄子枯萎病菌的抑制作用

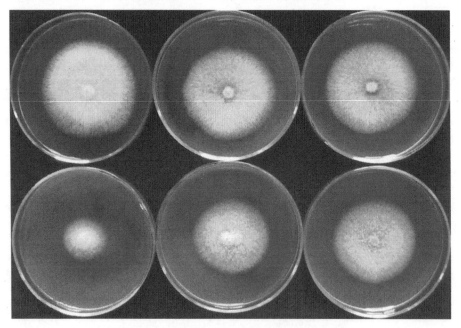

图 4-14　辽细辛精油对茄子枯萎病菌的抑制作用

上排从左至右、下排从右到左浓度依次为 CK、62.5 mg/L、125 mg/L、250 mg/L、500 mg/L、1 000 mg/L

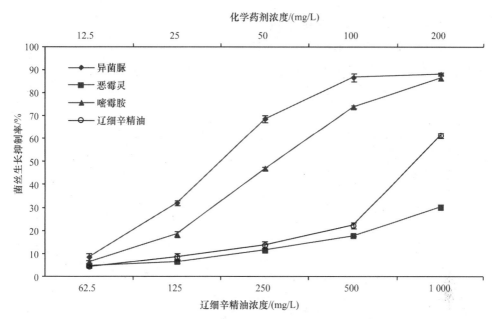

图 4-15　不同制剂对茄子枯萎病菌菌丝生长的抑制作用

表4-2　不同制剂对茄子枯萎病菌的毒力效果

作用方式	药剂	回归方程	相关系数 r	EC_{50}/（mg/L）	EC_{90}/（mg/L）
菌丝生长	嘧霉胺	$Y=2.251\ 1X+1.025\ 4$	0.996 1	58.3	216.25
	异菌脲	$Y=2.213\ 9X+1.427\ 7$	0.965 1	41.08	155.76
	恶霉灵	$Y=0.955\ 5X+2.212\ 3$	0.99	827.07	18 146.34
	辽细辛精油	$Y=1.528\ 3X+0.408\ 6$	0.951	1 009.7	6 962.6
孢子萌发	嘧霉胺	$Y=2.614\ 5X+0.149\ 7$	0.944 7	71.638	221.47
	异菌脲	$Y=2.554\ 1X+0.852\ 8$	0.949 4	42.047	133.51
	恶霉灵	$Y=0.782\ 1X+1.981\ 2$	0.975 4	7 243.3	315 236
	辽细辛精油	$Y=3.686\ 8X-4.375$	0.958 2	348.99	777.01

4.1.4　对茄子炭疽病菌抑制效果的比较

对照化学药剂同茄子枯萎病菌。

异菌脲对茄子炭疽病菌的抑制效果最强，浓度为 50 mg/L 时的抑制率超过了 70%，对菌丝生长的抑制率为 77.63%，对孢子萌发的抑制率为 81.45%；其次是恶霉灵，浓度为 50 mg/L 时的抑制率超过了 50%，对菌丝生长的抑制率为 54.82%，对孢子萌发的抑制率为 50.80%；嘧霉胺的抑制效果较差，浓度为 50 mg/L 时对菌丝生长和孢子萌发的抑制效果差异较大，对前者的抑制率仅为 28.66%，对后者的抑制率高达 86.25%；最高供试浓度下，即辽细辛精油浓度为 1 000 mg/L，化学药剂浓度为 100 mg/L（孢子）、200 mg/L（菌丝）时，辽细辛精油对病原菌菌丝生长的抑制率达到 74.31%，对孢子萌发的抑制率为 98.84%，嘧霉胺对病原菌菌丝生长的抑制率为 53.48%，恶霉灵对病原菌孢子萌发的抑制率为 77.64%，说明在高浓度下，植物源提取物辽细辛精油的抑菌作用强于化学药剂（图 4-17～图 4-22）。

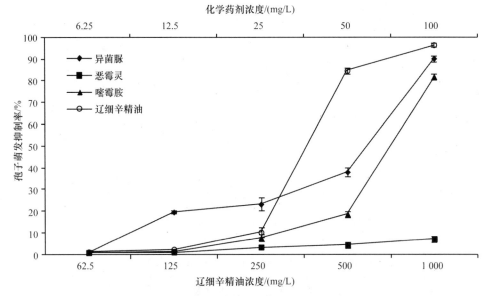

图 4-16　不同制剂对茄子枯萎病菌孢子萌发的抑制作用

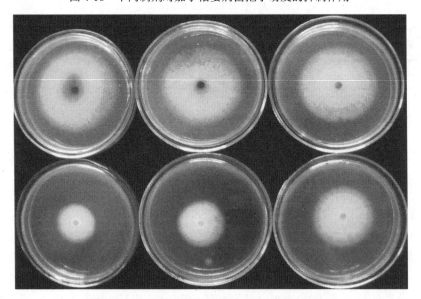

图 4-17　嘧霉胺对茄子炭疽病菌的抑制作用

上排从左至右、下排从右到左浓度依次为 CK、12.5 mg/L、25 mg/L、50 mg/L、100 mg/L、200 mg/L。下同

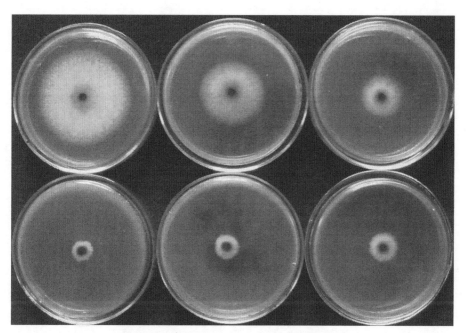

图 4-18　异菌脲对茄子炭疽病菌的抑制作用

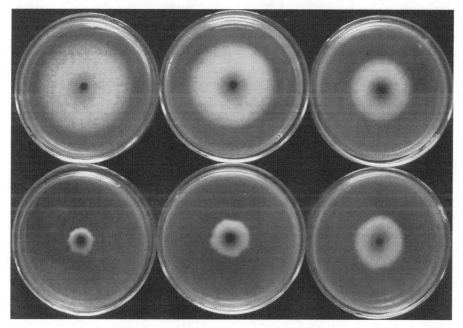

图 4-19　恶霉灵对茄子炭疽病菌的抑制作用

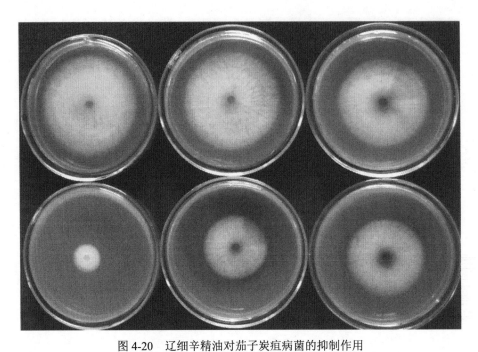

图 4-20　辽细辛精油对茄子炭疽病菌的抑制作用

上排从左至右、下排从右到左浓度依次为 CK、62.5 mg/L、125 mg/L、250 mg/L、500 mg/L、1 000 mg/L

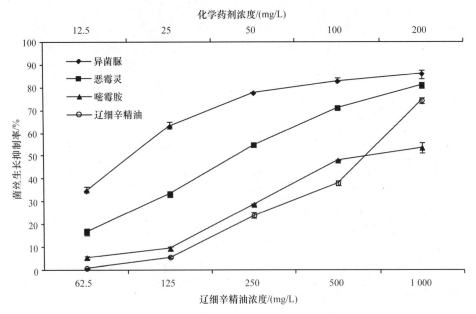

图 4-21　不同制剂对茄子炭疽病菌菌丝生长的抑制作用

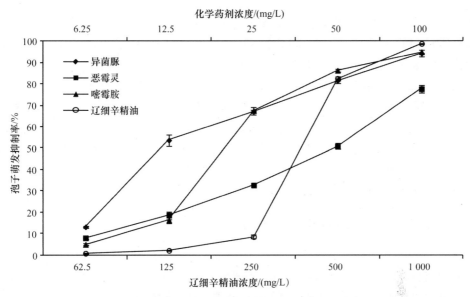

图 4-22　不同制剂对茄子炭疽病菌孢子萌发的抑制作用

比较表 4-3 中的 EC_{50} 和 EC_{90}，异菌脲对茄子炭疽病菌菌丝生长的抑制效果最好，其 EC_{50} 仅为 17.35 mg/L，EC_{90} 为 209.39 mg/L；抑制效果次之的为恶霉灵，EC_{50} 为 47.59 mg/L，EC_{90} 为 318.57 mg/L；嘧霉胺的抑制效果较差，EC_{50} 为 139.48 mg/L，EC_{90} 为 942.77 mg/L；辽细辛精油的 EC_{50} 为 564.88 mg/L，EC_{90} 为 1 878.66 mg/L，与各化学药剂相比较，其 EC_{50} 和 EC_{90} 偏高，即辽细辛精油的抑制效果均不太理想，但从其 EC_{50} 和 EC_{9} 的数值看，前者已远小于 1 000 mg/L，且在浓度为 600 mg/L 以下就能达到半抑制浓度，抑制效果显著，说明辽细辛精油作为植物杀菌剂对炭疽病菌菌丝生长表现出较好的抑制效果。

表4-3　不同制剂对茄子炭疽病菌的毒力效果

作用方式	药剂	回归方程	相关系数 r	EC_{50}/（mg/L）	EC_{90}/（mg/L）
菌丝生长	嘧霉胺	$Y=1.544\ 2X+1.688\ 4$	0.978 4	139.48	942.77
	异菌脲	$Y=1.184\ 7X+3.531\ 9$	0.945 7	17.35	209.39
	恶霉灵	$Y=1.552\ 1X+2.396\ 3$	0.995 1	47.59	318.57
	辽细辛精油	$Y=2.455\ 6X-1.757\ 7$	0.994 3	564.88	1 878.66
孢子萌发	嘧霉胺	$Y=2.882\ 8X+1.07\ 7$	0.985 3	22.95	63.89
	异菌脲	$Y=2.066\ 9X+2.487\ 6$	0.975 7	16.43	68.48
	恶霉灵	$Y=1.749\ X+2.158\ 7$	0.995 1	42.12	227.61
	辽细辛精油	$Y=4.124\ 9X-5.424\ 4$	0.961 5	336.69	688.52

三种供试化学农药嘧霉胺、异菌脲和恶霉灵对茄子炭疽病菌孢子萌发的抑制作用均非常好，EC_{50} 分别为 22.95 mg/L、16.43 mg/L 和 42.12 mg/L，均低于 50 mg/L；EC_{90} 分别为 63.89 mg/L、68.48 mg/L 和 227.61 mg/L，均低于 230 mg/L；虽然辽细辛精油的 EC_{50} 和 EC_{90} 均偏高，分别为 336.69 mg/L 和 688.52 mg/L，但却远小于 1 000 mg/L，且其作为一种植物提取物，当浓度为 500 mg/L 时，其对孢子萌发的抑制率达到了 82.48%，抑制效果非常显著，说明辽细辛精油对炭疽病菌孢子萌发表现出较好的抑制作用。

辽细辛精油和三种供试化学农药嘧霉胺、异菌脲、恶霉灵对茄子炭疽病菌孢子萌发的抑制作用均优于对菌丝生长的抑制效果，抑制孢子萌发的 EC_{50} 和 EC_{90} 均明显低于抑制菌丝生长的。

4.1.5　对小麦赤霉病菌抑制效果的比较

供试植物精油为辽细辛精油，对照化学药剂包括 50%福美双可湿性粉剂、125 g/L 氟环唑悬浮剂、25%氰烯菌酯悬浮剂、70%甲基硫菌灵可湿性粉剂、10%苯醚甲环唑微乳剂、60%进口多菌灵。不同制剂在供试浓度下，对小麦赤霉病菌菌丝生长和孢子萌发的抑制率均随制剂浓度的增加而提高，作用效果明显（附图 1）。

1. 福美双对小麦赤霉病菌的抑制作用

福美双的供试浓度为 7.812 5 mg/L、15.625 mg/L、31.25 mg/L、62.5 mg/L、125 mg/L，菌丝生长抑制率依次为 22.54%、36.3%、74.76%、99.73%、100%，孢子萌发抑制率依次为 31.38%、61.3%、98.12%、100%、100%，增幅显著，且对孢子萌发的抑制效果好于对菌丝生长的抑制效果（图 4-23）。

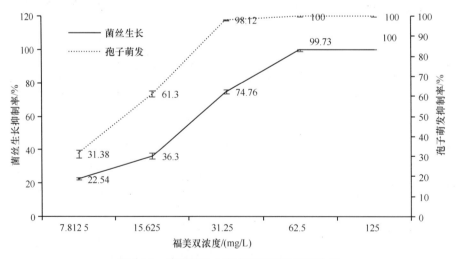

图 4-23　福美双对小麦赤霉病菌的抑制作用

比较 EC_{50} 和 EC_{90}（表4-4 和表4-5），福美双抑制菌丝生长的分别为 15.59 mg/L 和 28.6 mg/L，抑制孢子萌发的分别为 10.93 mg/L 和 19.26 mg/L，前者分别是后者的 1.43 和 1.48 倍，即福美双对小麦赤霉病菌孢子萌发的抑制效果是菌丝生长的 1.5 倍左右。

表4-4　不同制剂对小麦赤霉病菌菌丝生长的毒力效果

药剂	回归方程	相关系数 r	EC_{50}/（mg/L）	EC_{90}/（mg/L）
福美双	$Y=4.863\,6X-0.801\,4$	0.963 5	15.59	28.6
多菌灵	$Y=4.623\,3X+1.664\,7$	0.926 3	5.27	9.97
氟环唑	$Y=0.971\,9X+4.907\,8$	0.987	1.24	25.91
苯醚甲环唑	$Y=0.834\,8X+4.852\,6$	0.986 8	1.5	51.49
氰烯菌酯	$Y=1.934\,8X+6.406\,8$	0.962 6	0.19	0.86
甲基硫菌灵	$Y=1.754\,7X+3.524\,8$	0.981 1	6.93	37.24
辽细辛精油	$Y=4.445\,5X-5.579\,4$	0.891 6	239.77	465.67

表4-5　不同制剂对小麦赤霉病菌孢子萌发的毒力效果

药剂	回归方程	相关系数 r	EC_{50}/（mg/L）	EC_{90}/（mg/L）
福美双	$Y=5.209\,8X-0.411\,4$	0.965 1	10.93	19.26
多菌灵	$Y=4.914\,8X+1.02$	0.921 6	6.45	11.76
氟环唑	$Y=5.864\,8X+1.815$	0.938 9	3.49	5.78
苯醚甲环唑	$Y=2.423\,9X+4.588\,9$	0.963 6	1.48	4.99
氰烯菌酯	$Y=2.291\,9X+5.970\,4$	0.965 7	0.38	1.37
甲基硫菌灵	$Y=1.727\,1X+2.487\,3$	0.782	28.5	157.34
辽细辛精油	$Y=5.032\,1X-7.112$	0.948 5	255.25	458.82

2. 多菌灵对小麦赤霉病菌的抑制作用

多菌灵供试浓度分别为 2.343 8 mg/L、4.687 5 mg/L、9.375 mg/L、18.75 mg/L、37.5 mg/L，菌丝生长抑制率分别为 21.86%、29.01%、62.21%、96.49%、100%，孢子萌发抑制率分别为 6.44%、22.33%、60.62%、84.03%、100%，增幅明显，且抑制菌丝生长的效果与抑制孢子萌发的效果相当（图 4-24）。

比较 EC_{50} 和 EC_{90}（表 4-4 和表 4-5），多菌灵抑制菌丝生长的分别为 5.27 mg/L 和 9.97 mg/L，抑制孢子萌发的分别为 6.45 mg/L 和 11.76 mg/L，进一步说明多菌灵对小麦赤霉病菌菌丝生长和孢子萌发的抑制效果相当。

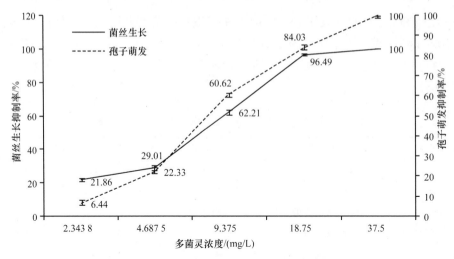

图 4-24　多菌灵对小麦赤霉病菌的抑制作用

　　当多菌灵浓度为 37.5 mg/L 时，对小麦赤霉病菌菌丝生长和孢子萌发的抑制率均为 100%，而福美双的浓度为 31.25 mg/L 时，抑制率分别为 74.76%和 98.12%，前者是后者的 1.34 倍和 1.02 倍，说明多菌灵对小麦赤霉病菌的作用效果好于福美双。

3. 氟环唑对小麦赤霉病菌的抑制作用

　　氟环唑的浓度分别为 0.937 5 mg/L、1.875 mg/L、3.75 mg/L、7.5 mg/L、15 mg/L，对菌丝生长的抑制率分别为 48.58%、52.09%、68.56%、77.33%、85.96%，对孢子萌发的抑制率分别为 0.25%、7.99%、30.77%、73.47%、100%，说明，低浓度下对菌丝生长的抑制效果好，高浓度下对孢子萌发的抑制效果好（图 4-25）。

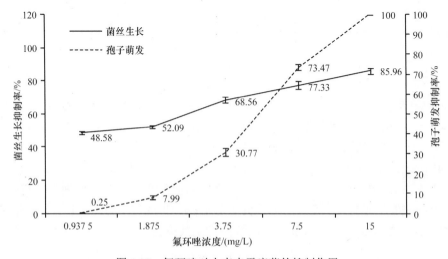

图 4-25　氟环唑对小麦赤霉病菌的抑制作用

当氟环唑的浓度为 15 mg/L 时，菌丝生长和孢子萌发的抑制率分别为 85.96%和 100%，福美双的浓度为 15.625 mg/L 时，抑制率分别为 35.63%和 61.3%，前者是后者的 2.41 倍和 1.63 倍，说明氟环唑对小麦赤霉病菌的作用效果较好。

比较 EC_{50} 和 EC_{90}（表 4-4 和表 4-5），氟环唑抑制菌丝生长的分别为 1.24 mg/L 和 25.91 mg/L，抑制孢子萌发的分别为 3.49 mg/L 和 5.78 mg/L，进一步说明氟环唑对小麦赤霉病菌菌丝生长的低抑菌（抑菌 50%）效果好，对孢子萌发的高抑菌（抑菌 90%）效果好。

4. 苯醚甲环唑对小麦赤霉病菌的抑制作用

苯醚甲环唑的浓度分别为 0.25 mg/L、0.5 mg/L、1 mg/L、2 mg/L、4 mg/L，对菌丝生长的抑制率分别为 27.8%、31.85%、44.94%、51.55%、65.99%，对孢子萌发的抑制率分别为 1.16%、21.43%、43.12%、65.17%、78.48%，说明，低浓度下对菌丝生长的抑制效果好，高浓度下对孢子萌发的抑制效果好（图 4-26）。

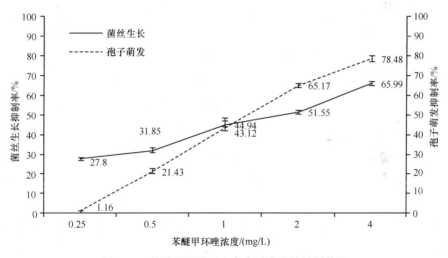

图 4-26　苯醚甲环唑对小麦赤霉病菌的抑制作用

比较 EC_{50} 和 EC_{90}（表 4-4 和表 4-5），苯醚甲环唑抑制菌丝生长的分别为 1.5 mg/L 和 51.49 mg/L，抑制孢子萌发的分别为 1.48 mg/L 和 4.99 mg/L，说明苯醚甲环唑对抑制小麦赤霉病菌孢子萌发的效果优于对菌丝生长的抑制效果。

当苯醚甲环唑的浓度为 4 mg/L，菌丝生长的抑制率为 65.99%，而氟环唑的浓度为 3.75 mg/L 时，抑制率为 68.56%，说明两者的抑制效果相近。两者抑制菌丝生长的 EC_{50} 分别为 1.5 mg/L 和 1.24 mg/L，从 EC_{50} 也可以看出，两者的抑制效果相近。

5. 氰烯菌酯对小麦赤霉病菌的抑制作用

氰烯菌酯的浓度分别为 0.039 06 mg/L、0.078 12 mg/L、0.156 3 mg/L、0.312 5 mg/L、0.625 mg/L，对菌丝生长的抑制率分别为 14.96%、16.85%、31.97%、73.07%、86.14%，对孢子萌发的抑制率分别为 1.57%、5.89%、9.84%、58.15%、66.04%，增幅较大，且对菌丝生长的作用效果好于对孢子萌发的效果（图 4-27）。

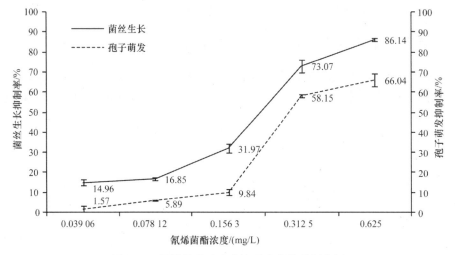

图 4-27　氰烯菌酯对小麦赤霉病菌的抑制作用

当氰烯菌酯浓度为 0.625 mg/L 时，对菌丝生长进和孢子萌发的抑制率分别为 86.14% 和 66.04%，而福美双的浓度为 62.5 mg/L 时，抑制率分别为 99.73% 和 100%，抑制率虽然均较高，但前者的药液浓度仅为后者的 1/100，说明氰烯菌酯对小麦赤霉病菌菌丝生长的抑制效果很好。

比较 EC_{50} 和 EC_{90}（表 4-4 和表 4-5），氰烯菌酯抑制菌丝生长的分别为 0.19 mg/L 和 0.86 mg/L，抑制孢子萌发的分别为 0.38 mg/L 和 1.37 mg/L，均低于 1.5 mg/L，说明氰烯菌酯对小麦赤霉病菌的作用效果非常好，且抑制菌丝生长的效果优于对孢子萌发的抑制效果。

6. 甲基硫菌灵对小麦赤霉病菌的抑制作用

甲基硫菌灵的供试浓度分别为 2.5 mg/L、5 mg/L、10 mg/L、20 mg/L、40 mg/L，对菌丝生长的抑制率分别为 23.15%、44.09%、55.75%、72.76%、93.7%，增幅明显，对孢子萌发的抑制率分别为 0.4%、30.55%、37.3%、39.49%、43.06%，增幅不明显，说明甲基硫菌灵对小麦赤霉病菌菌丝生长的作用效果好于对孢子萌发的抑制效果（图 4-28）。

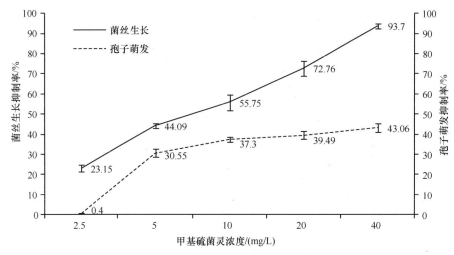

图 4-28 甲基硫菌灵对小麦赤霉病菌的抑制作用

当甲基硫菌灵浓度为 2.5 mg/L 时,对菌丝生长的抑制率为 23.15%,而苯醚甲环唑的浓度为 0.25 mg/L,抑制率为 27.8%,抑制率虽然差别不大,但前者的药液浓度却为后者的 10 倍,说明苯醚甲环唑对小麦赤霉病菌菌丝生长的抑制效果好于甲基硫菌灵。

比较 EC_{50} 和 EC_{90}(表 4-4 和表 4-5),甲基硫菌灵抑制菌丝生长的分别为 6.93 mg/L 和 37.24 mg/L,抑制孢子萌发的分别为 28.5 mg/L 和 157.34 mg/L,说明苯醚甲环唑对小麦赤霉病菌菌丝生长的作用效果好于对孢子萌发的抑制效果。

比较 6 种化学农药抑制小麦赤霉病菌菌丝生长的 EC_{50},福美双、多菌灵、氟环唑、苯醚甲环唑、氰烯菌酯和甲基硫菌灵的 EC_{50} 分别为 15.59 mg/L、5.27 mg/L、1.24 mg/L、1.5 mg/L、0.19 mg/L 和 6.93 mg/L,抑制效果依次为:氰烯菌酯＞氟环唑＞苯醚甲环唑＞多菌灵＞甲基硫菌灵＞福美双;EC_{90} 分别为 28.6 mg/L、9.97 mg/L、25.91 mg/L、51.49 mg/L、0.86 mg/L 和 37.24 mg/L,抑制效果依次为:氰烯菌酯＞多菌灵＞氟环唑＞福美双＞甲基硫菌灵＞苯醚甲环唑;综合比较 EC_{50} 和 EC_{90},对小麦赤霉病菌菌丝生长抑制效果最好为 25%氰烯菌酯悬浮剂,其次为 125 g/L 氟环唑悬浮剂。

比较 6 种化学农药抑制小麦赤霉病菌孢子萌发的 EC_{50},依次为 10.93 mg/L、6.45 mg/L、3.49 mg/L、1.48 mg/L、0.38 mg/L 和 28.5 mg/L,抑制效果依次为:氰烯菌酯＞苯醚甲环唑＞氟环唑＞多菌灵＞福美双＞甲基硫菌灵;EC_{90} 分别为 19.26 mg/L、11.76 mg/L、5.78 mg/L、4.99 mg/L、1.37 mg/L 和 157.34 mg/L,抑制效果依次为:氰烯菌酯＞苯醚甲环唑＞氟环唑＞多菌灵＞福美双＞甲基硫菌灵;综合比较 EC_{50} 和 EC_{90},对小麦赤霉病菌孢子萌发的抑制效果最好的为 25%氰烯菌酯悬浮剂,其次为 20%苯醚甲环唑微乳剂和 125 g/L 氟环唑悬浮剂。

7. 辽细辛精油对小麦赤霉病菌的抑制作用

供试辽细辛精油浓度为 100 mg/L、200 mg/L、400 mg/L、800 mg/L、1 600 mg/L，对小麦赤霉病菌菌丝生长的抑制率分别为 21.1%、25.67%、60.79%、86.93%、100%，对孢子萌发的抑制率分别为 5.26%、28.31%、77.86%、90.9%、100%，增幅均较快，尤其浓度从 200 mg/L 增高到 800 mg/L 时，对小麦赤霉病菌的抑制效果增幅最大；相比较而言，辽细辛精油对小麦赤霉病菌孢子萌发的作用效果好于对菌丝生长的效果（图 4-29）。

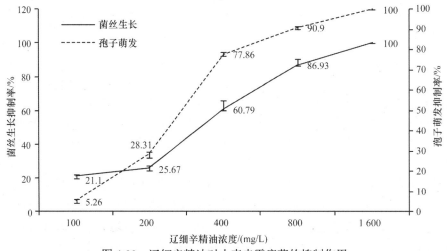

图 4-29　辽细辛精油对小麦赤霉病菌的抑制作用

比较辽细辛精油对小麦赤霉病菌菌丝生长的 EC_{50} 和 EC_{90}（表 4-4 和表 4-5），分别为 239.77 mg/L 和 465.67 mg/L，抑制孢子萌发的 EC_{50} 和 EC_{90} 分别为 255.25 mg/L 和 458.82 mg/L，前者的作用效果是后者的 0.94 倍和 1.01 倍，说明辽细辛精油对小麦赤霉病菌菌丝生长的作用效果与对孢子萌发的效果相当。

综合比较供试化学农药对小麦赤霉病菌菌丝生长和孢子萌发的抑制作用，综合抑制效果最好的为 25%氰烯菌酯悬浮剂，其次为 125 g/L 氟环唑悬浮剂。25%氰烯菌酯悬浮剂是一种对禾谷镰孢菌具有专化活性的新型杀菌剂，对小麦赤霉病有优异的保护和治疗作用，防效较为理想，且该药与其他杀菌剂之间无正交互抗性（张洁等，2014）。但是，氰烯菌酯在江西红壤、太湖水稻土和东北黑土中均降解较慢，半衰期在 96.3～407 d，在纯水中的光解速率慢，半衰期达 29.5 h，属难降解、难光解性农药（许静等，2013）。而氟环唑在土壤中的最低检出浓度为 1.21×10^{-4} mg/kg，在土壤中的半衰期少于 20 d，属于易分解农药。根据药剂的安全性和药剂对小麦赤霉病菌的抑制效果认为，在赤霉病大流行年份，25%氰烯菌酯悬浮剂和 125 g/L 氟环唑悬浮剂均是防治小麦赤霉病的理想药剂，建议交替轮换使用，且应以 125 g/L 氟环唑悬浮剂为主。

综合比较辽细辛精油和化学农药对小麦赤霉病菌的作用效果，虽然辽细辛精油对小麦赤霉病菌的抑制效果均不及化学农药，但其 EC_{50} 均小于 260 mg/L，EC_{90} 均小于 470 mg/L，说明辽细辛精油作为纯天然植物提取物，其对小麦赤霉病菌的抑制效果是比较理想的，且其对菌丝生长的作用效果相当于对孢子萌发的作用效果。

4.2　对致病细菌离体抑制效果的比较

4.2.1　研究方法

1. 供试细菌及培养

瓜类果斑病菌（细菌性果斑病菌 *Acidovorax avenae* subsp. *citrulli*），属于原核生物界的薄壁菌门嗜酸菌属（*Acidovorax*），由聊城大学农学院植物病理研究室提供，采用平板划线分离培养法进行培养，培养基为牛肉膏蛋白胨琼脂（BPA）培养基：牛肉浸膏 3 g、蛋白胨 10 g、氯化钠 5 g、琼脂 20 g、蒸馏水 1 000 mL。

2. 活性测定方法

72%农用硫酸链霉素可溶性粉剂（成都普惠生物工程有限公司）、77%氢氧化铜可湿性粉剂（浙江瑞利生物科技有限公司）、20%叶枯唑可湿性粉剂（浙江瑞利生物科技有限公司），不同制剂的供试浓度如表 4-6 所示。

表4-6　不同制剂的浓度编号

药剂	不同制剂浓度/（mg/L）				
	1	2	3	4	5
链霉素	25	50	100	200	400
氢氧化铜	125	250	500	1 000	2 000
叶枯唑	250	500	1 000	2 000	4 000
辽细辛精油	250	500	1 000	2 000	4 000

1）浑浊度法

制备含药 BPA 培养基，将培养好的瓜类果斑病菌用生理盐水悬浮至 0.5 个麦氏比浊度，向各处理培养基中分别接种 100 μL 菌液，以只含溶剂的处理做空白对照，37℃±1℃条件下 120 r/min 振荡培养。

开始培养前采用比色法，在 600 nm 波长下分别测定各处理的 OD 值，待对照处理达到对数生长期时，再次测定并记载各处理的 OD 值。

将不同处理组 OD 值与对照组 OD 值进行比较，OD 值越小，表示其抑制效果越好。细菌生长抑制率计算方法如下：

$$生长抑制率(\%) = \frac{空白组OD值增加值 - 处理组的OD值增加值}{空白组OD值增加值} \times 100\%$$

2）纸片法

选取吸水性强、质地均匀的定性滤纸，用打孔机打成直径为 6 mm 的圆形纸片，120℃下干热灭菌 2 h，按每 100 片纸片加入药液 0.5 mL 的比例浸透，干燥后分装备用。

将于 BPA 培养基上在 37℃±1℃恒温培养箱培养 48 h 的瓜类果斑病菌，用生理盐水制备成细菌悬浮液。用无菌棉拭子蘸取菌液，涂布整个培养基表面，反复几次，保证涂布均匀。待培养基上的水分被琼脂完全吸收后再贴放含药圆纸片，每皿5 张，间距不少于 24 mm，纸片中心距平皿边缘不少于 15 mm。37℃±1℃恒温培养 48 h 后取出，测量抑菌圈直径，依据表 4-7 的药敏纸片判定标准判断结果。

表4-7　药物敏感试验判定标准

抑菌圈直径/mm	敏感度
20 以上	极敏
15～20	高敏
10～14	中敏
10 以下	低敏
0	不敏

3）打孔法

无菌条件下制作 BPA 培养基平板，待凝固后，用外径 6 mm 的打孔器在其上中央打孔 1 个，四周等距离打孔 5 个；于每孔中滴加少量 0.5%琼脂封底后，四周孔中加入不同浓度的供试制剂 0.05 mL，中间的孔中加入同体积无菌水作为对照。37℃±1℃恒温培养 48 h 后，测量抑菌圈直径大小，判断药物的抑制效果，判定标准同纸片法。

4.2.2　对瓜类果斑病菌的抑制效果（浑浊度法）

链霉素对瓜类果斑病菌的抑制效果最好，供试浓度 25～400 mg/L，抑菌率为

61.09%～99.18%，EC$_{50}$ 为 19.17 mg/L，EC$_{90}$ 为 118.62 mg/L；其次为氢氧化铜，在用药量为链霉素 5 倍的情况下，抑菌率也不及链霉素，抑菌率为 1.11%～83.52%，EC$_{50}$ 为 994.04 mg/L，EC$_{90}$ 为 2 849.9 mg/L，即链霉素抑菌 50% 的效果为它的 51.85 倍，抑菌 90% 的效果为它的 24.03 倍（图 4-30 和表 4-8）。

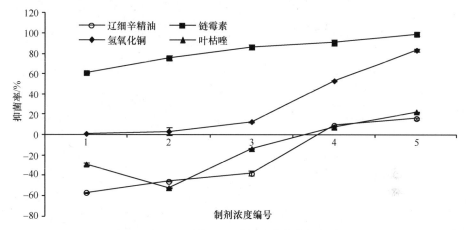

图 4-30　不同制剂对瓜类果斑病菌的抑制效果

表4-8　不同制剂对瓜类果斑病菌的毒力效果

制剂	回归方程	相关系数 r	EC$_{50}$/（mg/L）	EC$_{90}$/（mg/L）
链霉素	$Y=1.619\,3X+2.923$	0.963 6	19.17	118.62
氢氧化铜	$Y=2.801\,7X-3.398$	0.987 4	994.04	2 849.9

　　辽细辛精油和叶枯唑的用药量相同，均为 250～4000 mg/L，两者的活性趋势也基本一致，即高浓度下表现为抑制作用，低浓度下则表现为促进作用；两者的抑制效果也很一致，当浓度≥2000 mg/L 时对瓜类果斑病菌表现出一定的抑制作用，抑制率为 7.51%～22.7%，当浓度≤1000 mg/L，表现为促进作用，促进率为 13.56%～56.88%，说明辽细辛精油和叶枯唑对瓜类果斑病菌的作用效果一致。

4.2.3　对瓜类果斑病菌的抑制效果（纸片法）

　　纸片法抑菌圈试验表明（附图 2、图 4-31 和表 4-9），对瓜类果斑病菌抑制效果最好的为链霉素，浓度为 400 mg/L 时抑菌圈直径为 23 mm，表现为极敏，浓度为 100～200 mg/L 时抑菌圈直径为 16.33～19.33 mm，表现为高敏，浓度为 50 mg/L 时抑菌圈直径为 11 mm，表现为中敏，浓度为 25 mg/L 时抑菌圈直径为 8.33 mm，表现为低敏；其次是氢氧化铜，浓度为 2 000 mg/L 时抑菌圈直径为 20.97 mm，表现为极敏，浓度为 500~1 000 mg/L 时抑菌圈直径为 15.97~17.1 mm，表现为高敏，浓度为 125~250 mg/L 时抑菌圈直径为 7.03~8.67 mm，表现为低敏，但其用药量为链霉素的 5 倍；辽细辛精油和叶枯唑在浓度为 4 000 mg/L 时均产生明显的抑菌圈，直径分别为 2.2 mm 和 15.07 mm，辽细辛精油表现为低敏感性，叶枯唑为高敏感性，两者的抑菌趋势相同，均随药剂浓度的降低，抑菌圈直径减小，敏感性降低，当浓度≤1 000 mg/L 时无抑菌圈，表现为低敏感性。

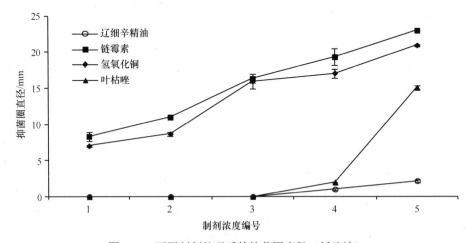

图 4-31　不同制剂处理后的抑菌圈直径（纸片法）

表4-9　各制剂的敏感度（纸片法）

制剂	不同制剂浓度处理下的敏感度				
	1	2	3	4	5
链霉素	低敏	中敏	高敏	高敏	极敏
氢氧化铜	低敏	低敏	高敏	高敏	极敏
叶枯唑	低敏	低敏	低敏	低敏	高敏
辽细辛精油	低敏	低敏	低敏	低敏	低敏

4.2.4　对瓜类果斑病菌的抑制效果（打孔法）

打孔法的试验结果（附图 3、图 4-32 和表 4-10）与纸片法一致，只是不同药剂浓度下的抑菌圈的直径大小稍有变化，但变化不大，且各药剂的抑菌活性趋势是相同的。

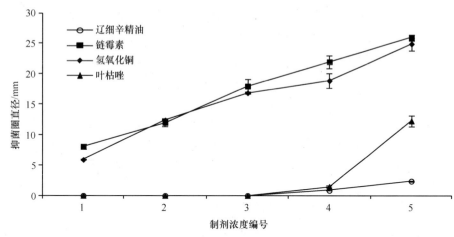

图 4-32　不同制剂处理后的抑菌圈直径（打孔法）

表4-10　各制剂的敏感度（打孔法）

制剂	不同制剂浓度处理下的敏感度				
	1	2	3	4	5
链霉素	低敏	中敏	高敏	高敏	极敏
氢氧化铜	低敏	低敏	高敏	高敏	极敏
叶枯唑	低敏	低敏	低敏	低敏	高敏
辽细辛精油	低敏	低敏	低敏	低敏	低敏

4.3　对黄瓜灰霉病的药效比较

4.3.1　研究方法

1. 黄瓜幼苗种植与管理

黄瓜种子为津研 4 号（济南大江种子有限公司）。将黄瓜种子浸种后，种在营养土中并放在温室中培养（30℃±1℃、相对湿度 40%以上）至 4 片真叶期。保证黄瓜幼苗的健壮，及时浇水，对一些由于外界环境而引起的病株及时清除。

2. 药液配制

辽细辛精油用微量二甲基亚砜溶解后用含吐温-20 的无菌水配制；化学药剂包括 50%啶酰菌胺水分散粒剂（德国巴斯夫公司）、500 g/L 异菌脲悬浮剂、50%福美双可湿性粉剂、70%甲基硫菌灵可湿性粉剂，均用含吐温-20 的无菌水配制。

3. 接种方法

供试菌种为引起黄瓜灰霉病的灰葡萄孢菌，聊城大学农学院植物病理研究室提供，25℃±1℃恒温条件下 PDA 培养基上培养 3～5 d，用直径为 0.5 cm 的打孔器制取菌饼，以备接种用。

1）活体防效

直接在黄瓜幼苗上进行，保证叶片大小和叶位一致，1 株 1 叶。保护作用：先将内加少量吐温-20 的药剂均匀喷于叶片表面，1 叶 1 mL，待药液阴干，8 h 后将菌饼接种于叶正面，1 叶 2 点，5 次重复，无菌水对照；治疗作用：接种 8 h 后喷药。将接种后的黄瓜苗放入温度为 22℃±1℃、湿度大于 90%的恒温培养箱生长，接种后 3 d 内注意保湿，以后正常管理。

2）离体防效

采摘大小、叶位一致的黄瓜叶片，叶柄用棉球保湿，叶正面向上放于铺有湿滤纸的直径为 14 cm 的培养皿中。保护作用、治疗作用的接种方法和管理方法同上，5 次重复，无菌水对照。

4. 调查方法

接种 5 d 后调查发病情况，十字交叉法测量其病斑直径，计算抑制率。

$$病斑直径(cm) = 实际测量值(cm) - 菌饼直径(cm)$$

$$病斑抑制率(\%) = \frac{对照组病斑直径(cm) - 处理组病斑直径(cm)}{对照组病斑直径(cm)} \times 100\%$$

4.3.2 辽细辛精油与化学农药对黄瓜灰霉病的药效

1. 活体药效

在活体条件下各种药剂对黄瓜灰霉病均有保护和治疗作用（附图 4～13，图 4-33 和图 4-34）。同一药剂的保护和治疗两种作用效果相当，如异菌脲，当浓度为 400 mg/L 时，保护作用的抑制率为 64.98%，治疗作用的为 67.47%，两种作用的 EC_{50} 分别为 150.74 mg/L 和 144.02 mg/L，EC_{90} 分别为 4 504.9 mg/L 和 3 727.69 mg/L，几乎相等；再如辽细辛精油，当浓度为 1 200 mg/L 时，保护作用抑制率为 54.52%，治疗作用为 50.3%。

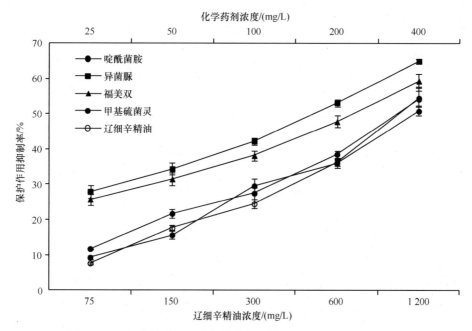

图 4-33　辽细辛精油及 4 种化学药剂对黄瓜灰霉病的活体保护作用

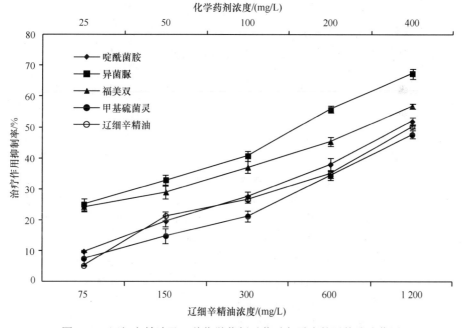

图 4-34　辽细辛精油及 4 种化学药剂对黄瓜灰霉病的活体治疗作用

　　比较辽细辛精油的活体保护和治疗两种作用效果，图 4-35 可以看出，高浓度下（600 mg/L 和 1 200 mg/L）保护作用效果较好，中间浓度下（150 mg/L 和

300 mg/L）治疗作用效果稍好。

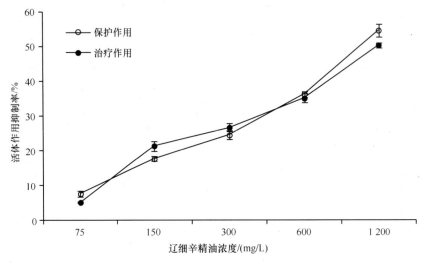

图 4-35　辽细辛精油对黄瓜灰霉病的活体作用效果

两种作用的 EC_{50} 分别为 1 033.32 mg/L 和 1 038.31 mg/L，EC_{90} 均稍超过 11 000 mg/L，保护作用的效果稍好于治疗作用，但差异极不显著（表4-11）。从活体作用效果看，辽细辛精油及 4 种化学药剂对黄瓜灰霉病的药效（EC_{50}）大小依次为异菌脲＞福美双＞啶酰菌胺＞甲基硫菌灵＞辽细辛精油。

表4-11　辽细辛精油及4种化学药剂对黄瓜灰霉病的活体作用毒力效果

作用方式	药剂	回归方程	相关系数 r	EC_{50}/（mg/L）	EC_{90}/（mg/L）
保护作用	异菌脲	$Y=0.804\ 2X+3.248\ 2$	0.994	150.74	4 504.9
	福美双	$Y=0.732\ 9X+3.283$	0.992 9	220.2	15 918.6
	啶酰菌胺	$Y=1.025\ 4X+2.397\ 6$	0.993 4	345.05	6 132.42
	甲基硫菌灵	$Y=1.110\ 8X+2.136\ 5$	0.993 2	378.39	7 345.17
	辽细辛精油	$Y=1.223\ 2X+1.313$	0.993 6	1033.32	11 533.04
治疗作用	异菌脲	$Y=0.943\ 8X+2.962\ 9$	0.993 5	144.02	3 727.69
	福美双	$Y=0.725\ 2X+3.244\ 8$	0.993 6	263.19	19 237.56
	啶酰菌胺	$Y=1.074\ 6X+2.251\ 3$	0.996 3	361.2	5 627
	甲基硫菌灵	$Y=1.132\ 4X+1.986\ 1$	0.997 9	458.64	7 487.02
	辽细辛精油	$Y=1.334\ 6X+0.974\ 3$	0.993 3	1 038.31	11 941.13

辽细辛精油对黄瓜灰霉病的活体药效不及化学药剂，比较 EC_{50}，辽细辛精油保护作用的 EC_{50} 是异菌脲的 6.85 倍，治疗作用的 7.21 倍，即辽细辛精油的药效

仅为异菌脲的 1/7～1/6；辽细辛精油保护和治疗作用的 EC_{50} 是甲基硫菌灵的 2.73 倍和 2.26 倍，即辽细辛精油的药效为甲基硫菌灵的 1/3～1/2；辽细辛精油保护和治疗作用的 EC_{50} 是福美双的 4.69 倍和 3.95 倍，即辽细辛精油的药效为福美双的 1/5～1/4。但比较 EC_{90}，辽细辛精油保护和治疗作用的分别为 11 533.04 mg/L 和 11 941.13 mg/L，低于福美双（15 918.6 mg/L 和 19 237.56 mg/L），后者是前者的 1.38 倍和 1.61 倍，即辽细辛精油对黄瓜灰霉病抑制 90% 时的效果是福美双的 1.5 倍左右，说明高防效时辽细辛精油的效果好于福美双。

2. 离体药效

离体条件下（附图 14～23，图 4-36 和图 4-37）各种药剂对黄瓜灰霉病也具有保护和治疗作用。离体条件下各种药剂对黄瓜灰霉病的药效与活体条件相似，同一药剂的两种作用效果也相当，即保护作用强的药剂治疗作用也强。但异菌脲与福美双比较，异菌脲的离体治疗防效好于福美双，供试浓度下的抑制率前者是后者的 1.21～1.82 倍，而保护防效表现为，低浓度（25～100 mg/L）时福美双效果好，高浓度（200～400 mg/L）时异菌脲的效果好。福美双与甲基硫菌灵比较，福美双的离体保护防效明显优于甲基硫菌灵，供试浓度下的抑制率前者是后者的 1.12～2.05 倍，而治疗防效表现为，低浓度（25～100 mg/L）时甲基硫菌灵效果好，高浓度（200～400 mg/L）时福美双的效果好。

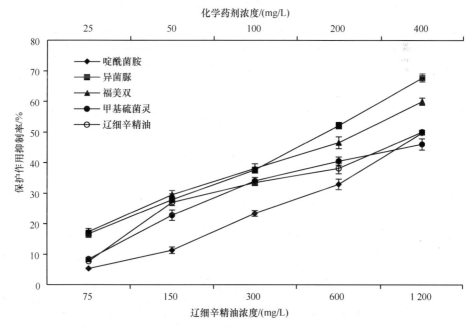

图 4-36　辽细辛精油及 4 种化学药剂对黄瓜灰霉病的离体保护作用

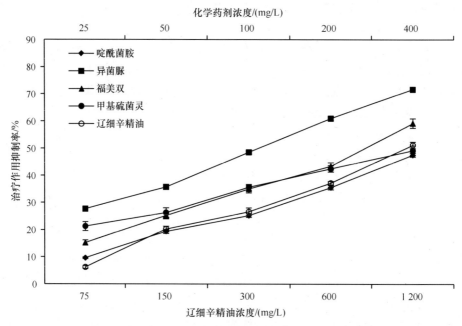

图 4-37　辽细辛精油及 4 种化学药剂对黄瓜灰霉病的离体治疗作用

　　辽细辛精油在偏低浓度时（75～600 mg/L），保护作用优于治疗作用，但高浓度（1 200 mg/L）下，治疗作用效果好于保护作用效果（图 4-38）。

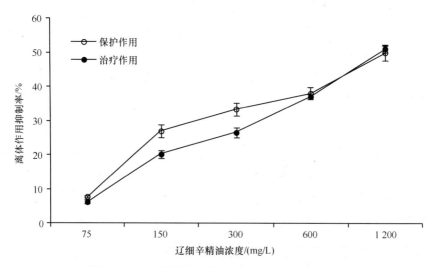

图 4-38　辽细辛精油对黄瓜灰霉病的离体作用效果

从 EC_{50}（表 4-12）看，辽细辛精油和 4 种化学药剂对黄瓜灰霉病的离体防效大小依次为异菌脲＞福美双＞甲基硫菌灵＞啶酰菌胺＞辽细辛精油。比较 EC_{50}，保护和治疗作用的辽细辛精油的 EC_{50} 最高，分别为 1 071.49 mg/L 和 1 094.5 mg/L，异菌脲的最低，分别为 170.95 mg/L 和 106.88mg/L，前者是后者的 6.27 倍和 10.24 倍，即辽细辛精油的保护效果仅为异菌脲的 1/7～1/6，治疗效果仅为它的 1/11 左右，说明在离体条件下，辽细辛精油防效达到 50%时的效果不及化学农药。但比较治疗作用的 EC_{90}，辽细辛精油的为 10 781.59 mg/L，啶酰菌胺的为 8 972.68 mg/L，前者是后者的 1.2 倍，即两者的防效相当；甲基硫菌灵的 EC_{90} 高达 79 831.26 mg/L，是辽细辛精油的 7.4 倍，即辽细辛精油的防效是甲基硫菌灵的 7～8 倍，说明高浓度时，辽细辛精油的离体治疗性抑制效果好于甲基硫菌灵。

表4-12　辽细辛精油及4种化学药剂对黄瓜灰霉病的离体作用毒力效果

作用方式	药剂	回归方程	相关系数 r	EC_{50}/（mg/L）	EC_{90}/（mg/L）
保护作用	异菌脲	$Y=1.160\,5X+2.408\,7$	0.998 1	170.95	1 602.41
	福美双	$Y=0.941\,8X+2.794\,1$	0.994	219.83	4 464.86
	甲基硫菌灵	$Y=1.014\,9X+2.396\,4$	0.950 5	367.68	8 212.44
	啶酰菌胺	$Y=1.318\,8X+1.564\,7$	0.997 7	402.49	4 543.88
	辽细辛精油	$Y=1.163\,1X+1.475\,7$	0.991 3	1071.49	16 748.14
治疗作用	异菌脲	$Y=0.989\,1X+2.993\,2$	0.998 5	106.88	2 377.17
	福美双	$Y=1.004\,7X+2.587\,3$	0.995 9	251.93	2 130.35
	甲基硫菌灵	$Y=0.663X+3.272$	0.996 6	403.81	79 831.26
	啶酰菌胺	$Y=0.990\,9X+2.364\,7$	0.993 9	456.62	8 972.68
	辽细辛精油	$Y=1.350\,7X+0.894\,9$	0.992 1	1094.5	10 781.59

4.4　辽细辛精油对黄瓜灰霉病菌的增效作用研究

4.4.1　研究方法

1. 生物测定方法

以生长速率法（琼胶平板法）测定不同药剂对黄瓜灰霉病菌菌丝生长的抑制作用。

辽细辛精油，终浓度为 75 mg/L、150 mg/L、300 mg/L、600 mg/L 和 1 200 mg/L；化学药剂：70%甲基硫菌灵可湿性粉剂，终浓度为 100 mg/L、200 mg/L、400 mg/L、

800 mg/L 和 1 600 mg/L。

药剂复配方法，甲基硫菌灵与辽细辛精油的比例分别为 1∶5、1∶3、1∶1、3∶1、5∶1，终浓度均为 62.5 mg/L、125 mg/L、250 mg/L、500 mg/L 和 1 000 mg/L。

2. 增效作用评价方法

对各供试药剂浓度进行对数转换，与对应的抑制效果概率值作回归分析，用 DPS 软件计算各药剂处理的 EC_{50} 值，根据 Wadley 法测定各混剂的增效系数（SR），并评价药剂的增效作用。

Wadley 法：根据增效系数来评价药剂混用的增效作用，即 SR＜0.5 为拮抗作用，0.5≤SR≤1.5 为相加作用，SR＞1.5 为增效作用。增效系数按下式计算：

$$X_1 = \frac{P_A + P_B}{P_A / A + P_B / B}$$

式中，X_1 为混剂 EC_{50} 理论值，单位 mg/L；P_A 为混剂中 A 的百分含量，单位%；P_B 为混剂中 B 的百分含量，单位%；A 为混剂中 A 的 EC_{50} 值，单位 mg/L；B 为混剂中 B 的 EC_{50} 值，单位 mg/L。

$$SR = \frac{X_1}{X_2}$$

式中：SR 为混剂的增效系数；X_1 为混剂 EC_{50} 理论值，单位 mg/L；X_2 为混剂 EC_{50} 实测值，单位 mg/L。

4.4.2　辽细辛精油和甲基硫菌灵单剂对黄瓜灰霉病菌的抑制作用

比较菌丝生长抑制率（图 4-39），辽细辛精油对黄瓜灰霉病菌菌丝生长的抑制作用较好，随精油浓度的增大，抑制率提高，且增幅较大，当浓度为 1 200 mg/L，抑制率已达 100%；而甲基硫菌灵的抑制作用一般，在供试浓度下，抑制率增幅较小，当浓度达到 1 600 mg/L，抑制率仅为 54.47%。

比较表 4-13 中的 EC_{50}，辽细辛精油和甲基硫菌灵的分别为 159.58 mg/L 和 1 109.6 mg/L，说明辽细辛精油对黄瓜灰霉病菌菌丝生长的抑制效果是甲基硫菌灵的 6.95 倍；比较 EC_{90}，辽细辛精油和甲基硫菌灵的分别为 316.56 mg/L 和 115 016.45 mg/L，说明辽细辛精油对黄瓜灰霉病菌菌丝生长抑制 90%的效果是甲基硫菌灵的 47.44 倍。

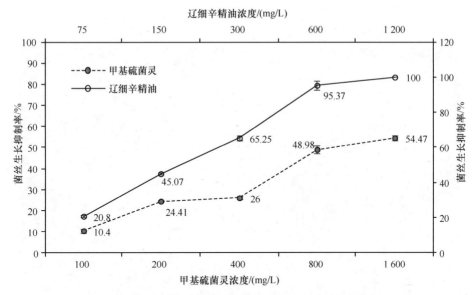

图 4-39 不同单剂对黄瓜灰霉病菌菌丝生长的抑制作用

表4-13 不同单剂对黄瓜灰霉病菌菌丝生长的抑制效果

药剂	回归方程	相关系数 r	EC$_{50}$/（mg/L）	EC$_{90}$/（mg/L）
甲基硫菌灵	Y=1.132 6X+1.550 9	0.970 8	1 109.6	15 016.45
辽细辛精油	Y=4.308 2X–4.491	0.930 6	159.58	316.56

4.4.3　辽细辛精油和甲基硫菌灵复配对黄瓜灰霉病菌的抑制作用

　　同一复配比例下，甲基硫菌灵和辽细辛精油的混剂随着混剂浓度的升高，对黄瓜灰霉病菌菌丝生长的抑制率提高，如当甲基硫菌灵和辽细辛精油按 1∶1 混配时，62.5 mg/L、125 mg/L、250 mg/L、500 mg/L 和 1 000 mg/L 5 个供试浓度下的抑菌率分别为 25.65%、30.16%、55.8%、84.6% 和 97.18%，最高浓度下的抑制率是最低浓度时的 3.79 倍；在同一混配浓度下，不同复配比例的抑制率随着混剂中辽细辛精油所占比例的下降而降低，如混剂浓度为 250 mg/L 时，甲基硫菌灵和辽细辛精油混配比例分别为 1∶5、1∶3、1∶1、3∶1 和 5∶1 时，其对黄瓜灰霉病菌菌丝生长的抑制率分别为 86.34%、70.84%、55.8%、21.39% 和 15.76%，1∶5（辽细辛精油占5）时的抑制率是 5∶1（辽细辛精油占 1）的 5.48 倍。甲基硫菌灵和辽细辛精油按 1∶5 混配时，对黄瓜灰霉病菌菌丝生长的抑制效果最好，而按 5∶1 混配时抑制效果最差，5 个混剂的抑制效果依次为 1∶5＞1∶3＞1∶1＞3∶1＞5∶1（图 4-40～图 4-45）。

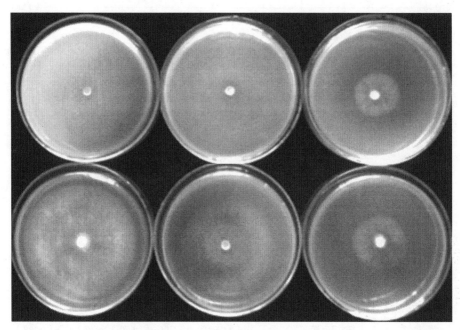

图 4-40　甲基硫菌灵和辽细辛精油 1∶5 复配对黄瓜灰霉病菌菌丝生长的抑制作用

上排从左至右、下排从右到左浓度依次为 1 000 mg/L、500 mg/L、250 mg/L、125 mg/L、62.5 mg/L 和 CK。下同

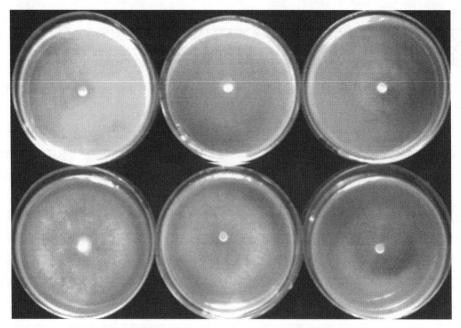

图 4-41　甲基硫菌灵和辽细辛精油 1∶3 复配对黄瓜灰霉病菌菌丝生长的抑制作用

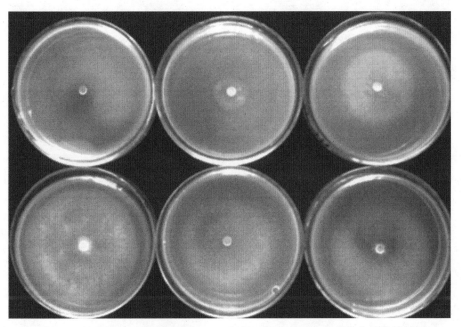

图 4-42　甲基硫菌灵和辽细辛精油 1∶1 复配对黄瓜灰霉病菌菌丝生长的抑制作用

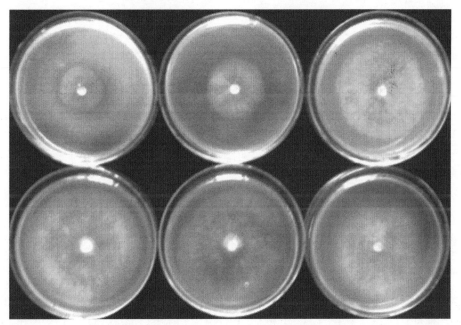

图 4-43　甲基硫菌灵和辽细辛精油 3∶1 复配对黄瓜灰霉病菌菌丝生长的抑制作用

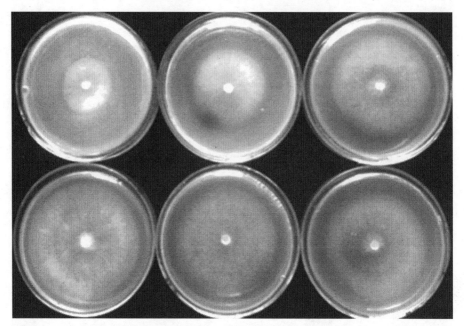

图 4-44　甲基硫菌灵和辽细辛精油 5∶1 复配对黄瓜灰霉病菌菌丝生长的抑制作用

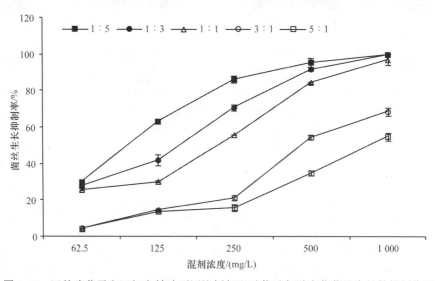

图 4-45　甲基硫菌灵和辽细辛精油不同比例复配对黄瓜灰霉病菌菌丝生长的抑制作用

比较混剂的 EC_{50}（表 4-14），呈现明显的规律，即随混剂中辽细辛精油所占比例的下降其对黄瓜灰霉病菌菌丝生长的 EC_{50} 增加，甲基硫菌灵和辽细辛精油混配比例为 1∶5、1∶3、1∶1、3∶1 和 5∶1 的 EC_{50} 分别为 104.58 mg/L、128.79 mg/L、168.41 mg/L、524.14 mg/L 和 895.52 mg/L，5∶1 混剂的 EC_{50} 是 1∶5 的 8.56 倍，说明 1∶5 混剂的抑制效果是 5∶1 的 8～9 倍。

表4-14 甲基硫菌灵和辽细辛精油复配对黄瓜灰霉病菌菌丝生长的抑制效果

复配比例	回归方程	相关系数 r	EC_{50}/（mg/L）	EC_{90}/（mg/L）
1：5	$Y=3.718\,9X-2.358$	0.953 1	104.58	235.08
1：3	$Y=3.761\,5X-2.936$	0.925 2	128.79	282.23
1：1	$Y=2.213\,5X+0.071\,9$	0.974 3	168.41	638.73
3：1	$Y=1.845\,6X-0.019$	0.988 8	524.14	2 593.4
5：1	$Y=1.486\,1X+0.612\,9$	0.983 3	895.52	6 523.2

甲基硫菌灵单剂对黄瓜灰霉病菌菌丝生长的 EC_{50} 为 1 109.6 mg/L，与辽细辛精油按 1：5、1：3、1：1、3：1 和 5：1 混配后的混剂的 EC_{50} 为 104.58 mg/L、128.79 mg/L、168.41 mg/L、524.14 mg/L 和 895.52 mg/L，抑制效果提高了 10.61 倍、8.62 倍、6.59 倍、2.12 倍和 1.24 倍；甲基硫菌灵单剂对黄瓜灰霉病菌菌丝生长的 EC_{90} 为 15 016.45 mg/L，与辽细辛精油按不同比例混配后的混剂的 EC_{90} 为 235.08～6 523.2 mg/L，抑制效果提高了 2.3～63.88 倍；这说明，甲基硫菌灵中混入辽细辛精油后，混剂对黄瓜灰霉病菌的抑制效果比甲基硫菌灵单剂的效果好，即辽细辛精油可以提高甲基硫菌灵的作用效果。

辽细辛精油单剂对黄瓜灰霉病菌菌丝生长的 EC_{50} 为 159.58 mg/L，EC_{90} 为 316.56 mg/L，当与甲基硫菌灵按比例 5：1 和 3：1 复配时，混剂的 EC_{50} 和 EC_{90} 均降低，分别为 104.58 mg/L、128.79 mg/L 和 235.08 mg/L、282.23 mg/L，抑制效果提高了 1.53 倍、1.24 倍和 1.34 倍、1.12 倍；当复配比例为 1：1、1：3 和 1：5 时，混剂的 EC_{50} 和 EC_{90} 均增高，抑制效果降低，为辽细辛精油单剂的 94.76%、30.45%、17.82% 和 49.56%、12.21%、4.85%；这说明，辽细辛精油混入少量甲基硫菌灵时，可提高对黄瓜灰霉病菌的抑制效果，但当甲基硫菌灵混入的量过多时，则降低对黄瓜灰霉病菌的效果。

根据增效系数计算公式，得出甲基硫菌灵和辽细辛精油复配后混剂的增效系数（表 4-15），结果表明，辽细辛精油按不同比例与甲基硫菌灵复配后，其混剂对黄瓜灰霉病菌菌丝生长的抑制效果均明显提高，增效系数（SR）为 0.62～1.78，当复配比例为 5：1、3：1 和 1：1（比号前为辽细辛精油占比）时，SR＞1.5，表现为增效作用，当复配比例为 1：3 和 1：5 时，0.5≤SR≤1.5，表现为相加作用。

表4-15 甲基硫菌灵和辽细辛精油复配后混剂的增效系数

复配比例	P_A/%	P_B/%	A/（mg/L）	B/（mg/L）	X_1/（mg/L）	X_2/（mg/L）	SR	作用结果
1：5	16.67	83.33	1 109.6	159.58	186.15	104.58	1.78	增效
1：3	25	75	1 109.6	159.58	203.04	128.79	1.58	增效

续表

复配比例	P_A/%	P_B/%	A/（mg/L）	B/（mg/L）	X_1/（mg/L）	X_2/（mg/L）	SR	作用结果
1∶1	50	50	1 109.6	159.58	279.03	168.41	1.66	增效
3∶1	75	25	1 109.6	159.58	445.92	524.14	0.85	相加
5∶1	83.33	16.67	1 109.6	159.58	556.91	895.52	0.62	相加

甲基硫菌灵和辽细辛精油按 1∶5、1∶3 和 1∶1 比例复配后产生了增效作用，增效系数分别为 1.78、1.58 和 1.66，增效系数并不是随着辽细辛精油含量的增大而增大，即不是呈现直线趋势，而是中间有一个转折点，探寻这个转折点，即增效系数最大点，这将为进一步研究辽细辛精油和甲基硫菌灵最优复配比例，使其增效系数达到最大值提供依据。

4.5　本章小结

1. 辽细辛精油对植物病害致病真菌的抑制效果较好，甚至优于化学农药

辽细辛精油抑制黄瓜灰霉病菌菌丝生长的 EC_{50} 为 159.58 mg/L，抑制孢子萌发的 EC_{50} 为 71.184 mg/L，对孢子萌发的抑制效果优于对菌丝生长的效果。虽然 EC_{50} 偏高，与百菌清、福美双等化学农药相比效果较差，但作为纯植物提取物，其抑菌中浓度低于 160 mg/L，可见辽细辛精油对黄瓜灰霉病菌的抑制效果是比较理想的。

辽细辛精油对茄子枯萎病菌的抑制效果优于恶霉灵，抑制菌丝生长的 EC_{90} 分别为 6 962.6 mg/L 和 18 146.34 mg/L，前者的抑菌能力是后者的 2.6 倍；抑制孢子萌发的 EC_{90} 分别为 777.01 mg/L 和 315 236 mg/L，前者的抑菌能力是后者的 405.7 倍。即从 EC_{90} 看辽细辛精油的作用效果均远远优于恶霉灵，说明辽细辛精油作为植物源杀菌剂具有一定的应用前景。

2. 辽细辛精油对植物病害致病细菌的抑制效果不理想，但与个别化学农药的作用趋势相同

辽细辛精油对瓜类果斑病菌的作用效果与精油浓度有关，当其浓度较高时，对瓜类果斑病菌具有一定的抑制效果，如浓度为 4 000 mg/L 时的抑菌率为 16.21%，抑菌圈直径为 2.2 mm，浓度为 2 000 mg/L 时的抑菌率为 9.44%，抑菌圈直径为 1.03 mm；但当其浓度较低时，无抑制效果，甚至表现出促进作用。

在测定辽细辛精油和叶枯唑对瓜类果斑病菌的作用效果时，两者的用药量相同，两者的活性趋势基本一致，即高浓度下抑制，低浓度下促进；两者的抑制效果也很一致，当浓度≥2 000 mg/L 时对瓜类果斑病菌表现出一定的抑制作用，但

抑制率均低于 22.7%，说明辽细辛精油和叶枯唑对瓜类果斑病菌的作用效果相当。

　　未来 5～10 年，随着全球气候变暖、生物多样性变化、产业结构调整及轻型农业栽培措施实施等，植物细菌病害的发生与危害将呈现以下特点：①重要作物细菌病害越来越重，如水稻白叶枯病、水稻细菌性条斑病、植物青枯病、十字花科植物细菌性黑腐病、柑橘溃疡病、柑橘黄龙病和瓜类细菌性果斑病等；②次要细菌性病害暴发成灾，如水稻细菌性基腐病、小麦细菌性条斑病、玉米细菌性基腐病、番茄细菌性溃疡病等，危害面积越来越大，危害程度越来越重；③外来入侵细菌性病害发生和暴发成灾的可能性增加，如梨火疫病、玉米细菌性枯萎病、杨树细菌性溃疡病和椰子致死黄化病等，应警惕并防范一些检疫对象在我国严重发生。针对这种情况，应加快开发对环境友好、对防治细菌性病害有效的药剂，加强植物源农药的开发和利用，增强我国细菌病害的研究实力和植物源农药的自主创新能力。瓜类果斑病是瓜类生产上的重大危险性病害之一，主要为害葫芦科的西瓜、甜瓜、南瓜、黄瓜、西葫芦和苦瓜等。该病主要通过种子进行远距离传播，西瓜子叶、真叶和果实上均可受感染发病，果实上典型症状是表皮出现水浸状小斑点，病斑逐渐扩大，边缘不规则，可布满整个果面，初期病变只局限在果皮，后期果实很快腐烂，严重的可使西瓜等瓜类产量损失 50%以上。目前对瓜类果斑病的防治主要集中在化学药剂防治，化学药剂不仅污染环境而且还存在抗药性，而植物精油来自天然，具有很好的环境兼容性，且部分精油对植物致病细菌具有较强的抑制效果，可作为天然抑菌剂开发应用。

3. 辽细辛精油对黄瓜灰霉病既有保护作用也有治疗作用，且防效优于个别化学农药

　　辽细辛精油对黄瓜灰霉病既有保护作用又有治疗作用，随着浓度的升高药效提高，说明辽细辛精油对黄瓜灰霉病具有一定防效，且保护作用优于治疗作用，充分体现了"预防为主"的植保理念；辽细辛精油的活体效果优于离体效果，但离体条件下的药效趋势与活体条件下的药效趋势一致，且 EC_{50} 差别不是很大，说明在进行药效研究时，可用离体试验代替活体试验，从而节约时间和成本，缩短药效研究历程。

　　辽细辛精油对黄瓜灰霉病的活体药效不及化学药剂异菌脲，约为异菌脲药效的 $1/7～1/6$；但辽细辛精油保护和治疗作用的 EC_{90} 为分别为 11 533.04 mg/L 和 11 941.13 mg/L，低于福美双的 EC_{90}（15 918.6 mg/L 和 19 237.56 mg/L），后者是前者的 1.38 倍和 1.61 倍，即对黄瓜灰霉病抑制效果达 90%时，辽细辛精油的效果是福美双 1.5 倍左右，说明高防效时辽细辛精油的药效好于福美双；离体条件下，辽细辛精油对黄瓜灰霉病的治疗效果也优于甲基硫菌灵。

　　灰霉病是许多果、蔬、花卉上的重要真菌病害之一，尤其在大棚生产的蔬菜

及草莓上引起花及果实的腐烂，损失严重。近年来，随着草莓、花卉等园艺作物的广泛种植，以及大棚蔬菜生产的发展，灰霉病问题日趋突出。对灰霉病的防治在近几十年始终是人们研究和关注的重点。化学防治是控制灰霉病发生、减少损失的最有效途径之一。从早期的能量和酶活性抑制剂百菌清、福美双、代森锰锌、克菌丹，到苯并咪唑及 N-苯氨基甲酸酯类的多菌灵、苯菌灵、涕必灵、乙霉威，二甲酰亚胺类的菌核净、腐霉利、异菌脲、乙烯菌核利等品种，以及近几年推出的嘧菌胺、嘧霉胺、嘧菌环胺、氟嘧菌胺、环酰菌胺、氟啶胺等防治灰霉病新药剂，均在灰霉病的防治中发挥着重要作用。但随着人们生活品质和对健康关注度的提高，必须加大灰霉病的绿色防控，增加生态友好型生物源农药的应用，减少纯正高毒化学农药的使用。

4. 过辽细辛精油具有增效作用，可降低农药的使用量

　　辽细辛精油按不同比例与甲基硫菌灵复配，其混剂对黄瓜灰霉病菌菌丝生长的抑制效果提高，即辽细辛精油具有增效作用，当甲基硫菌灵和辽细辛精油按 1：5、1：3 和 1：1 比例复配后增效明显，增效系数分别为 1.78、1.58 和 1.66。这说明，将辽细辛精油按一定比例混入化学农药或其他制剂中混用，不仅可以提高化学农药或其他制剂的作用效果，而且可以大大降低化学农药或其他制剂的使用量，保证了蔬菜、瓜果等的产量和质量，也保护了生态环境。

　　植物在与昆虫、病原菌长期的协同进化过程中，产生了许多次生代谢物质，由于次生代谢物质是植物自身防御与昆虫、病原菌的适应演变协同进化的结果，昆虫、病原菌对其不易产生抗药性。植物精油是次生代谢物质之一，含精油的中草药植物非常多，尤以唇形科（薄荷、紫苏、藿香等）、伞形科（茴香、当归、芫荽、白芷、川芎等）、菊科（艾叶、茵陈蒿、苍术、白术、木香等）、芸香科（橙、桔、花椒等）、樟科（樟、肉桂等）、马兜铃科（辽细辛、华细辛等）等更为丰富。大多数精油具特殊的香气与辛辣味，在室温下易挥发。精油为多种类型化合物的混合物，包括脂肪族、芳香族和含硫含氮化合物，但更多的为萜类及其含氧衍生物。精油不仅在医学上具有发汗、理气、止痛、矫味等作用，而且还具有杀虫、抑菌等活性，可应用于农林草业。但由于精油具挥发性，使其不利于保存，因此限制了精油的剂型研发和推广应用。但辽细辛精油具有增效作用，为此可根据此特性，将其混入其他药剂中制成混剂使用，既保证了混剂的药效，又克服了精油的局限性，进而充分发挥精油这一天然活性物质的绿色、安全、友好之优势，减少化学农药的使用，促进生态环境建设。

第5章　辽细辛精油指纹图谱分析

辽细辛精油具有杀虫抑菌等生物活性,杀虫抑菌谱广泛,杀虫抑菌方式多样,对植物病害具有保护和治疗作用,且具有增效作用。由于辽细辛精油为混合物,至少有25种成分,如甲基丁香酚、榄香脂素、黄樟醚、优香芹酮、3,5-二甲氧基甲苯、α-蒎烯、β-蒎烯、细辛醚、爱草醚、莰烯和反式-细辛酮等,其中1种还是多种组成成分在杀虫抑菌中起作用,需要对辽细辛精油进行成分分析。

5.1　研　究　方　法

5.1.1　精油提取方法

1. 超临界 CO_2 萃取法

准确称取辽细辛根粉1.85 kg,装入5 L的萃取罐内,超临界 CO_2 萃取:萃取压力20 MPa,萃取温度40℃,流量20 kg/h;解析釜Ⅰ压力6~7 MPa,温度45℃;解析釜Ⅱ压力5~6 MPa,温度35℃,萃取时间为60 min,每20分钟收集提取物称量,计算萃取率,密封,置4℃冰箱中保存备用。

2. 微波萃取法

将辽细辛根粉准确称取5 g,装入烧瓶中,加入15 mL正己烷,在辐射时间200 s、微波功率600 W的条件下进行微波萃取,每份样品重复提取3次;用15 mL正己烷洗涤烧瓶的残渣,将滤液集中于同一三角瓶中。经减压蒸馏回收正己烷,用无水 Na_2SO_4 干燥样品,24 h后称重,计算萃取率。辽细辛根粉总量为60 g,分次萃取。

3. 水蒸气蒸馏法

将辽细辛根粉90 g装入挥发油提取器中,加水蒸馏6 h,收集精油,称重,计算萃取率。

5.1.2　辽细辛精油的图谱分析方法

将3种方法所得到的辽细辛精油用乙酸乙酯溶解分别进行气相色谱-质谱联用(GC-MS)分析鉴定。

1. 气相色谱条件

石英毛细管柱HP-5MS,30 m×0.25 mm×0.25 μm;程序升温:60 s以8℃/min速度升至120℃,再以2℃/min速度升至150℃,最后以10℃/min速度升至280℃;

载气：He；柱流量：0.9 mL/min；进样量：1μL；进样口温度：250℃；接口温度：230℃；柱压：80 kPa；分流比：10∶1。

2. 质谱条件

离子源为 EI；电离电压：70 eV；离子源温度：230℃；质谱范围：50～500 amu；质量范围：50～500 amu；扫描周期：1 s。

5.1.3 硅胶柱层析分离方法

采用硅胶柱层析法对超临界 CO_2 萃取得到的辽细辛精油进行分离。柱长50 cm，直径 5 cm。硅胶为青岛海洋化工厂分厂生产，型号为粗孔 ZCX-Ⅱ，粒度 108.57～152 μm。装好柱后，将 10 mL 精油从最上端倒入，等精油被硅胶吸附后，从最上端用石油醚与乙酸乙酯的混合液进行洗脱，石油醚与乙酸乙酯的比例依次为 8∶1、6∶1、4∶1、2∶1 和 1∶1。用 20 mL 指形管接洗脱液，指形管事先编号，同时跟踪试样洗脱情况，即每接 1 管洗脱液，用毛细管吸取少量点滴在层析板上，在紫外灯下观察显色情况。最后将显色的洗脱液全部点滴在层析板上进行层析，根据层析情况，合并洗脱液。

5.1.4 辽细辛精油杀虫活性测定方法

1. 叶碟法

供试昆虫包括粘虫（*Mythimna seperata*）2 龄幼虫和小菜蛾（*Plutella xylostella*）3 龄幼虫，由沈阳化工研究院新药生测实验室提供。

挑选长势良好、无药的甘蓝（小菜蛾）或玉米嫩叶（粘虫），用湿布擦干净，再将甘蓝嫩叶用打孔器打成直径 2 cm 的叶碟，将玉米嫩叶剪成 5 cm 长的叶段，放到直径 6 cm 铺有滤纸的培养皿中，1 皿 1 个叶碟，编号。用喷雾器将辽细辛精油药液（浓度分别为 1 000 mg/L、2 000 mg/L、4 000 mg/L）喷在叶碟上，正反面喷均匀，用药量约 0.5 mL，自然晾干。然后接入供试小菜蛾幼虫和粘虫各 10 头，3 次重复，于 24 h 调查试虫的死亡率，计算 LC_{50}。以喷含吐温-80 的蒸馏水为对照。

2. 浸渍法

供试昆虫为淡色库蚊（*Culex pipiens pallens*）3 龄幼虫，由沈阳化工研究院新药生测实验室提供。

先将 24 孔培养板编号，分别在孔中加入带有蚊幼虫 20 条左右的水 1 mL、1.6 mL、1.8 mL、1.9 mL 和 1.95 mL，再加入 200 mg/L 的母液 1mL、0.4 mL、0.2 mL、0.1 mL 和 0.05 mL，终体积为 2 mL，终浓度为 5 mg/L、10 mg/L、20 mg/L、40 mg/L 和 100 mg/L。在温度 25℃±1℃、相对湿度 60%～80%、光照条件为 L∶

D=16 h∶8 h 下培养 24 h，检查结果，计算 LC_{50}。振动培养板，并用镊子轻触蚊幼虫身体，以沉入孔底部不动者为死亡。每个样品重复 3 次，每次均以 2%乙醇浸渍蚊幼虫作为空白对照。

5.2　辽细辛精油的性状比较

超临界 CO_2 萃取和水蒸气蒸馏提取的辽细辛精油呈现棕黄色或淡黄褐色，在外观性状上优于微波萃取得到的精油（淡黄绿色）；3 种方法的萃取率分别为 2.27%、1.58%和 2.11%，超临界 CO_2 萃取法是水蒸气蒸馏法的 1.44 倍；3 种方法比较，超临界 CO_2 萃取率高（2.27%），品质较好（棕黄色），适合萃取植物挥发油，同时不存在有机溶剂残留所带来的一系列问题（表 5-1）。

表5-1　不同提取方法对萃取率的影响

提取方法	样品重量/g	精油重量/g	萃取率/%	萃取时间	精油外观性状
超临界 CO_2 萃取	1 850	42	2.27	60 min	棕黄色
水蒸气蒸馏	90	1.422	1.58	6 h	淡黄褐色
微波萃取	60	1.268	2.11	200 s	淡黄绿色

5.3　辽细辛精油的指纹图谱分析和杀虫活性测定

5.3.1　不同方法萃取的辽细辛精油指纹图谱分析

1. 超临界 CO_2 萃取辽细辛精油的指纹图谱分析

超临界 CO_2 萃取得到的辽细辛精油指纹图谱见图 5-1，峰面积归一见表 5-2。

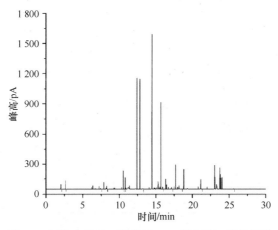

图 5-1　辽细辛精油（超临界 CO_2 萃取法）指纹图谱

表5-2　辽细辛精油（超临界CO$_2$萃取法）指纹图谱分析

峰值	出峰时间/min	类型	峰宽/min	峰面积/(pA·s)	峰高/pA	峰面积占比/%
1	2.02	BB	0.071 8	178.991 46	47.699 87	0.643 75
2	2.621	BB	0.030 8	108.397 1	85.291 21	0.389 86
3	6.369	BB	0.045 9	75.317 96	33.947 55	0.270 89
4	6.674	BB	0.046 9	25.788 56	11.178 9	0.092 75
5	7.225	BB	0.049 3	93.040 05	32.551 78	0.334 62
6	7.436	BB	0.044	22.887 18	9.534 31	0.082 32
7	7.859	BB	0.055 4	212.811 19	70.084 06	0.765 39
8	8.269	BB	0.075 5	154.706 04	32.522 62	0.556 41
9	9.338	BV	0.052 2	40.634 82	14.739 09	0.146 15
10	10.521	BB	0.046	476.702 21	185.503 22	1.714 49
11	10/779	BV	0.047 1	268.850 22	115.941 4	0.966 93
12	12.213	BV	0.064 3	26.921 59	7.083 68	0.096 82
13	12.405	VB	0.054 9	3 315.176 27	1 107.072 39	11.923 21
14	12.806	BB	0.047 8	2 994.053 71	1 098.580 57	10.768 28
15	13.22	BB	0.085 8	43.154 4	6.819 52	0.155 21
16	14.462	BV	0.083 3	8 383.116 21	1 545.027 83	30.150 33
17	14.76	VV	0.086 7	96.876 75	16.953 74	0.348 42
18	15.306	VV	0.118 6	669.893 37	76.180 52	2.409 31
19	15.53	VV	0.099 2	181.345 28	26.718 26	0.652 22
20	15.672	VV	0.058 2	3 140.130 86	868.465 58	11.293 65
21	16.324	VV	0.052 5	318.701 57	101.875 56	1.146 23
22	16.47	VV	0.055	166.434 25	45.149 22	0.598 59
23	16.712	VB	0.039 6	49.362 18	20.898 2	0.177 53
24	17.128	BB	0.076 4	110.947 98	21.413 34	0.399 03
25	17.682	BB	0.049 2	702.517 46	246.531 4	2.526 64
26	17.952	BV	0.066 4	100.404 6	23.232 06	0.361 11
27	18.174	VB	0.128 1	275.610 11	34.913 01	0.991 25
28	18.847	BB	0.048 4	487.019 38	200.161 9	1.751 59
29	19.326	BB	0.117 2	88.532 72	10.620 91	0.318 41
30	21.144	BB	0.068 5	405.208 77	97.518 52	1.457 36
31	23.055	BV	0.115 7	1 894.382 2	241.051 8	6.813 25
32	23.313	VB	0.154	591.672 24	50.008 84	2.127 98
33	23.733	BV	0.110 9	1 692.791 63	217.342 35	6.088 22
34	24.027	VB	0.050 3	383.797 21	116.949 84	1.380 35
35	25.603	BB	0.075 8	28.211 59	5.896 58	0.101 46

超临界 CO_2 萃取得到的辽细辛精油，其组成成分较多，能够确定峰值的多达 35 种。

2. 微波萃取辽细辛精油的指纹图谱分析

微波萃取得到的辽细辛精油指纹图谱见图 5-2，峰面积归一见表 5-3。

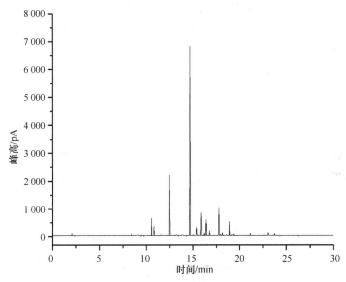

图 5-2　辽细辛精油（微波萃取法）指纹图谱

表5-3　辽细辛精油（微波萃取法）指纹图谱分析

峰值	出峰时间/min	类型	峰宽/min	峰面积/(pA·s)	峰高/pA	峰面积占比/%
1	2.061	BV	0.033 7	27.344 26	18.057 47	0.0338
2	2.300	VV	0.026 7	133 50.4	10 571.4	16.500 02
3	2.660	VV	0.136 1	54 278	5 274.695 8	67.083 28
4	3.074	VV	0.060 9	937.359 92	243.826 29	1.158 5
5	3.556	VB	0.038	867.859 25	459.537 08	1.072 6
6	5.802	BB	0.049	19.841 77	7.019 96	0.024 52
7	7.232	BB	0.047 1	22.826 69	9.835 74	0.028 21
8	10.525	BB	0.047	145.303 1	62.672 54	0.179 58
9	10.783	BV	0.043 8	92.236 72	38.755 57	0.114
10	12.385	BB	0.044 7	857.232 91	348.999 08	1.059 47
11	12.788	BB	0.042 2	1 049.771 85	467.621 8	1.297 43
12	13.295	BB	0.068	49.825 36	10.373 54	0.061 58
13	14.441	BB	0.055 4	4 089.286 87	1 209.742 31	5.054 03
14	15.303	BB	0.076 7	281.285 25	54.020 29	0.347 65

续表

峰值	出峰时间/min	类型	峰宽/min	峰面积/(pA·s)	峰高/pA	峰面积占比/%
15	15.661	BV	0.048 6	776.934 2	316.792 88	0.960 23
16	15.793	VB	0.043 2	755.261 23	323.998 57	0.933 44
17	16.32	BB	0.083 2	235.262 5	40.825 67	0.290 77
18	17.128	BB	0.059 6	32.189 65	8.619 75	0.039 78
19	17.671	BB	0.051 6	236.631 18	87.250 9	0.292 46
20	17.952	BV	0.075 8	47.655 05	9.289 56	0.058 9
21	18.179	VB	0.084 4	86.950 3	14.821 97	0.107 46
22	18.84	BB	0.044 1	167.103 12	69.400 6	0.206 53
23	20.945	BV	0.045 3	31.386 95	12.502 42	0.038 79
24	21.139	VB	0.055 7	275.800 72	90.218 57	0.340 87
25	23.04	BB	0.104 2	1 377.580 57	200.345 49	1.702 58
26	23.71	BV	0.077 7	656.854 68	124.274 9	0.811 82
27	24.002	VB	0.052 1	163.194	52.726 08	0.201 69

　　微波萃取得到的辽细辛精油，其组成成分不如超临界 CO_2 萃取的多，能够确定峰值的为 27 种。从数量上看，比超临界 CO_2 萃取的少 8 种。

3. 水蒸气蒸馏辽细辛精油的指纹图谱分析

　　水蒸气蒸馏得到的辽细辛精油指纹图谱见图 5-3，峰面积归一见表 5-4。

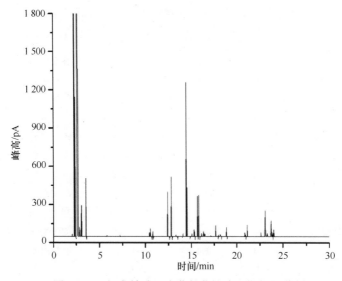

图 5-3　辽细辛精油（水蒸气蒸馏法）指纹图谱

表5-4　辽细辛精油（水蒸气蒸馏法）指纹图谱分析

峰值	出峰时间/min	类型	峰宽/min	峰面积/（pA·s）	峰高/pA	峰面积占比/%
1	2.087	BB	0.053 2	225.608 22	70.688 89	0.205 94
2	9.069	BV	0.123 4	216.913 25	23.559 34	0.198
3	9.529	VB	0.054 1	54.016 87	16.521 35	0.049 31
4	10.548	BV	0.057 6	1 756.089 6	610.012 39	1.602 99
5	10.807	VV	0.083 7	1 873.408 81	323.059 39	1.710 08
6	11.555	VB	0.129 8	201.572 68	20.670 85	0.184
7	12.455	BB	0.091 2	14 020.3	2 175.500 24	12.797 9
8	13.192	BV	0.136 5	310.215 3	32.163 68	0.283 17
9	13.853	VB	0.181 5	346.252 08	27.024 54	0.316 06
10	14.667	BV	0.143 9	69 807.4	6 794.892 58	63.721 22
11	15.027	VV	0.061 1	100.488 33	31.613 39	0.091 73
12	15.380	VV	0.132 5	1 952.622 68	297.817 75	1.782 38
13	15.861	VV	0.142 9	3 298.400 63	820.616 46	3.010 83
14	16.203	VV	0.048 9	253.778 24	86.552 22	0.231 65
15	16.392	VV	0.094	3 224.287 35	571.786 38	2.943 18
16	16.750	VV	0.087	1 015.546 57	166.954 59	0.927 01
17	17.772	VV	0.087 2	5 361.879 39	989.806 4	4.894 41
18	17.983	VV	0.083 9	266.582 89	51.905 52	0.243 34
19	18.155	VV	0.119 5	838.450 62	94.499 27	0.765 35
20	18.565	VV	0.095 2	158.756 23	23.392 58	0.144 92
21	18.905	VV	0.074 2	2 209.931 4	496.448 14	2.017 26
22	19.192	VV	0.061 5	128.581 65	34.851 99	0.117 37
23	19.361	VV	0.091 8	331.818 3	51.039 76	0.302 89
24	21.156	BB	0.066 1	295.793 12	81.882 16	0.27
25	22.577	BB	0.108 3	62.704 27	9.582 89	0.057 24
26	23.037	BB	0.102 6	642.882 63	104.465 93	0.586 83
27	23.718	BB	0.105 8	573.385 8	74.520 71	0.523 4
28	26.067	BB	0.071 3	23.613 89	5.818 87	0.021 56

　　水蒸气蒸馏得到的辽细辛精油，其组成成分能够确定峰值的有 28 种。从数量上比较，水蒸气蒸馏得到的辽细辛精油不如超临界 CO_2 萃取的多，比其少 7 种，但比微波萃取的多，但仅多 1 种，即水蒸气蒸馏和微波萃取两种方法萃取得到的辽细辛精油的组成成分相近。

　　3 种萃取方法得到的辽细辛精油用乙酸乙酯溶解进行了 GC-MS 鉴定，其指纹图谱清晰，结合峰面积归一法分析可知，超临界 CO_2 萃取得到的辽细辛精油，能够确定峰值的多达 35 种，微波萃取法能够确定峰值的有 27 种，水蒸气蒸馏法能够确定峰值的有 28 种。其中，超临界 CO_2 萃取得到的辽细辛精油组成成分最多，而微波萃取得到的精油组成成分相对较少。如果把次要的小峰也算入的话，辽细辛精油的组成成分将超过 40 种。从精油的组成成分及外观性状上比较，超临界 CO_2 萃取精油的品质较优越，是提取辽细辛精油的理想方法。

5.3.2　辽细辛精油的组成成分分析

　　采用超临界 CO_2 萃取、微波萃取和水蒸气蒸馏 3 种方法萃取得到的辽细辛精油的组成成分在数量上存在差异，3 种方法萃取的辽细辛精油的组成成分的鉴定图谱见图 5-4～图 5-6。

　　比较 3 种方法萃取的辽细辛精油的主要组成成分可以看出，3 种方法提取的辽细辛精油有着共同的组成，尤其是超临界 CO_2 萃取和微波萃取方法，两者相同的成分较多，而水蒸气蒸馏提取的辽细辛精油，其特异性的组成成分较多。

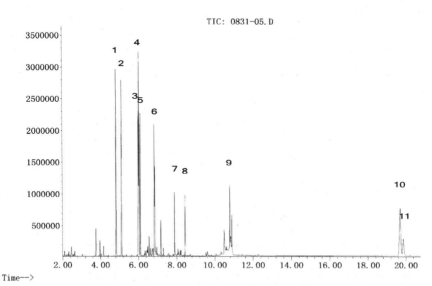

Abundance

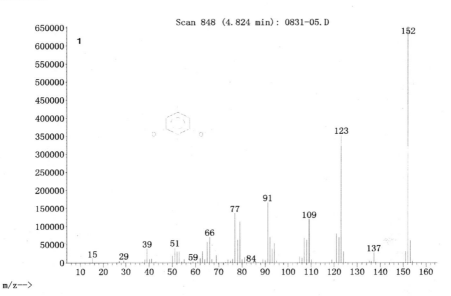

Scan 848 (4.824 min): 0831-05.D

m/z--->

Abundance

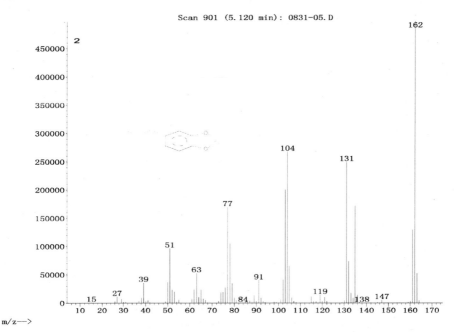

Scan 901 (5.120 min): 0831-05.D

m/z--->

Abundance

Scan 1057 (5.993 min): 0831-05.D

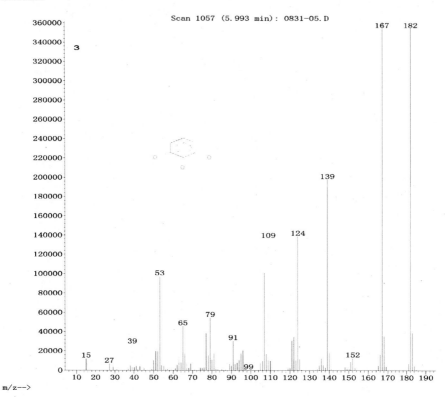

m/z-->

Abundance

Scan 1064 (6.032 min): 0831-05.D

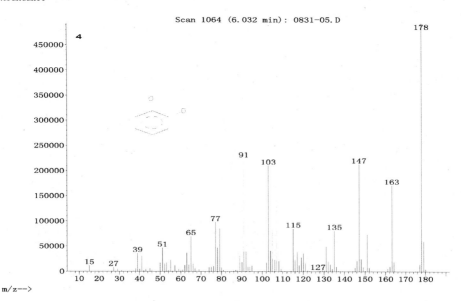

m/z-->

Abundance

Scan 1204 (6.815 min): 0831-05.D

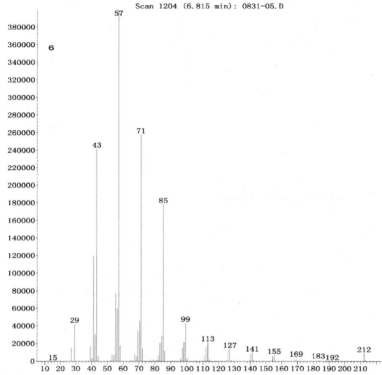

m/z—>

Abundance

Scan 1393 (7.872 min): 0831-05.D

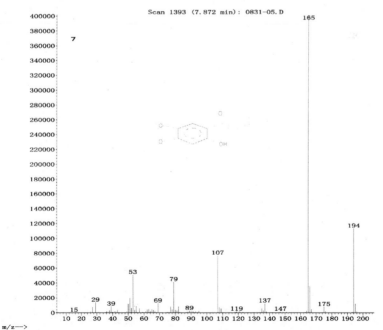

m/z—>

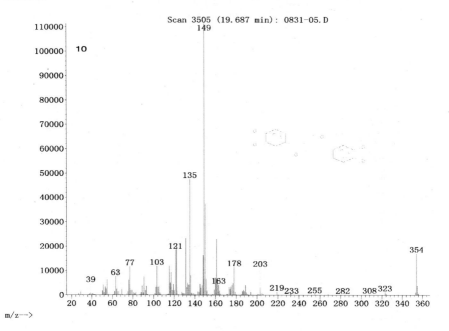

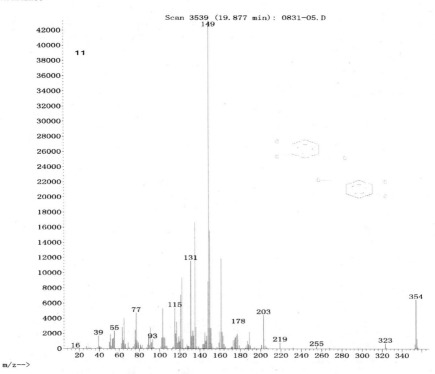

图 5-4　辽细辛精油（超临界 CO_2 萃取法）主要成分图谱（彩图请扫封底二维码）

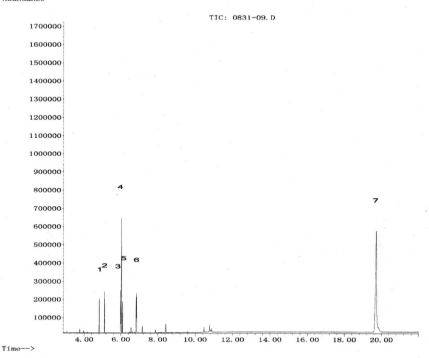

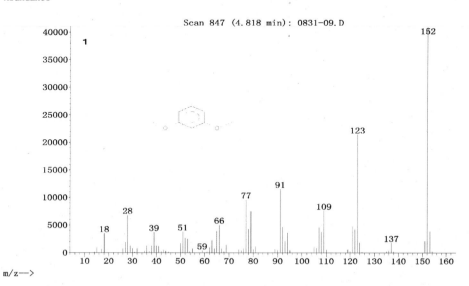

Abundance

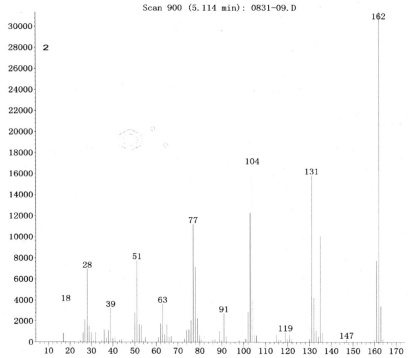

Scan 900 (5.114 min): 0831-09.D

Abundance

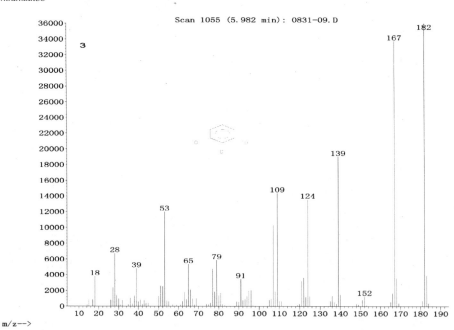

Scan 1055 (5.982 min): 0831-09.D

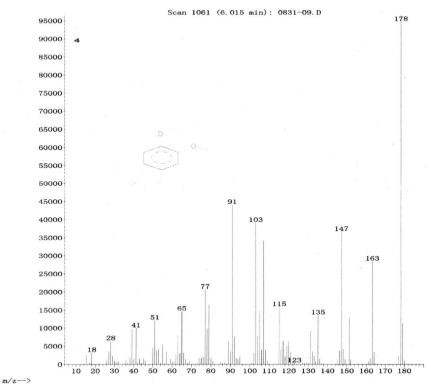

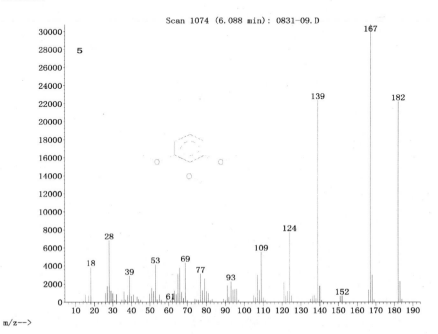

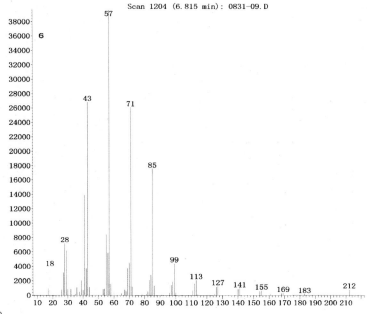

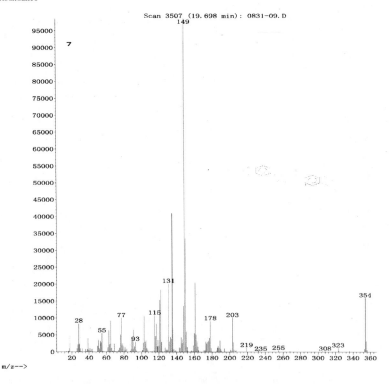

图 5-5　辽细辛精油（微波萃取法）主要成分图谱（彩图请扫封底二维码）

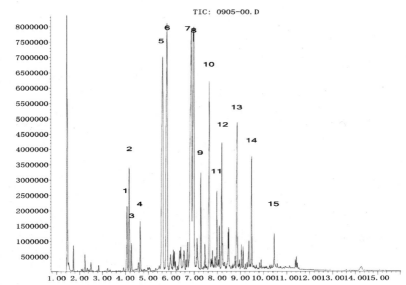

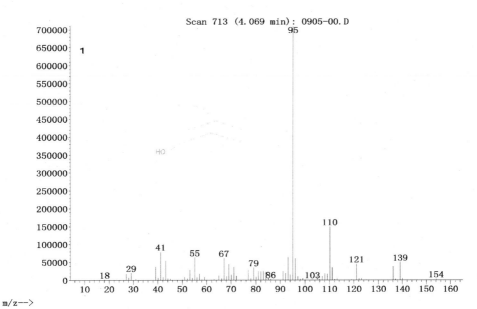

Abundance

Scan 730 (4.164 min): 0905-00.D

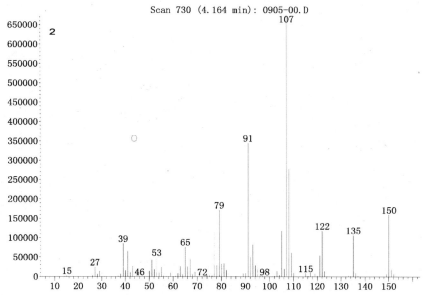

m/z-->

Abundance

Scan 817 (4.650 min): 0905-00.D

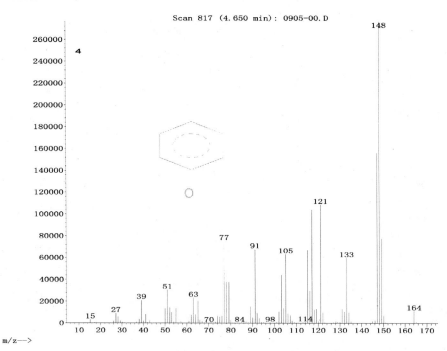

m/z-->

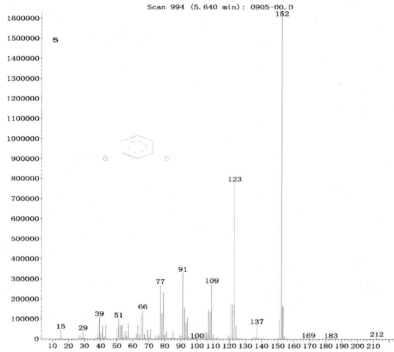

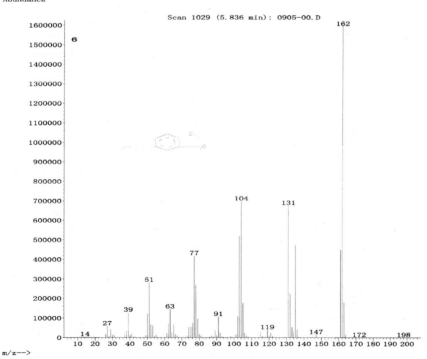

Abundance

Scan 1217 (6.888 min): 0905-00.D

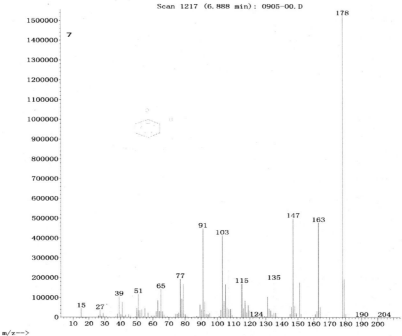

m/z--->

Abundance

Scan 1236 (6.994 min): 0905-00.D

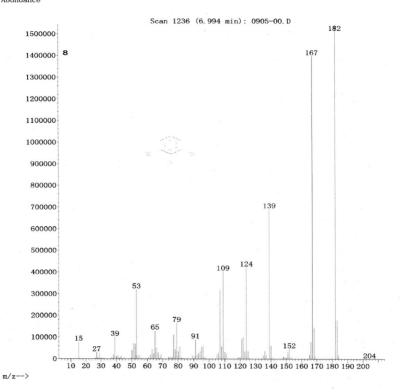

m/z--->

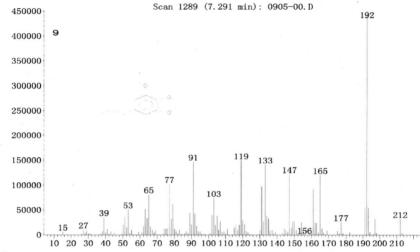

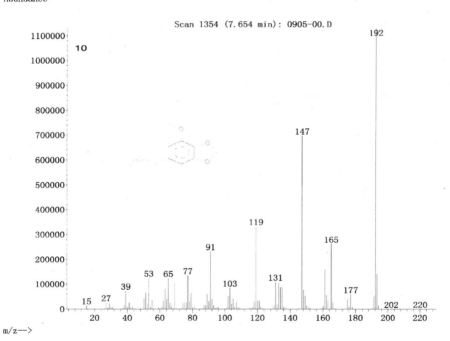

Abundance

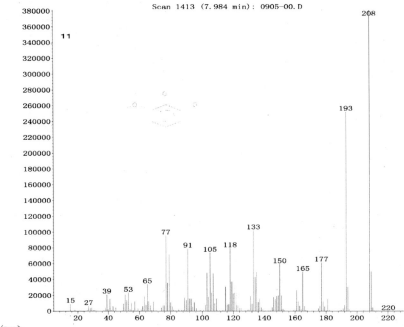

Scan 1413 (7.984 min): 0905-00.D

Abundance

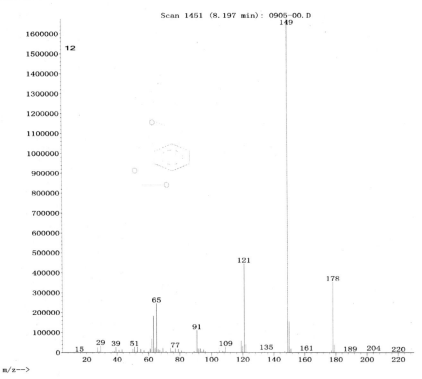

Scan 1451 (8.197 min): 0905-00.D

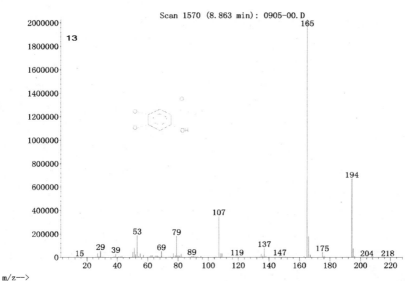

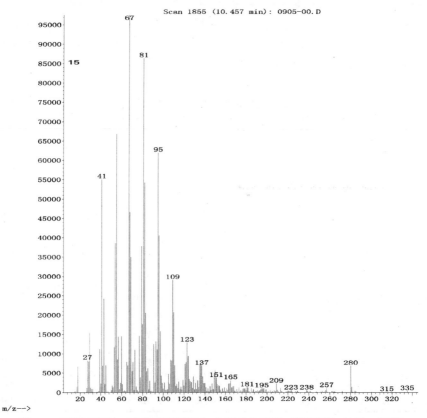

图 5-6 辽细辛精油（水蒸气蒸馏法）主要成分图谱（彩图请扫封底二维码）

　　以超临界 CO_2 萃取得到的辽细辛精油为代表，根据质谱分析结果，对其成分（包括能够确定峰值和一些次要的小峰）进行了比对（表 5-5），共鉴定出 37 种组成成分。根据相对含量可以看出，5-(2-丙烯基)-1,3-苯并间二氧杂环戊烯和 1,2,3-三氧乙基-5-甲基苯的相对含量分别为 17.49% 和 17.21%，位居第一和第二位，2,2,7-三甲基二环-3-辛炔和芝麻脂素的相对含量分别为 13.4% 和 11.49%，分居第三和第四位，这 4 种成分的相对含量均超过了 10%，含量较高；相对含量超过 5% 的有亚油酸、4-甲氧基-6-(2-丙烯基)-1,3-苯并间二氧杂环戊烯、2-羟基-4,5-甲氧基苯丙酮和 N-异丁基-(2E,4Z,8Z,10E)十二碳四烯酰胺共 4 种；相对含量超过 1% 的有4-硝基苯甲酸乙酯、3,4-(亚甲基二氧)苯丙酮、2,6,6-三甲基-2,4-环庚二烯-1-酮、环戊酮、亚油酸乙酯、反八氢化-2(1H)-萘酮、双(2-乙基己基)邻苯二甲酸酯、顺 11-十四烯-11-醇、莰醇、棕榈酸和 10-叔丁基-10-三环羟乙基-[4,2,1.1.(2,5)]-去-9-酮共11 种；相对含量不足 1% 的有 γ-谷甾醇、(R)-(−)-14-甲基-8-炔基-1-醇、维生素 E、4,4-己二烯环己酮、桉油精、棕榈酸乙酯、3,7,7-三甲基二环[4.1.0]庚-3-烯、1,2,3,4,4a,5,6,8a-八氢-7-甲基-4 亚甲基-(1-甲基乙基)萘、4-乙基六氢-4,7a-二甲基-2(3H)-苯并呋喃、(1R,2S,8R,8Ar)-8-羟基-1-(2-羟乙基)-1,2,5,5-四甲基-反式十氢化萘、β-蒎烯、1,2,4a,5,6,8a-六氢-4,7-二甲基 1-1-(1-甲基乙基)萘、1S-α-蒎烯、[1aR-(1aα-4aβ-7α-7aβ-7bα)]-香橙烯和松油烯共 15 种；相对含量不足 1% 的有乙醚、苯和莰烯共 3 种。

表5-5　辽细辛精油主要组成成分

编号	物质名称	分子式	相对分子质量	相对含量/%
1	5-(2-丙烯基)-1,3-苯并间二氧杂环戊烯	$C_{10}H_9NO_4$	207.18	17.49
2	1,2,3-三氧乙基-5-甲基苯	$C_{10}H_{14}O_3$	182.09	17.21
3	2,2,7-三甲基二环-3-辛炔	$C_{11}H_{20}$	152.28	13.4
4	芝麻脂素	$C_{20}H_{18}O_6$	354.36	11.49
5	亚油酸	$C_{18}H_{32}O_2$	280.44	6.1
6	4-甲氧基-6-(2-丙烯基)-1,3-苯并间二氧杂环戊烯	$C_{11}H_{12}O_3$	192.08	6.02
7	2-羟基-4,5-甲氧基苯丙酮	$C_{10}H_{12}O_2$	164.08	5.58
8	N-异丁基-(2E,4Z,8Z,10E)十二碳四烯酰胺	$C_{18}H_{27}NO$	273.42	5.34
9	4-硝基苯甲酸乙酯	$C_9H_9NO_4$	195.17	4.57
10	3,4-(亚甲基二氧)苯丙酮	$C_{10}H_{10}O_3$	178.18	3.59
11	2,6,6-三甲基-2,4-环庚二烯-1-酮	$C_{10}H_{14}O$	150.22	2.73
12	环戊酮	C_5H_8O	84.12	1.83
13	亚油酸乙酯	$C_{20}H_{36}O_2$	308.5	1.81

续表

编号	物质名称	分子式	相对分子质量	相对含量/%
14	反八氢化-2(1H)-萘酮	$C_{11}H_{18}O$	166.27	1.47
15	双(2-乙基己基)邻苯二甲酸酯	$C_{24}H_{38}O_4$	390.62	1.35
16	顺 11-十四烯-11-醇	$C_{14}H_{28}O$	212.377	1.31
17	莰醇；龙脑	$C_{10}H_{18}O$	154.25	1.26
18	十六烷酸；棕榈酸	$C_{16}H_{32}O_2$	256.42	1.23
19	10-叔丁基-10-三环羟乙基-[4,2.1.1.(2,5)]-去-9-酮	$C_{14}H_{22}O_2$	222.16	1.23
20	γ-谷甾醇	$C_{29}H_{50}O$	414.72	0.94
21	(R)-(−)-14-甲基-8-炔基-1-醇	$C_{17}H_{32}O$	252.25	0.82
22	维生素 E	$C_{29}H_{50}O_2$	430.71	0.73
23	4,4-己二烯环己酮	$C_8H_{14}O_3$	158.2	0.71
24	桉油精；桉树脑	$C_{10}H_{18}O$	154.24	0.58
25	棕榈酸乙酯	$C_{18}H_{36}O_2$	284.48	0.55
26	3,7,7-三甲基二环[4.1.0]庚-3-烯	$C_{10}H_{16}$	136.23	0.52
27	1,2,3,4,4a,5,6,8a-八氢- 7-甲基-4 亚甲基-(1-甲基乙基)萘	$C_{15}H_{24}$	204.35	0.33
28	4-乙基六氢-4,7a-二甲基-2(3H)-苯并呋喃	$C_{12}H_{18}O_2$	194.13	0.31
29	(1R,2S,8R,8Ar)-8-羟基 -1-(2-羟乙基)-1,2,5,5-四甲基-反式十氢化萘	$C_{10}H_{18}$	138.24	0.29
30	β-蒎烯	$C_{10}H_{16}$	136.23	0.24
31	1,2,4a,5,6,8a-六氢-4,7-二甲基 1-1-(1-甲基乙基)萘	$C_{15}H_{24}$	204.36	0.23
32	1S-α-蒎烯	$C_{10}H_{16}$	136.23	0.21
33	[1aR-(1aα-4aβ-7α-7aβ-7bα)]-香橙烯	$C_{15}H_{24}$	204.35	0.19
34	松油烯；双戊烯	$C_{10}H_{16}$	136.23	0.14
35	乙醚	$C_4H_{10}O$	74.12	0.09
36	苯	C_6H_6	78.11	0.09
37	莰烯	$C_{10}H_{16}$	136.23	0.08

5.3.3　三种方法萃取的辽细辛精油杀虫活性测定

辽细辛根粉采用超临界 CO_2 萃取、微波萃取和水蒸气蒸馏 3 种方法提取的精油的杀虫活性不同（表 5-6），其中超临界 CO_2 萃取的精油，其生物活性最高，当浓度为 4 000 mg/L 时，2 龄粘虫幼虫和 3 龄小菜蛾幼虫的死亡率均达到了 100%，致死淡色库蚊 3 龄幼虫达到 100% 死亡的浓度为 20 mg/L，对粘虫、小菜蛾和淡色库蚊幼虫的 LC_{50} 分别为 1 647.1 mg/L、1 407.4 mg/L 和 25.05 mg/L；效果次之的是水蒸气蒸馏得到的精油，当浓度为 4 000 mg/L 时，粘虫幼虫和小菜蛾幼虫的死亡率分别为 66.67% 和 100%，对 3 种试虫的 LC_{50} 分别为 2 151.2 mg/L、1 549.8 mg/L 和 26.61mg/L；而微波萃取的精油，其杀虫活性最弱，当浓度为 4 000 mg/L 时，粘虫幼虫和小菜蛾幼虫的死亡率只有 57.14% 和 85.66%，对 3 种试虫的 LC_{50} 分别为 2 286.1 mg/L、2 067.1 mg/L 和 28.09 mg/L。

表5-6　辽细辛精油杀虫活性比较

试虫	提取方法	精油浓度/（mg/L）	抑制率/%	回归方程	相关系数 r	LC_{50}/（mg/L）
粘虫	超临界 CO_2 萃取	1 000	16.67	$Y=10.852X-29.91$	0.949 3	1 647.1
		2 000	83.33			
		4 000	100			
	水蒸气蒸馏	1 000	0	$Y=10.236X-29.11$	0.985 6	2 151.2
		2 000	36.67			
		4 000	66.67			
	微波萃取	1 000	0	$Y=9.804X-27.93$	0.991 6	2 286.1
		2 000	20			
		4 000	57.14			
小菜蛾	超临界 CO_2 萃取	1 000	50	$Y=9.999X-26.48$	0.871 2	1 407.7
		2 000	70.83			
		4 000	100			
	水蒸气蒸馏	1 000	0	$Y=9.991X-26.88$	0.941 3	1 549.8
		2 000	25			
		4 000	100			
	微波萃取	1 000	0	$Y=6.451X-16.39$	0.983 5	2 067.1
		2 000	10			
		4 000	85.66			
淡色库蚊	超临界 CO_2 萃取	5	50	$Y=12.056X-11.86$	0.970 6	25.05
		10	81.25			
		20	100			
	水蒸气蒸馏	5	41.18	$Y=11.789X-11.8$	0.995 8	26.61
		10	73.33			
		20	100			
	微波萃取	5	33.33	$Y=10.651X-10.43$	0.996	28.09
		10	64.71			
		20	100			

对粘虫而言，超临界 CO_2 萃取、水蒸气蒸馏和微波萃取 3 种方法提取的辽细辛精油的致死中浓度不同，LC_{50} 分别为 1 647.1 mg/L、2 151.2 mg/L 和 2 286.1 mg/L，后两者分别为前者的 1.31 倍和 1.39 倍；对小菜蛾而言，3 种方法提取的辽细辛精油的致死中浓度 LC_{50} 分别为 1 407.7 mg/L、1 549.8 mg/L 和 2 067.1 mg/L，后两者分别为前者的 1.1 倍和 1.47 倍；3 种方法得到的辽细辛精油对淡色库蚊的 LC_{50} 分别为 25.05 mg/L、26.61 mg/L 和 28.09 mg/L，后两者分别为前者的 1.06 倍和 1.12 倍。这说明，3 种方法提取的辽细辛精油的杀虫活性不同，其中超临界 CO_2 萃取得到的辽细辛精油杀虫活性最强，水蒸气蒸馏法萃取的精油杀虫活性次之，而微波萃取的精油杀虫活性最弱。

5.4　辽细辛精油的成分分离及活性测定

5.4.1　辽细辛精油的成分分离

超临界 CO_2 萃取得到的辽细辛精油经过硅胶柱层析分离后，初次得到 6 个馏分，即 A1～A6。这 6 个馏分的质谱图见图 5-7～图 5-12。从指纹图谱看，这 6 个馏分仍然是混合物，其中馏分 A5 较纯正，成分峰较少，3 个左右，其他 5 个馏分的成分峰至少在 5 个以上。

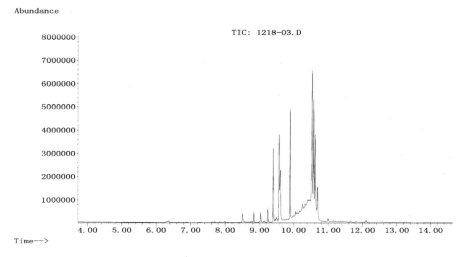

图 5-7　辽细辛精油不同馏分的指纹图谱（A1）

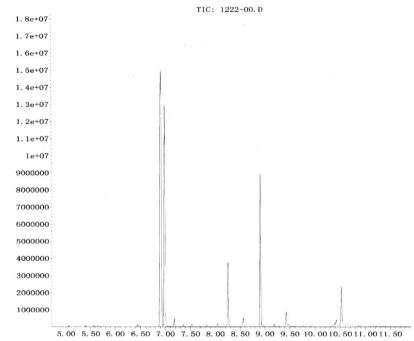

图 5-8　辽细辛精油不同馏分的指纹图谱（A2）

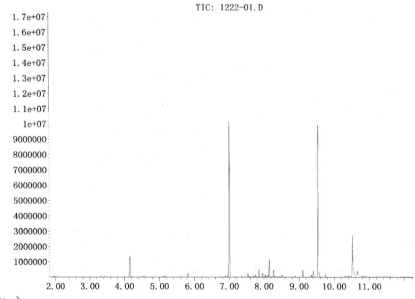

图 5-9　辽细辛精油不同馏分的指纹图谱（A3）

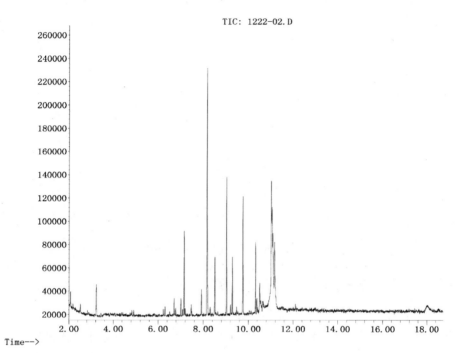

图 5-10　辽细辛精油不同馏分的指纹图谱（A4）

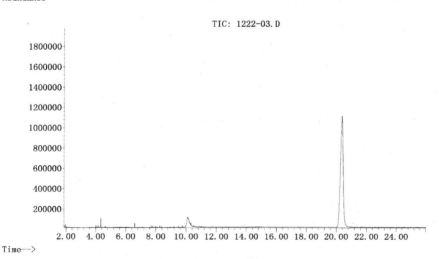

图 5-11　辽细辛精油不同馏分的指纹图谱（A5）

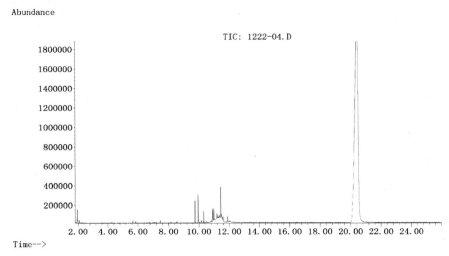

图 5-12　辽细辛精油不同馏分的指纹图谱（A6）

5.4.2　辽细辛精油不同馏分的活性测定

辽细辛超临界 CO_2 萃取精油各馏分的杀虫效果不同（图 5-13 和图 5-14）。对小菜蛾而言，当各馏分的浓度为 1 000 mg/L 时，A6 和 A2 的杀虫效果最好，试虫

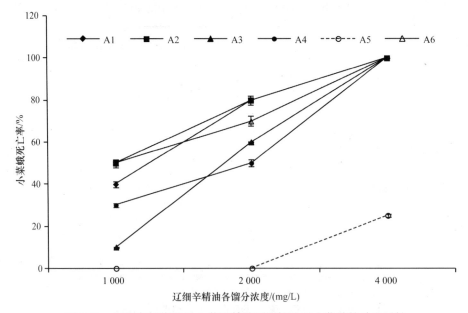

图 5-13　辽细辛超临界 CO_2 萃取精油不同馏分对小菜蛾的杀虫活性

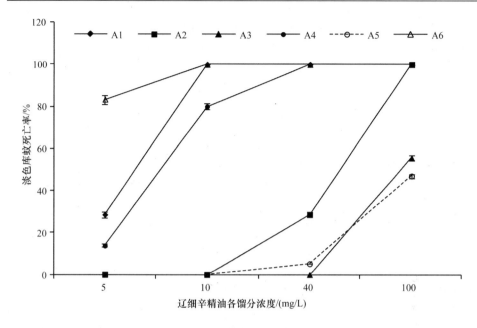

图 5-14　辽细辛超临界 CO_2 萃取精油不同馏分对淡色库蚊的杀虫活性

死亡率均为 50%, 其次为 A1、A4、A3, 试虫死亡率分别为 40%、30%、10%,
A5 的杀虫效果最差, 试虫死亡率为 0; 对淡色库蚊而言, 当各馏分的浓度为 5 mg/L
时, A6 的杀虫效果最好, 试虫死亡率为 83.33%, 其次为 A1、A4, 试虫死亡率分
别为 28.57%、13.79%, A2、A3 和 A5 在该浓度下的杀虫效果最差, 试虫死亡率
均为 0, 当浓度提高到 40 mg/L 时, A2 的杀虫率为 28.57%, A5 的杀虫率为 5.26%,
A3 的杀虫率仍为 0。

　　辽细辛精油各馏分的杀虫活性不同, LC_{50} 差异显著（表 5-7）。其中馏分 A6
的杀虫活性最好, 对小菜蛾和淡色库蚊的 LC_{50} 分别为 892.8 mg/L 和 1.27 mg/L,
与萃取原精油（A0, 对 2 种试虫的 LC_{50} 分别为 1 408 mg/L 和 25.05 mg/L）比较,
其杀虫活性分别提高 36.59% 和 94.93%; 对小菜蛾的杀虫活性比 A0 高的馏分还有
A1、A2 和 A3, LC_{50} 分别为 1 218.2 mg/L、1 274.7 mg/L 和 1 352 mg/L, 杀虫活性
提高率分别为 13.48%、9.47% 和 3.98%; 对淡色库蚊的杀虫活性比 A0 高的馏分还
有 A1 和 A4, LC_{50} 分别为 6.31 mg/L 和 7.94 mg/L, 提高率分别为 74.81% 和 68.3%。
杀虫活性最低的为馏分 A5, 对小菜蛾和淡色库蚊的 LC_{50} 分别为 5 705.8 mg/L 和
114.87 mg/L, 与萃取原精油（A0）比较, 其杀虫活性均显著降低, 分别降低 305.24%
和 358.56%; 对小菜蛾的杀虫活性比 A0 低的馏分还有 A4, LC_{50} 为 1 504.1 mg/L,
活性降低 6.83%; 对淡色库蚊的杀虫活性比 A0 低的馏分还有 A2 和 A3, LC_{50} 分
别为 48.74 mg/L 和 62.36 mg/L, 杀虫活性分别降低 94.57% 和 148.94%, 活性下降
显著。

表5-7　辽细辛超临界CO₂萃取精油不同馏分杀虫活性比较

试虫	馏分	回归方程	相关系数 r	LC₅₀/（mg/L）	活性提高率/%
小菜蛾	A0	$Y=6.617X-15.83$	0.972 9	1 408	
	A1	$Y=6.086X-13.78$	0.974 4	1 218.2	13.48
	A2	$Y=5.912X-13.36$	0.968 9	1 274.7	9.47
	A3	$Y=5.781X-13.1$	0.946 9	1 352	3.98
	A4	$Y=5.899X-13.74$	0.931 2	1 504.1	-6.83
	A5	$Y=3.758X-9.115$	0.981 4	5 705.8	-305.24
	A6	$Y=4.492X-8.254$	0.935 9	892.8	36.59
淡色库蚊	A0	$Y=12.056X-11.86$	0.970 6	25.05	
	A1	$Y=4.161X+1.67$	0.991 3	6.31	74.81
	A2	$Y=3.806X-1.423$	0.973 7	48.74	-94.57
	A3	$Y=3.408X-1.116$	0.966 9	62.36	-148.94
	A4	$Y=4.793X+0.686\ 2$	0.970 2	7.94	68.3
	A5	$Y=3.185\ 6X-1.563$	0.981 5	114.87	-358.56
	A6	$Y=3.155\ 3X+4.675\ 6$	0.901 1	1.27	94.93

从表 5-7 还可以看出，同一馏分对不同试虫的杀虫效果不同，如 A6 和 A1，与 A0 比较，对小菜蛾和淡色库蚊的杀虫活性均提高，提高 13.48%~94.93%；A5 与 A0 比较，对小菜蛾和淡色库蚊的杀虫活性均降低，下降 305.24%~358.56%；A2 和 A3，与 A0 比较，对小菜蛾的杀虫活性均提高，提高率分别为 9.47% 和 3.98%，而对淡色库蚊的杀虫活性均降低，下降 94.57% 和 148.94%；A4 与 A0 比较，对小菜蛾的杀虫活性降低，下降 6.83%，而对淡色库蚊的杀虫活性增强，提高 68.3%。

结合图 5-13～图 5-14 及表 5-7 可以看出，馏分 A5 比较纯正，但其杀虫活性并不强，而其他馏分（如 A1 和 A6）组成成分较多，且组成成分存在差异，但其杀虫活性却较高，说明辽细辛精油中起杀虫作用的主要成分并非是单一的化合物。

5.5　本　章　小　结

1. 不同方法提取的辽细辛精油组成成分不同

精油为辽细辛的主要功能成分，目前有很多提取精油的方法。比较常见的为超临界 CO_2 萃取法、微波萃取法、水蒸气蒸馏法、分子蒸馏法、超声波提取法和溶剂提取法等。表 5-8 对这 6 种提取方法的原理、优缺点等进行了比较：6 种方法都有各自的优点，都可以用于精油的提取，但实验室主要采用的是水蒸气蒸馏法、微波萃取法和超临界 CO_2 萃取法（王晓丽等，2013）。

表5-8   辽细辛精油提取方法比较

提取方法	原理	优点	缺点
超临界 CO_2 萃取法	超临界流体密度与压力和温度的关系实现选择性萃取	所需时间短、温度低、提取率高、无溶剂残留等	高压力容器和高压泵、投资成本高
微波萃取法	离子迁移和偶极子转动，里外并加热且对体系中的不同组分选择性加热，使目标组分直接从基体中分离出来	提取速度快、选择性好、能耗低、污染小	严格控制微波辐射时间和微波功率，否则会破坏挥发油成分
水蒸气蒸馏法	挥发油与水不相溶的特性	操作简便、无污染、无有机溶剂残留	加热需高能耗、高温易降低挥发油质量
分子蒸馏法	较低温度下高真空将自由程不同的分子分离	易操作、浓缩率高、分离效果好	设备复杂、成本较高
超声波提取法	超声波对媒质产生空化和机械振动，破坏药材细胞，使其化学组分溶于媒质，分离提纯得到所需化学成分	操作简便、提取时间短、温度低、收率高等	噪声污染严重、对设备要求较高
溶剂提取法	较低沸点有机溶剂在连续提取器中加热药材，低温蒸去提取液中的溶剂	设备简便、便于工业生产	有机溶剂易残留、提纯难度高

本书采用超临界 CO_2 萃取、微波萃取和水蒸气蒸馏 3 种方法提取了辽细辛精油，比较 3 种方法，超临界 CO_2 萃取率高（2.27%），品质较好，适合萃取植物挥发油；从指纹图谱可以看出，辽细辛精油是由多种成分组成的混合物，超临界 CO_2 萃取得到的精油成分最多，能够标定峰值的至少有 35 种，水蒸气蒸馏得到的精油有 28 种，微波萃取得到的精油有 27 种，如果把次要的小峰也算入，辽细辛精油的组成成分将超过 40 种，其中相对含量占比超过 10% 的 4 种主要成分为 5-(2-丙烯基)-1,3-苯并间二氧杂环戊烯、1,2,3-三氧乙基-5-甲基苯、2,2,7-三甲基二环-3-辛炔和芝麻脂素。

比较 3 种方法提取的辽细辛精油的主要组成成分可以看出，3 种方法提取的辽细辛精油有着共同的组成，尤其是超临界 CO_2 萃取和微波萃取方法，两者相同的成分较多，而水蒸气蒸馏提取的辽细辛精油，其特异性的组成成分较多。

2. 不同方法提取的辽细辛精油杀虫活性不同

以对粘虫、小菜蛾和淡色库蚊为靶标昆虫，比较了超临界 CO_2 萃取、微波萃取和水蒸气蒸馏 3 种方法提取的辽细辛精油的杀虫活性，3 种方法提取的辽细辛精油的杀虫活性不同，其中超临界 CO_2 萃取的精油生物活性最高，水蒸气蒸馏法萃取的精油杀虫活性次之，而微波萃取的精油杀虫活性最弱。

3 种不同提取方法得到的辽细辛精油的萃取率不同，品质不同，组成成分不同，其杀虫活性也不同，且辽细辛精油杀虫活性与精油萃取率、品质、组成成分正相关，精油萃取率越高、品质越好、组成成分越多，其杀虫活性越理想。

3. 辽细辛精油中多种组成成分协同发挥生物活性

采用硅胶柱层析法对辽细辛精油进行了分离，初步得到 6 个馏分，其指纹图谱表明，各馏分均为混合物，馏分 A5 较纯正。以小菜蛾和淡色库蚊为靶标试虫，对辽细辛精油及各馏分的杀虫活性进行了比较，表明各馏分的杀虫效果不同，与萃取原精油比较，杀虫效果或提高或降低，馏分 A5 比较纯正，但其杀虫活性并不强，而其他馏分（如 A1 和 A6）组成成分较多，且组成成分存在差异，但其杀虫活性却较高，说明辽细辛精油中起杀虫作用的主要成分并非是单一的一种化合物，可能是多种成分协同起作用。

第6章 辽细辛精油杀虫抑菌的作用机制研究

辽细辛精油对害虫表现出胃毒、触杀、内吸、熏蒸、忌避等作用，对病原菌具有抑制菌丝生长和孢子萌发等活性，那么辽细辛精油对害虫体内的防御酶系、解毒酶系等，对病原菌的致病酶系等是否有影响？即辽细辛精油的杀虫抑菌作用机制如何？明确辽细辛精油的作用机制，是进一步进行其剂型研发与推广应用的基础理论研究之一，将为其开发成植物源新型农药奠定坚实的理论基础。

6.1 对靶标昆虫引起的中毒症状

杀虫剂症状学（symptomatology）是研究杀虫剂对靶标昆虫引起的中毒症状的科学。从中毒症状可以推测其毒理作用，因此，症状学观察是研究杀虫剂作用机制最初的，然而也是最重要的一步。虽然同一杀虫剂对不同种类的昆虫乃至同种昆虫的不同虫态引起的症状可能不同，但是杀虫剂的作用机制仍是决定其症状的主要因素，因此，在某种程度上，可以通过观察其中毒症状粗略地了解作用机制。

6.1.1 症状观察方法

1. 皮下注射

选用发育到中期的粘虫 4 龄幼虫，用微量注射器吸取 0.5 μL 二甲基亚砜配制成的 1 000 mg/L 辽细辛精油溶液，沿体侧线进行皮下注射，注射方向为由后向前。共处理 10 头试虫。处理过的幼虫放入铺有滤纸的培养皿中，喂以无药的玉米嫩叶。在 25℃±1℃、70%～80%的相对湿度条件下对试虫进行连续 8 h 的观察，观察幼虫的中毒和死亡症状，3 次重复，以注射二甲基亚砜的试虫为对照。

2. 叶碟法

挑选长势良好、无药的甘蓝嫩叶和玉米嫩叶，用湿布擦干净，再将甘蓝嫩叶用打孔器打成直径 2 cm 的叶碟，将玉米嫩叶剪成 5 cm 长的叶段，放到直径 6 cm 铺有滤纸的培养皿中，1 皿 1 个叶碟，用喷雾器将 4 000 mg/L 药液喷在叶碟上（叶段），正反面喷均匀，用药量约 0.5 mL，自然晾干。然后接入供试小菜蛾和粘虫幼虫各 10 头，向滤纸上滴加蒸馏水保湿，盖好盖，在 25℃±1℃、相对湿度 70%～80%的养虫室中观察小菜蛾和粘虫幼虫的中毒和死亡症状，3 次重复，以喷含吐温-20 的蒸馏水为对照。

6.1.2 粘虫幼虫的中毒症状

（1）粘虫幼虫接触到辽细辛精油初期或将精油注射到皮下初期（30 min 之内），

虫体剧烈扭动，成蛇行，并翻转（图 6-1a）；头部左右摆动，口器张开，吐绿（图 6-1a）；胸腹足挣扎，伸直—合拢—伸直，臀足内缩—外伸—内缩（图 6-1b）；体色变淡，尤其是身体的前半段（图 6-1c）；虫体收缩，尤其是胸部和腹部第四对腹足之后，收缩部位比头壳细，体长也收缩，为正常的 2/3 左右（图 6-1c）；喜群集（图 6-1d）。

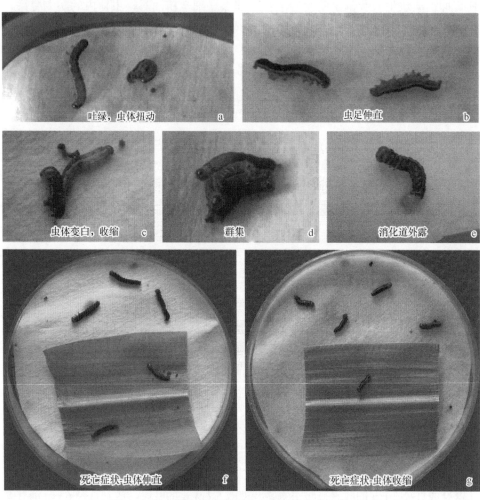

图 6-1　粘虫幼虫的中毒症状（彩图见封底二维码）

（2）中毒较深的虫体 30 min 后，仍不断扭曲，翻滚；有些虫体甚至消化道从腹部末端外露（图 6-1e）；1 h 后虫体侧卧静止，偶有微弱的抽搐，对外界刺激反应减少；随后完全麻痹，最后死亡。死亡可以出现在挣扎期的任何时段，虫体或伸直（图 6-1f）或收缩（图 6-1g）等。

（3）中毒较浅的虫体 30 min 后，收缩的虫体开始逐渐伸直，以腹末为先，慢慢站立，缓慢爬行，内缩的臀足外伸；1 h 后虫体的体色逐渐趋于正常，体态也逐渐恢复正常；5 h 后开始取食。

6.1.3　小菜蛾幼虫的中毒症状

采用叶碟法测定了辽细辛精油引起小菜蛾幼虫中毒的症状，结果如下。

小菜蛾幼虫被辽细辛精油处理后，死亡后的症状表现为：

（1）身体多伸直，尤其是足伸直，见图 6-2a；

（2）消化道从腹部末端外露，见图 6-2b；

（3）体躯上半段或下半段体色变淡，见图 6-2c。

图 6-2　小菜蛾幼虫的中毒症状（彩图见封底二维码）

从症状表现可以初步判断，辽细辛精油对粘虫和小菜蛾幼虫具有胃毒剂作用、神经毒剂作用等。

6.2　辽细辛精油对昆虫生理生化指标的影响

植物防御性次生物质可诱导激活或抑制害虫体内相关解毒酶系或防御酶系等，从而导致害虫对药剂的敏感性发生明显改变。探明植物次生物质对害虫解毒酶系或防御酶系等的影响机制，不仅可以进一步明确植物与昆虫之间的相互关系，筛选出对害虫解毒酶系或防御酶系具有诱导或抑制作用的毒性次生物质，而且对于研究害虫抗药性基因的表达调控机理也有一定的参考价值。

6.2.1　研究方法

1. 试虫的处理

试虫为亚洲玉米螟（*Ostrinia furnacalis*），选择发育一致的 4 龄幼虫饥饿 4～6 h 后待用。称取 0.05 g 超临界 CO_2 提取的精油（A0）及经硅胶柱层析得到的馏分 A2，少许丙酮溶解，再加入 3 mL 无菌水，分别与 100 g 人工饲料（新 7 号配方）混合均匀，即药剂浓度为 0.5 mg/g。室温放置 2 h，接入 120 头试虫，置于人工气候室中饲养，条件为：温度 25℃±1℃，相对湿度 75%，光照时间 17 h，以没有用药处理的人工饲料为对照。分别于处理之日起第 3 天和第 5 天取幼虫 20 头备用。

亚洲玉米螟幼虫的饲养：采用新 7 号半合成人工饲料配方（大豆糁 15 g、玉米糠 19 g、多维葡萄糖 7.5 g、啤酒酵母粉 9 g、山梨酸 0.5 g、甲醛 0.2 mL、琼脂 2 g、水 120 mL，高压灭菌消毒）饲养。每瓶装饲料 150 g 左右，将卵块放在饲料上，在 28℃±1℃、相对湿度 70%～90%、光照 14～16 h/d 的条件下饲养至化蛹，其间不需要添加和更换饲料。成虫饲养：将蛹放在保湿的培养皿内，置于成虫饲养笼内，笼外上方放一张蜡纸供成虫产卵；定时用小喷雾器对成虫喷水，使其饮水；产卵开始后每天上午更换蜡纸收集虫卵。

2. 蛋白质含量的测定

采用考马斯亮蓝法，利用试剂盒（南京建成生物技术研究所提供）测定。

蛋白质制备：取预先处理好的试虫，按 1：3（w/V）加入生理盐水，冰浴匀浆，匀浆液于 4℃下以 8 000 r/min 离心 10 min，上清液即蛋白质提取液，贮于 4℃下待用。

操作过程：按下列表格所示进行，3 次重复。

加入物	空白管	标准管	酶管
蛋白质提取液/mL			0.05
蒸馏水/mL	0.05		
0.615g/L 标准液/mL		0.05	
考马斯亮蓝显色剂/mL	1.5	1.5	1.5
混匀，室温放置 10 min，0.5 cm 光径，蒸馏水调零，595 nm 处比色			

蛋白质含量的计算：

$$蛋白质含量(g/L) = \frac{测定管OD值 - 空白管OD值}{标准管OD值 - 空白管OD值} \times 标准管浓度$$

式中，标准管浓度为 0.615 g/L。

以蛋白质含量抑制率表示药剂对蛋白质含量的影响：

$$蛋白质含量抑制率(\%) = \frac{对照组蛋白质含量(g/L) - 处理组蛋白质含量(g/L)}{对照组蛋白质含量(g/L)} \times 100\%$$

3. 体壁结构的生理生化指标测定方法

1）体壁几丁质含量的测定方法

采用重量法，将试虫除去内脏，吸干水分，称重；用 10% KOH 消化（煮 1 h），水洗，醇洗，干燥，再称重，计算几丁质的相对含量。

$$体壁几丁质相对含量(\%) = \frac{消化后的体壁重量(mg)}{消化前的体壁重量(mg)} \times 1.26 \times 100\%$$

式中，1.26 为转换系数=乙酰基葡糖的分子质量/氨基葡糖的分子质量

2）多酚氧化酶活性的测定方法

多酚氧化酶（polyphenol oxidase，PPO）活性测定参照王光峰等（2003）方法。

（1）活体多酚氧化酶活性的测定方法。

表皮酶源的制备：取辽细辛精油 A0 和馏分 A2 处理后的 4 龄玉米螟幼虫 20 头，去头和消化道内食物残渣及体液，蒸馏水冲洗。加入 3 倍其体重的生理盐水，匀浆，4℃ 10 000 r/min 条件下离心 10 min，其上清液即待测酶液。

最佳反应体系为：1.5 mL 0.05 mol/L pH 6.8 的磷酸缓冲液，1.5 mL 0.2 mol/L 邻苯二酚水溶液，0.1 mL 酶制剂。混合后在 30℃±1℃水浴中振动反应 15 min，冰浴终止反应。在 420 nm 波长处测定 OD 值。多酚氧化酶活性以 OD/（mg 蛋白质·min）表示，每处理重复 3 次。

$$酶活力[OD / (mg \cdot min)] = \frac{测定的OD值}{反应时间(min) \times 酶液中蛋白质含量(mg)} \times 100$$

以酶活抑制率表示药剂对酶活性的影响：

$$酶活抑制率(\%) = \frac{对照组酶活力[OD / (mg \cdot min)] - 处理组酶活力[OD / (mg \cdot min)]}{对照组酶活力[OD / (mg \cdot min)]} \times 100\%$$

（2）离体多酚氧化酶活性的测定方法。

药剂浓度的配制：各称一定量的 CO_2 超临界提取的精油（A0）和经硅胶柱层析得到的馏分（A2），少许丙酮溶解，无菌水配制成 2 000 mg/L、8 000 mg/L、16 000 mg/L 的原液，备用。

取未施药的 4 龄玉米螟幼虫 20 头，同上提取酶液。取 0.1 mL 辽细辛精油 A0 和馏分 A2 分别滴加在 0.1 mL 酶液中使最终反应液中药剂浓度分别为 1 000 mg/L、4 000 mg/L、8 000 mg/L。药剂与酶液在 25℃±1℃人工气候箱中反应 10 min，再按与活体测定相同的方法加入邻苯二酚和磷酸缓冲液继续反应 15 min，并分别测定 OD 值、酶液中蛋白质含量和酶活抑制率。

4. 乙酰胆碱酯酶（acetyl cholinesterase，AchE）活性的测定

玉米螟 4 龄幼虫 20 头，剪取头部，加预冷的含 0.1% Triton X-100（w/V）的 0.1 mol/L 磷酸缓冲液（pH 7.5）研磨成匀浆，4℃ 3 500 r/min 离心 10 min，取上清液作为酶源。离体测定时的酶液处理方法同上。

利用乙酰胆碱酯酶测定试剂盒（南京建成生物技术研究所提供）进行测定。

乙酰胆碱酯酶测定方法按照下表进行。

加入物	标准管	空白管	活体		离体	
			对照管	测定管	对照管	测定管
酶液/mL				0.05		0.1
辽细辛精油液/mL						0.1
					25℃反应 10 min	
1 μmol/mL 标准应用液/mL	0.05					
蒸馏水/mL		0.05				
底物缓冲液/mL	0.5	0.5	0.5	0.5	0.5	0.5
显色应用液/mL	0.5	0.5	0.5	0.5	0.5	0.5
			混匀，30℃水浴中反应 6 min			
抑制剂/mL	0.03	0.03	0.03	0.03	0.03	0.03
透明剂/mL	0.1	0.1	0.1	0.1	0.1	0.1
稳定剂/mL	0.05	0.05	0.05	0.05	0.05	0.05
酶液/mL				0.05		0.1
辽细辛精油液/mL						0.1
		混匀，放置 15 min，412 nm，0.5 光径，蒸馏水调零，测各管吸光度				

乙酰胆碱酯酶的计算：每毫克头组织蛋白在 30℃±1℃保温 6 min，水解反应体系中 1 μmol/mL 基质为 1 个活力单位。公式为：

$$AchE活力(U/mg) = \frac{测定管OD值 - 对照管OD值}{标准管OD值 - 空白管OD值} \times \frac{标准管浓度(μmol/mL)}{蛋白质含量(mg/mL)}$$

5. 作用于消化系统的生理生化指标测定

1）酶源的制备

将处理好的玉米螟幼虫饥饿 4～8 h，蒸馏水冲洗幼虫体表。在蜡盘中解剖，取中肠，以 1：3（w/V）加入生理盐水，玻璃匀浆器匀浆。以 3 500 r/min 离心 10 min，取上清液作为酶源。离体测定时的酶液处理方法同上。

2）蛋白酶（protease）活性测定

昆虫中肠（胃）蛋白酶活性的测定采用胃蛋白酶测定试剂盒（南京建成生物工程研究所提供）的方法。

酶活计算：每毫克中肠组织蛋白 30℃每分钟分解蛋白质生成 1 μg 氨基酸相当于 1 个酶活性单位[1 个酶活性单位=1 μg 酪氨酸/（min·mg 组织蛋白）]。计算公式：

$$蛋白酶活力(U/mg) = \frac{测定管OD值-测定空白管OD值}{标准管OD值-标准空白管OD值} \times \frac{标准品浓度(\mu mol/mL)}{蛋白质含量(mg/mL)}$$

$$\times \frac{稀释倍数}{反应时间(min)}$$

式中，稀释倍数=反应液总体积/取样量。

3）淀粉酶（amylase，AMS）活性测定

淀粉酶活性测定采用碘-淀粉比色法，利用淀粉酶活性测定试剂盒（南京建成生物工程研究所提供）。

0.4 mg/mL 底物缓冲液，0.01 mol/L 碘应用液，测定方法如下。

加入物	测定管		空白管
	活体	离体	
中肠酶液/mL	0.1	0.1	
辽细辛精油液/mL		0.1	
	25℃反应 10 min		
底物缓冲液/mL	0.5	0.5	0.5
混匀，30℃水浴反应 7.5 min			
碘应用液/mL	0.5	0.5	0.5
蒸馏水/mL	3	2.9	3.1
混匀，660 nm，1 cm 光径，蒸馏水调零，测各管吸光度			

酶活计算：中肠组织中每毫克蛋白质在 30℃与底物作用 30 min，水解 10 mg 淀粉定义为 1 个淀粉酶活性单位。

$$AMS活力(U/mg) = \frac{空白管OD值-测定管OD值}{空白管OD值}$$

$$\times \frac{0.4\times0.5\times30}{10\times7.5\times取样量(mL)蛋白质含量(mg/mL)}$$

4）脂肪酶（lipase，LPS）活性测定

利用脂肪酶活性测定试剂盒（南京建成生物工程研究所提供），包括：试剂一（底物缓冲液）、试剂二（Tris 缓冲液）、试剂三（生理盐水）和试剂四。

脂肪酶的测定过程如下：

（1）将分光光度计于 420 nm 处，以试剂二调零。

（2）将试剂一 30℃±1℃预温 5 min 以上。

（3）向相应编号的带盖离心管中加入 0.1 mL 中肠酶液（离体酶活测定时，

应先将 0.1 mL 中肠酶液与 0.1 mL 药液 37℃±1℃水浴反应 10 min），再加入 0.1mL 试剂四，取 4mL 预温的试剂一冲入离心管中，迅速盖好盖，立即颠倒混合 5 次（切勿过分用力振摇，以免引起气泡）。

（4）迅速倒入比色皿中在分光光度计 420 nm 处比浊，读取吸光度值（a_1）。

（5）将比色液倒回原离心管中置 30℃±1℃水浴 10 min，再用上法比色读取吸光度值（a_2）。

（6）求出 2 次吸光度差值（$\Delta a = a_1 - a_2$）

（7）标准管吸光度的测定：取 4 mL 预温的试剂一加试剂三 0.05 mL，420 nm 处比浊，读取吸光度值（As），此 As 值相当于标准管（454 μmol/L）的浓度的吸光度值。

酶活计算：在 30℃条件下，每克中肠组织蛋白在反应体系中与底物反应 1min，每消耗 1μmol 底物为一个酶活性单位。计算公式：

$$\text{LPS活力(U / g)} = \frac{a_1 - a_2}{As} \times \frac{\text{标准管浓度(μmol / L)} \times \text{测定管底物量(mL)}}{\text{样品量(mL)} \times \text{反应时间(min)} \times \text{蛋白质含量(g / L)}}$$

式中，标准管浓度为 454 μmol/L；测定管底物毫升数为 4 mL；样品量为 0.1 mL；反应时间为 10 min。

6. 体内保护酶活性的测定

1）酶液提取

取预先处理好的试虫，按 1:3（w/V）加入生理盐水，冰浴匀浆，0~4℃下以 8 000 r/min 离心 10 min，上清液即粗酶液，贮于 4℃±1℃下待用。离体测定时的酶液处理方法同上。

2）超氧化物歧化酶（superoxide dismutase，SOD）活性测定

采用超氧化物歧化酶活性测定试剂盒（南京建成生物工程研究所提供）。

SOD 活力计算：每毫克组织蛋白在 1 mL 反应液中 SOD 抑制率达 50%时所对应的 SOD 量为一个 SOD 活力单位（U）。

$$\text{SOD活力(U / mg)} = \frac{\text{对照管OD值} - \text{测定管OD值}}{\text{对照管OD值}}$$
$$\times \frac{\text{反应液总体积(mL)}}{\text{取样量(mL)} \times \text{蛋白质含量(mg / mL)}} \div 50\%$$

式中，反应液总体积为 3.4 mL（离体为 3.5 mL）；取样量为 0.1 mL。

3）过氧化氢酶（catalase，CAT）活性测定

利用过氧化氢酶活性测定试剂盒（南京建成生物工程研究所提供）进行测定。

CAT 活力的计算：每毫克组织蛋白每秒钟分解 1 μmol 的 H_2O_2 的量为一个活力单位。公式：

$$CAT活力(U/mg) = \frac{对照管OD值 - 测定管OD值}{蛋白质含量(mg/mL)} \times \frac{271}{60 \times 取样量(mL)}$$

式中，271 为斜率的倒数；取样量为 0.1mL。

4）过氧化物酶（peroxidase，POD）活性测定

利用过氧化物酶活性测定试剂盒（南京建成生物工程研究所提供）进行测定。

POD 活力的计算：在 30℃条件下，每毫克组织蛋白每分钟催化产生 1 μg 的底物的酶量为一个酶活性单位（U）。公式：

$$POD活力(U/mg) = \frac{测定管OD值 - 空白管OD值}{12 \times 比色光径 \times 反应时间(min)}$$
$$\times \frac{反应液总体积(mL)}{样品量(mL) \times 蛋白质含量(mg/mL)} \times 1000$$

式中，比色光径为 1.0 cm；反应液总体积活体为 4 mL、离体为 4.1 mL；取样量为 0.1 mL；反应时间为 30 min。

7. 解毒酶活性测定

1）羧酸酯酶（carboxylesterase，CarE）活性测定

测定方法参照慕立义（1994）主编的《植物化学保护研究方法》。

（1）标准曲线测定：各试管试剂含量如下。将各管在旋涡混合器上混匀后，室温下放置 30 min，在 600 nm 下比色，测出 OD 值。重复 3 次取平均值。

试剂	试管编号					
	0	1	2	3	4	5
1 mmol/L α-萘酚/mL	0	0.02	0.04	0.06	0.08	0.1
0.04 mol/L 磷酸缓冲液/mL	3	2.98	2.96	2.94	2.92	2.9
显色剂/mL	0.5	0.5	0.5	0.5	0.5	0.5

以 α-萘酚的 mmol/L 为横坐标，以 OD 值为纵坐标，制作 α-萘酚标准曲线。也可按回归分析法求出回归式 $y=ax+b$，其中 x 为 α-萘酚含量（mmol/L），y 为 OD 值。

（2）酶源制备：取各处理玉米螟幼虫 20 头，按 1∶9（w/V）加 0.04 mol/L pH 7.0 磷酸缓冲液，冰浴下匀浆，并在 3 000 r/min 离心 10 min，取上清液，作为酶源。离体测定时的酶液处理方法同上。

（3）羧酸酯酶活性测定：取稀释后的酶液 0.1 mL，加入 4 mL α-乙酸萘酯（3×10^{-4} mol/L）底物，在 37℃±1℃ 水浴振荡 30 min，每一管中再加入 1 mL 显色剂（1%固蓝：5%SDS=2：5），混匀后在室温下放置 30 min，在 600 nm 处测 OD 值。

羧酸酯酶的比活力［α-萘酚 mmol/(L·mg·min)］公式：

$$CarE活力\left[mmol/(L\cdot mg\cdot min)\right]=\frac{\alpha\text{-萘酚 mmol}/L\times稀释倍数}{取样量(mL)\times反应时间(min)\times蛋白质含量(mg/mL)}$$

式中，取样量为 0.1 mL，反应时间为 30 min，稀释倍数为 100。

2）酸性磷酸酯酶（acid phosphatase，ApE）活性测定

利用酸性磷酸酯酶活性测定试剂盒（南京建成生物工程研究所提供）进行测定。

酸性磷酸酯酶的测定过程如下：

加入物	标准管	空白管	测定管	
			活体	离体
样品/mL			0.1	0.1
辽细辛精油液/mL				0.1
			25℃反应 10 min	
0.1 mg/mL 酚标准应用液/mL	0.1			
双蒸馏水/mL		0.1		
缓冲液/mL	0.5	0.5	0.5	0.5
基质液/mL	0.5	0.5	0.5	0.5
混匀，30℃水浴 30 min				
碱液/mL	1.0	1.0	1.0	1.0
显色剂/mL	1.5	1.5	1.5	1.5
混匀，室温静止 10 min，520 nm 处，1 cm 光径，空白管调零，比色				

ApE 活力的计算：每毫克组织蛋白在 30℃ 与基质作用 30 min 产生 1 mg 酚为一个活力单位（U）。公式如下：

$$ApE活力(U/mg)=\frac{测定管OD值}{标准管OD值}\times\frac{标准管含酚量(mg)}{蛋白质含量(g)}$$

式中，标准管含酚量为 0.1 mg/mL×0.1 mL=0.01 mg。

3）碱性磷酸酯酶（basic phosphatase，BpE）活性测定

利用碱性磷酸酯酶活性测定试剂盒（南京建成生物工程研究所提供）进行测定。

测定的过程与酸性磷酸酯酶的测定过程比较，在显色剂加入前缺少加入碱液一步，其余步骤均相同。

BpE 活力的计算：每毫克组织蛋白在 30℃与基质作用 15 min 产生 1 mg 酚为一个活力单位（U）。公式如下：

$$BpE活力(U/mg) = \frac{测定管OD值}{标准管OD值} \times \frac{标准管含酚量(mg)}{蛋白质含量(g)}$$

式中，标准管含酚量为 0.1 mg/mL×0.05 mL=0.005 mg（活体）；0.1 mg/mL×0.025 mL=0.0 025 mg（离体）。

4）谷胱甘肽-S-转移酶（glutathione S-transferase，GST）活性测定

利用谷胱甘肽-S-转移酶测定试剂盒（南京建成生物工程研究所）进行测定。

GST 活力的计算：每毫克组织蛋白在 30℃反应 1 min 扣除非酶促反应，使反应体系中谷胱甘肽（GSH）浓度降低 1 μmol/L 为一个活力单位（U）。公式如下：

$$GST活力(U/mg) = \frac{非酶管OD值 - 酶管OD值}{标准管OD值 - 空白管OD值}$$
$$\times \frac{标准管浓度(\mu mol/L) \times 稀释倍数}{反应时间(min) \times 取样量(mL)蛋白质含量(mg/mL)}$$

式中，标准管浓度为 20 μmol/L；反应稀释倍数活体为 6，离体为 5；反应时间为 10 min；取样量为 0.1 mL。

8. 甘油三酯（triglycerides，TG）含量的测定

选取存活试虫 20 头，用提取液（正庚烷：异丙醇=2：3.5，V/V）研磨，4 000 r/min 离心 15 min，取上清液进行测定。

利用甘油三酯测定试剂盒（浙江东瓯生物工程有限公司）进行测定，包括的试剂有：

（1）Good'S 缓冲液：pH7.0，浓度 50 mmol/L。

（2）甘油激酶：浓度≥2 KU/L。

（3）脂蛋白酯酶：浓度≥3 KU/L。

（4）甘油磷酸氧化酶：浓度≥3 KU/L。

（5）过氧化物酶：浓度≥2 KU/L。

（6）ATP：浓度≥0.5 mmol/L。

（7）TOOS：浓度≥1 mmol/L。

（8）4-氨基安替吡啉：浓度≥0.5 mmol/L。

（9）稳定剂：适量。

甘油三酯含量的测定过程如下：

加入物	空白管	标准管	测定管
组织提取液/mL			0.1
甘油三酯标准液/mL		0.1	
试剂/mL	3.0	3.0	3.0
混匀，30℃水浴 5 min，以空白管调零，546 nm 处比色			

甘油三酯含量的计算：

$$TG含量(mmol/L) = \frac{测定管OD值}{标准管OD值} \times 标准管浓度(mmol/L)$$

式中，标准管浓度为 2.26 mmol/L。

以含量抑制率表示药剂对甘油三酯含量的影响：

$$含量抑制率(\%) = \frac{对照组含量(mmol/L) - 处理组含量(mmol/L)}{对照组含量(mmol/L)} \times 100\%$$

6.2.2 对蛋白质含量的影响

辽细辛精油及其组分对试虫体内蛋白质含量均有一定的抑制（表 6-1），且随处理时间的延长蛋白质含量抑制率提高，但抑制率较低，仅为 1%～2%，这说明辽细辛精油及其组分对试虫体内蛋白质含量影响不显著。

表6-1 辽细辛精油对玉米螟体内蛋白质含量的影响

处理	3 d		5 d	
	蛋白含量/（g/L）	抑制率/%	蛋白含量/（g/L）	抑制率/%
CK	8.524±0.005		8.934±0.004	
A0	8.473±0.01	0.6	8.835±0.001	1.1
A2	8.378±0.004	1.71	8.749±0.009	2.07

6.2.3 对体壁结构生理生化指标的影响

1. 对体壁几丁质含量的影响

采用重量法测定了辽细辛精油对试虫体壁几丁质含量的影响,结果表明(表6-2),

超临界 CO_2 法得到的辽细辛精油（A0）及其馏分 A2 对玉米螟幼虫体壁几丁质含量均没有抑制作用，处理 3 d 和处理 5 d 后几丁质含量都稍有上升，即表现出促进作用，A0 的促进率为 0.6%～0.8%，A2 的促进率分别为 2.1%～2.8%。

表6-2　辽细辛精油对玉米螟体壁几丁质含量的影响

处理	3 d		5 d	
	几丁质含量/mg	抑制率/%	几丁质含量/mg	抑制率/%
CK	33.561±0.034		36.211±0.078	
A0	33.792±0.011	−0.69	36.549±0.079	−0.80
A2	34.491±0.042	−2.77	37.002±0.057	−2.18

2. 对多酚氧化酶（PPO）活性的影响

1）活体条件下辽细辛精油对多酚氧化酶活性的影响

超临界 CO_2 法得到的辽细辛精油（A0）对玉米螟幼虫多酚氧化酶的影响不显著（表 6-3），表现出微弱的促进作用，处理 3 d 时的酶活促进率为 2.58%，处理 5 d 时的酶活促进率为 0.88%，即随处理天数的增加多酚氧化酶活性的变幅较小；其馏分 A2 对幼虫多酚氧化酶的影响，与原精油比则稍强，促进作用明显，处理 3 d 时的酶活促进率为 24.86%，处理 5 d 时的酶活促进率为 18.74%。说明活体条件下辽细辛精油对玉米螟多酚氧化酶具有一定的诱导激活作用，但随处理时间的延长，诱导激活作用减弱。

表6-3　活体条件下辽细辛精油对玉米螟多酚氧化酶活性的影响

处理	3 d		5 d	
	酶活/[OD/（mg·min）]	抑制率/%	酶活/[OD/（mg·min）]	抑制率/%
CK	0.075±0.001		0.079±0.002	
A0	0.077±0.001	−2.58	0.080±0.001	−0.88
A2	0.093±0.001	−24.86	0.094±0.001	−18.74

2）离体条件下辽细辛精油对多酚氧化酶活性的影响

在离体条件下辽细辛精油及其层析主要馏分对多酚氧化酶活性均有一定的诱导激活作用，且随精油浓度的增加酶活性提高，酶活抑制率降低（表 6-4）。

表6-4　离体条件下辽细辛精油对玉米螟多酚氧化酶活性的影响

处理		OD 值	酶活/[OD/（mg·min）]	酶活抑制率/%
CK		0.572±0.003	0.066±0.000 3	
A0	1 000 mg/L	0.576±0.007	0.066±0.001	-0.78
	4 000 mg/L	0.591±0.004	0.068±0.001	-3.4
	8 000 mg/L	0.614±0.005	0.071±0.001	-7.31
A2	1 000 mg/L	0.591±0.001	0.068±0.001	-3.34
	4 000 mg/L	1.763±0.002	0.203±0.001	-208.28
	8 000 mg/L	1.562±0.021	0.180±0.002	-173.07

6.2.4　对乙酰胆碱酯酶活性的影响

乙酰胆碱酯酶（AchE）属于水解酶，在昆虫体内对杀虫剂的解毒起重要作用，主要是通过结合或水解杀虫剂而进行。乙酰胆碱酯酶仅分布于中枢神经系统，主要存在于神经突触的膜上。乙酰胆碱酯酶是有机磷和氨基甲酸酯杀虫剂的重要靶标酶，该酶系的变异能导致杀虫剂对其抑制作用减弱，使害虫对两类杀虫剂的耐药力或抗性水平增加。

利用试剂盒测定了辽细辛精油对代表神经系统的生理生化指标乙酰胆碱酯酶活性的影响。活体条件下（表 6-5），辽细辛精油对玉米螟幼虫乙酰胆碱酯酶具有较强的抑制作用，超临界 CO_2 法得到的辽细辛精油（A0）的影响较大，处理 3 d 和处理 5 d 时的酶活抑制率分别为 36.68% 和 38.79%，即随处理天数的增加酶活抑制率提高，但抑制率提高的幅度较小；其馏分 A2 的影响稍弱，处理 3 d 和 5 d 时的酶活抑制率分别为 24.86% 和 35.41%，且抑制率提高的幅度较大。说明活体条件下辽细辛精油对试虫乙酰胆碱酯酶具有较强的抑制作用，且随处理天数的增加，酶活性降低，酶活抑制率提高，表明辽细辛精油通过抑制乙酰胆碱酯酶的活性而起到杀虫作用，即辽细辛精油属于神经毒剂。

表6-5　活体条件下辽细辛精油对玉米螟乙酰胆碱酯酶活性的影响

处理	3 d		5 d	
	酶活/（U/mg）	抑制率/%	酶活/（U/mg）	抑制率/%
CK	0.105±0.004		0.106±0.004	
A0	0.067±0.003	36.68	0.065±0.003	38.79
A2	0.079±0.002	24.86	0.069±0.002	35.41

辽细辛精油对玉米螟幼虫乙酰胆碱酯酶活性的离体抑制作用效果非常显著，抑制率达 63.447%～96.626%。超临界 CO_2 法得到的辽细辛精油（A0）对乙酰胆碱酯酶活性的影响明显，供试浓度下的酶活抑制率均在 92% 左右，但随精油浓度的增加，

处理后试虫的酶活下降幅度较小，与对照组的比值为 0.07～0.08，即随精油浓度的增加酶活抑制率变幅不显著；其馏分 A2 的影响趋势是，先随精油浓度的提高，酶活降低，再随精油浓度的继续提高，酶活增高，酶活抑制率由 1 000 mg/L 浓度下的91.002%（与对照组的比值为 0.09），上升到 4 000 mg/L 浓度下的 96.626%（与对照组的比值为 0.03），再下降到 8 000 mg/L 浓度下的 63.447%（与对照组的比值为 0.36），说明离体条件下高浓度的馏分 A2 对试虫乙酰胆碱酯酶活性影响较大（表 6-6）。

表6-6 离体条件下辽细辛精油对玉米螟乙酰胆碱酯酶活性的影响

	处理	酶活/（U/mg）	酶活抑制率/%	比值
	CK	0.063±0.022		
A0	1 000 mg/L	0.005±0.012	92.127	0.08
	4 000 mg/L	0.005±0.001	92.502	0.07
	8 000 mg/L	0.005±0.001	92.689	0.07
A2	1 000 mg/L	0.006±0.002	91.002	0.09
	4 000 mg/L	0.002±0.004	96.626	0.03
	8 000 mg/L	0.023±0.027	63.447	0.36

6.2.5 对消化系统生理生化指标的影响

中肠是昆虫消化吸收食料的重要场所，也是胃毒剂的作用部位。

1. 对蛋白酶（protease）活性的影响

昆虫中肠（胃）蛋白酶活性的测定采用胃蛋白酶测定试剂盒，活体条件下辽细辛精油处理试虫后，其胃蛋白酶的活性均有所提高，超临界 CO_2 法得到的辽细辛精油（A0）对玉米螟幼虫胃蛋白酶的影响，处理后第 3 天和第 5 天酶活均升高，分别是对照组试虫的 1.15 倍和 1.12 倍；其馏分 A2 的影响更显著，处理后第 3 天和第 5 天酶活升高幅度较大，分别是对照组试虫的 1.52 倍和 1.3 倍。说明辽细辛精油对试虫中肠蛋白酶的活性有诱导激活作用，且随着处理时间的延长，被激活的能力减小（表 6-7）。

表6-7 活体条件下辽细辛精油对玉米螟蛋白酶活性的影响

处理	3 d			5 d		
	酶活/（U/mg）	抑制率/%	比值	酶活/（U/mg）	抑制率/%	比值
CK	0.815±0.005			1.201±0.015		
A0	0.934±0.004	−14.59	1.15	1.350±0.037	−12.40	1.12
A2	1.235±0.005	−51.53	1.52	1.556±0.035	−29.57	1.3

　　离体条件下玉米螟幼虫胃蛋白酶经辽细辛精油处理后，其活性升高（表6-8）。A0 供试浓度处理后，胃蛋白酶活性与对照组比提高了 6.59～7.92 倍，且随着精油浓度的提高，胃蛋白酶的活性变化趋势为先增加后降低，即辽细辛精油对试虫胃蛋白酶的激活作用在浓度上存在着峰值。A2 浓度≥4 000 mg/L 酶活测定超出仪器上限，故其供试浓度为 500 mg/L、1 000 mg/L 和 2 000 mg/L，此时，酶活提高率最高达 2 307.456%，是对照组的 24.07 倍。说明在离体条件下辽细辛精油对胃蛋白酶的活性不起抑制作用，而表现出诱导激活作用。

表6-8　离体条件下辽细辛精油对玉米螟蛋白酶活性的影响

	处理	酶活/（U/mg）	酶活抑制率/%	比值
	CK	0.0576±0.002		
A0	1 000 mg/L	0.3793±0.029	−658.525	6.59
	4 000 mg/L	0.4562±0.015	−791.909	7.92
	8 000 mg/L	0.4034±0.005	−700.208	7
A2	5 00 mg/L	0.0672±0.003	−116.653	1.17
	1 000 mg/L	1.1812±0.014	−2050.72	20.51
	2 000 mg/L	1.3867±0.036	−2307.465	24.07

2. 对淀粉酶（amylase，AMS）活性的影响

　　采用碘-淀粉比色法，利用试剂盒测定了淀粉酶活性。活体条件下（表 6-9），辽细辛精油对玉米螟幼虫淀粉酶具有较强的抑制作用，精油原液（A0）处理 3 d 和 5 d 时的酶活抑制率分别为 7.07% 和 19.67%；其馏分 A2 的影响更强，处理 3 d 和 5 d 时的酶活抑制率分别为 25.01% 和 37.33%。同时可以看出，随处理天数的增加，淀粉酶活性降低，说明辽细辛精油可通过抑制淀粉酶的活性，从而起到杀虫作用，即辽细辛精油可以作用于昆虫的消化系统。

表6-9　活体条件下辽细辛精油对玉米螟淀粉酶活性的影响

处理	3 d		5 d	
	酶活/（U/mg）	抑制率/%	酶活/（U/mg）	抑制率/%
CK	0.030±0.002		0.030±0.004	
A0	0.028±0.002	7.07	0.024±0.005	19.67
A2	0.022±0.004	25.01	0.019±0.002	37.33

　　离体条件下（表 6-10），辽细辛精油对淀粉酶活性同样具有较强的抑制作用，抑制率为 1.46%～84.25%，A0 的抑制作用较弱，而 A2 的抑制作用较强。

但无论是 A0 还是 A2，均随着精油浓度的加大，淀粉酶活性升高，酶活抑制率降低，即离体条件下辽细辛精油的浓度越低对试虫淀粉酶活性的抑制作用越强。

表6-10　离体条件下辽细辛精油对玉米螟淀粉酶活性的影响

处理		酶活/（U/mg）	酶活抑制率/%	比值
CK		0.075±0.002		
A0	1 000 mg/L	0.063±0.002	15.71	0.84
	4 000 mg/L	0.071±0.001	4.61	0.95
	8 000 mg/L	0.074±0.001	1.46	0.99
A2	1 000 mg/L	0.012±0.011	84.25	0.16
	4 000 mg/L	0.029±0.017	61.61	0.38
	8 000 mg/L	0.044±0.004	40.61	0.59

3. 对脂肪酶（lipase，LPS）活性的影响

活体条件下辽细辛精油对试虫脂肪酶具有较强的抑制作用（表 6-11），且随处理天数的增加酶活被抑制的幅度减少，A0 处理后的酶活抑制率由 3 d 时的 10.47%下降为处理 5 d 时的 4.96%，A2 处理后的酶活抑制率由 3 d 时的 8.3%下降为处理 5 d 时的 6.6%，A0 处理后随处理时间的延长，脂肪酶活抑制率下降的幅度较大，而 A2 处理后脂肪酶活抑制率下降的幅度较小。说明辽细辛精油可以通过抑制脂肪酶的活性起到杀虫作用，即辽细辛精油可以作用于昆虫的消化系统。

表6-11　活体条件下辽细辛精油对玉米螟脂肪酶活性的影响

处理	3 d		5 d	
	酶活/（U/g）	抑制率/%	酶活/（U/g）	抑制率/%
CK	41.893±0.055		42.676±0.055	
A0	37.506±0.001	10.47	40.560±0.002	4.96
A2	38.415±0.004	8.3	39.859±0.003	6.6

离体条件下辽细辛精油对试虫淀粉酶活性同样具有较强的抑制作用，抑制率为15.9%～85.32%，且均随精油浓度的加大淀粉酶活性降低，酶活抑制率升高（表 6-12）。

表6-12　离体条件下辽细辛精油对玉米螟脂肪酶活性的影响

	处理	酶活/（U/g）	酶活抑制率/%	比值
	CK	170.191±0.049		
A0	1 000 mg/L	143.124±0.002	15.9	0.84
	4 000 mg/L	139.164±0.003	18.23	0.82
	8 000 mg/L	113.590±0.003	33.26	0.67
A2	1 000 mg/L	138.959±0.001	18.35	0.82
	4 000 mg/L	40.189±0.013	76.39	0.24
	8 000 mg/L	24.990±0.003	85.32	0.15

6.2.6　对虫体内保护酶活性的影响

昆虫等生物体内存在由超氧化物歧化酶（SOD）、过氧化氢酶（CAT）及过氧化物酶（POD）等构成的保护酶系统，这 3 种酶协调一致，处于动态平衡而使自由基维持在一个较低水平，从而防止自由基产生毒害。

1. 对超氧化物歧化酶（superoxide dismutase，SOD）活性的影响

SOD 是一种源于生命体的活性物质，能消除生物体在新陈代谢过程中产生的有害物质。在生物界的分布极广，几乎从动物到植物，甚至从人到单细胞生物，都有它的存在。SOD 被视为生命科技中最具神奇魔力的酶、人体内的垃圾清道夫，是氧自由基的自然天敌，是机体内氧自由基的头号杀手，是生命健康之本。SOD在动植物体内是防御活性氧毒性的保护酶，它能清除超氧化物阴离子自由基，提高动植物的抗逆性。

活体条件下辽细辛精油对试虫超氧化物歧化酶活性具有一定的影响，其中超临界 CO_2 法得到的辽细辛精油原液（A0）的抑制作用较强，处理 3 d 和 5 d 时的酶活抑制率分别为 31.7%和 43.02%，随处理天数的增加酶活抑制率提高；馏分A2 则表现为诱导激活作用，随处理天数的增加，酶活升高，处理组试虫的酶活是对照组的 1.31～2.16 倍（表 6-13）。

表6-13　活体条件下辽细辛精油对玉米螟超氧化物歧化酶活性的影响

处理	3 d			5 d		
	酶活/（U/mg）	抑制率/%	比值	酶活/（U/mg）	抑制率/%	比值
CK	2.408±0.011			2.395±0.009		
A0	1.645±0.002	31.7	0.68	1.365±0.007	43.02	0.57
A2	3.154±0.012	−30.98	1.31	5.167±0.002	−115.74	2.16

离体条件下 A0 在供试浓度下对 SOD 酶表现为诱导激活作用，而 A2 则表现为抑制作用（表 6-14）。

表6-14　离体条件下辽细辛精油对玉米螟超氧化物歧化酶活性的影响

	处理	酶活/（U/mg）	酶活抑制率/%	比值
	CK	7.144±0.003		
A0	1 000 mg/L	8.734±0.002	−22.25	1.22
	4 000 mg/L	8.677±0.001	−21.47	1.21
	8 000 mg/L	8.322±0.001	−16.49	1.16
A2	1 000 mg/L	7.050±0.001	1.31	0.99
	4 000 mg/L	1.827±0.002	74.43	0.26
	8 000 mg/L	0.985±0.034	86.21	0.14

2. 对过氧化氢酶（catalase，CAT）活性的影响

过氧化氢酶（CAT）是一种酶类清除剂，又称为触酶，清除体内的 H_2O_2，催化 H_2O_2 分解成氧和水，使得 H_2O_2 不至于与 O_2 在铁螯合物作用下反应生成非常有害的—OH，从而使细胞免于遭受其毒害，是生物防御体系的关键酶之一。几乎所有的生物机体都存在过氧化氢酶，普遍存在于能呼吸的生物体内。

活体条件下（表 6-15），辽细辛精油对试虫过氧化氢酶活性也具有一定的影响，超临界 CO_2 法得到的辽细辛精油原液（A0）表现为抑制作用，处理 3 d 和 5 d 时的酶活抑制率分别为 0.88%和 6.13%，即随处理天数的增加酶活抑制率提高；馏分 A2 则表现为诱导作用，且随处理天数的增加诱导能力减弱。

表6-15　活体条件下辽细辛精油对玉米螟过氧化氢酶活性的影响

处理	3 d			5 d		
	酶活/（U/mg）	抑制率/%	比值	酶活/（U/mg）	抑制率/%	比值
CK	2.024±0.002			2.496±0.003		
A0	2.006±0.007	0.88	0.99	1.900±0.005	6.13	0.76
A2	2.165±0.008	−6.97	1.07	2.555±0.008	−2.36	1.02

离体条件下（表 6-16），辽细辛精油对试虫体内过氧化氢酶的活性均表现为诱导激活作用，处理后酶活提高 7.04%～28.23%，但随精油浓度的提高，诱导激活能力下降。

表6-16　离体条件下辽细辛精油对玉米螟过氧化氢酶活性的影响

处理		酶活/（U/mg）	酶活抑制率/%	比值
CK		3.175±0.004		
A0	1 000 mg/L	4.007±0.001	−26.19	1.26
	4 000 mg/L	3.785±0.002	−19.19	1.19
	8 000 mg/L	3.713±0.008	−16.94	1.17
A2	1 000 mg/L	4.072±0.001	−28.23	1.28
	4 000 mg/L	3.433±0.015	−8.10	1.08
	8 000 mg/L	3.399±0.003	−7.04	1.07

3. 对过氧化物酶（peroxidase，POD）活性的影响

过氧化物酶是生物体内普遍存在的一类氧化还原酶，其作用就是将细胞毒性物质 H_2O_2 降解成无毒无害的 H_2O 和 O_2，是重要的活性氧清除剂，对细胞起保护作用。

A0 处理 3 d 和 5 d 时的酶活抑制率分别为 0.79% 和 7.03%，A2 处理后的酶活抑制率分别为 3% 和 5.52%。说明辽细辛精油在活体条件下对玉米螟幼虫体内过氧化物酶的活性具有抑制作用，且随处理天数的增加，对酶活的抑制作用增强（表 6-17）。

表6-17　活体条件下辽细辛精油对玉米螟过氧化物酶活性的影响

处理	3 d			5 d		
	酶活/（U/mg）	抑制率/%	比值	酶活/（U/mg）	抑制率/%	比值
CK	9.254±0.013			10.997±0.003		
A0	9.180±0.014	0.79	0.99	10.224±0.001	7.03	0.93
A2	8.976±0.001	3	0.97	10.391±0.004	5.52	0.94

离体条件下（表 6-18），辽细辛精油对过氧化物酶活性同样具有较强的抑制作用，均使酶活降低，降低 6.78%～11.87%，但随精油浓度的加大，抑制作用减弱。

表6-18　离体条件下辽细辛精油对玉米螟过氧化物酶活性的影响

处理		酶活/（U/mg）	酶活抑制率/%	比值
CK		15.181±0.019		
A0	1 000 mg/L	13.379±0.001	11.87	0.88
	4 000 mg/L	13.523±0.001	10.92	0.89
	8 000 mg/L	13.897±0.004	8.46	0.92

续表

	处理	酶活/（U/mg）	酶活抑制率/%	比值
	1 000 mg/L	13.700±0.003	9.76	0.9
A2	4 000 mg/L	13.847±0.002	8.79	0.91
	8 000 mg/L	14.152±0.002	6.78	0.93

6.2.7 对解毒酶活性的影响

羧酸酯酶、磷酸酯酶、谷胱甘肽转移酶是害虫体内重要的解毒酶系，在对外源化合物的解毒代谢和杀虫剂的抗性机制中起着重要作用。

1. 对羧酸酯酶（carboxylesterase，CarE）活性的影响

1）标准曲线的制作

标准曲线的回归方程为 $Y=7.012\ 9X+0.041\ 7$，X 为 α-萘酚的 mmol/L 数，Y 为 OD 值，R^2 为 0.956 6（图 6-3）。

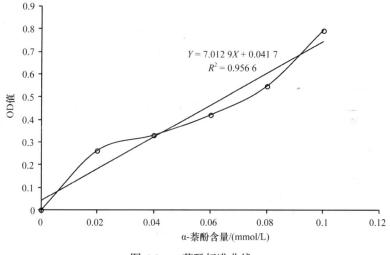

$$Y = 7.012\ 9X + 0.041\ 7$$
$$R^2 = 0.956\ 6$$

图 6-3 α-萘酚标准曲线

2）辽细辛精油对羧酸酯酶活性的影响

活体条件下（表 6-19），辽细辛精油处理后，玉米螟幼虫体内羧酸酯酶活性提高，且即随着处理时间的延长，酶活性提高的幅度减小，精油原液（A0）处理 3 d 和 5 d 后，酶活性增加了 1.11 倍和 1.08 倍；馏分 A2 处理后，酶活性增加了 1.06 倍和 1.04 倍。说明活体条件下辽细辛精油对羧酸酯酶有诱导激活作用，且诱导作

用随着处理时间的延长而降低。

表6-19　活体条件下辽细辛精油对玉米螟羧酸酯酶活性的影响

处理	3 d			5 d		
	酶活/[mmol/（L·mg·min）]	抑制率/%	比值	酶活/[mmol/（L·mg·min）]	抑制率/%	比值
CK	0.277±0.002			0.375±0.004		
A0	0.307±0.007	−11.02	1.11	0.404±0.005	−7.57	1.08
A2	0.292±0.017	−5.6	1.06	0.390±0.014	−3.89	1.04

　　离体条件下（表 6-20），精油原液（A0）处理后，羧酸酯酶活性被抑制，且随精油浓度的增加，酶活性降低，酶活抑制率为4.51%～15.67%。A2 处理后，低浓度（≤4 000 mg/L）时羧酸酯酶活性提高，高浓度（8 000 mg/L）时酶活降低，即低浓度有诱导激活作用，羧酸酯酶酶活增加，解毒能力增强；而高浓度有抑制作用，酶活降低，解毒能力下降。

表6-20　离体条件下辽细辛精油对玉米螟羧酸酯酶活性的影响

	处理	酶活/[mmol/（L·mg·min）]	酶活抑制率/%	比值
	CK	0.291±0.009		
A0	1 000 mg/L	0.278±0.001	4.51	0.95
	4 000 mg/L	0.270±0.001	7.16	0.93
	8 000 mg/L	0.245±0.011	15.67	0.84
A2	1 000 mg/L	0.352±0.001	−21.05	1.21
	4 000 mg/L	0.298±0.006	−2.4	1.02
	8 000 mg/L	0.255±0.005	12.38	0.88

2. 对磷酸酯酶（phosphatase）活性的影响

1）对酸性磷酸酯酶（acid phosphatase，ApE）活性的影响

　　活体条件下（表 6-21），玉米螟幼虫被辽细辛精油处理后，体内酸性磷酸酯酶活性提高，酶活性增加 1.41%～13.91%，说明辽细辛精油在活体条件下对试虫酸性磷酸酯酶有诱导激活作用，酸性磷酸酯酶对辽细辛精油起解毒作用；但随着处理天数的增加，玉米螟幼虫体内酸性磷酸酯酶活性增加的幅度减小，酶活增长率降低，如 A0 处理 3 d 酶活提高 13.91%，而处理 5 d 时酶活仅提高 1.41%，说明随着处理天数的延长，酸性磷酸酯酶的解毒能力逐渐减弱。

表6-21　活体条件下辽细辛精油对玉米螟酸性磷酸酯酶活性的影响

处理	3 d			5 d		
	酶活/（U/mg）	抑制率/%	比值	酶活/（U/mg）	抑制率/%	比值
CK	55.900±0.042			56.002±0.009		
A0	63.678±0.006	−13.91	1.14	56.790±0.015	−1.41	1.01
A2	59.536±0.022	−6.51	1.07	57.095±0.014	−1.95	1.02

　　离体条件下（表6-22），辽细辛精油处理后虫体内的酸性磷酸酯酶活性提高，是对照组试虫的 1.02～2.05 倍，即辽细辛精油对酸性磷酸酯酶有诱导激活作用，且随着精油浓度的加大，酸性磷酸酯酶活性增高，酶活增长率提高，即辽细辛精油浓度越大对酸性磷酸酯酶的诱导激活作用越强。

表6-22　离体条件下辽细辛精油对玉米螟酸性磷酸酯酶活性的影响

处理		酶活/（U/mg）	酶活抑制率/%	比值
	CK	37.549±0.005		
A0	1 000 mg/L	38.204±0.004	−1.744	1.02
	4 000 mg/L	41.918±0.008	−11.64	1.12
	8 000 mg/L	47.796±0.037	−27.29	1.27
A2	1 000 mg/L	42.686±0.01	−13.68	1.14
	4 000 mg/L	70.235±0.136	−87.05	1.87
	8 000 mg/L	77.008±0.047	−105.09	2.05

2）碱性磷酸酯酶（basic phosphatase，BpE）的活性测定

　　活体条件下（表6-23），玉米螟幼虫体内碱性磷酸酯酶活性经辽细辛精油处理后，呈现出前期酶活升高，而后期酶活降低的变化规律。精油原液（A0）处理 3 d后，酶活性增长 14.03%，但处理 5 d 后，酶活降低 7.36%；馏分 A2 处理 3 d 后，酶活性增长 23.91%，处理 5 d 后，酶活性被抑制 30.1%。说明前期辽细辛精油对试虫体内碱性磷酸酯酶有诱导激活作用，碱性磷酸酯酶对辽细辛精油起解毒作用，但随着处理天数的增加，试虫体内碱性磷酸酯酶活性降低，即只有当用辽细辛精油处理一段时间后，精油才会对碱性磷酸酯酶起抑制作用，使其解毒作用丧失，最后导致试虫中毒而死。

表6-23　活体条件下辽细辛精油对玉米螟碱性磷酸酯酶活性的影响

处理	3 d			5 d		
	酶活/（U/mg）	抑制率/%	比值	酶活/（U/mg）	抑制率/%	比值
CK	156.265±0.093			160.426±0.013		
A0	178.196±0.134	−14.03	1.14	148.624±0.044	7.36	0.93
A2	193.624±0.047	−23.91	1.24	112.130±0.017	30.10	0.7

　　离体条件下（表6-24），虫体内碱性磷酸酯酶经辽细辛精油处理后，酶活性均下降，即辽细辛精油对碱性磷酸酯酶具有抑制作用，并且随精油浓度的加大，酶活抑制能力下降，但不显著。

表6-24　离体条件下辽细辛精油对玉米螟碱性磷酸酯酶活性的影响

处理		酶活/（U/mg）	酶活抑制率/%	比值
	CK	171.074±0.015		
A0	1 000 mg/L	102.375±0.058	40.16	0.6
	4 000 mg/L	102.68±0.006	39.98	0.6
	8 000 mg/L	106.298±0.01	37.87	0.62
A2	1 000 mg/L	106.733±0.005	37.61	0.62
	4 000 mg/L	116.888±0.001	31.67	0.68
	8 000 mg/L	120.636±0.012	29.48	0.71

3. 对谷胱甘肽-S-转移酶（glutathione S-transferase，GST）活性的影响

　　谷胱甘肽-S-转移酶是昆虫体内一类重要的解毒酶系，它能使内源谷胱甘肽（GSH）与有害的亲电子基团结合并排出体外，使昆虫免受这些化合物和基团的危害，从而起到解毒作用。杀虫剂进入昆虫体内与许多蛋白质发生作用，其中，谷胱甘肽-S-转移酶等代谢酶是杀虫剂在昆虫体内代谢过程中起着重要作用的酶类，这类酶对杀虫剂的作用也是昆虫对杀虫剂进行降解的重要途径。

　　辽细辛精油在活体条件下（表6-25）处理玉米螟幼虫后，虫体内谷胱甘肽-S-转移酶活性提高，A0处理3 d后，酶活性增加了1.2倍，增长率为19.77%，处理后5 d后，酶活性增加了1.15倍，增长率为14.92%；馏分A2分别处理3 d和5 d后，酶活性分别增加了1.12倍和1.07倍。即在活体条件下，辽细辛精油对谷胱甘肽-S-转移酶有诱导激活作用，谷胱甘肽-S-转移酶对辽细辛精油起解毒作用，但随着处理天数的增加，虫体内谷胱甘肽-S-转移酶活性增加的幅度减小，解毒能力下降。

表6-25　活体条件下辽细辛精油对玉米螟谷胱甘肽-S-转移酶活性的影响

处理	3 d			5 d		
	酶活/（U/mg）	抑制率/%	比值	酶活/（U/mg）	抑制率/%	比值
CK	38.933±0.003			43.507±0.002		
A0	46.630±0.002	−19.77	1.2	49.997±0.001	−14.92	1.15
A2	43.445±0.009	−11.59	1.12	46.682±0.001	−7.3	1.07

玉米螟幼虫体内谷胱甘肽-S-转移酶被提取出来后，离体条件下被辽细辛精油处理后，酶活性明显下降，降幅为 47.95%～71.2%（表 6-26），说明辽细辛精油在离体条件下对谷胱甘肽-S-转移酶具有抑制作用，并且随细辛精油浓度的加大，酶活性下降幅度越大。

表6-26　离体条件下辽细辛精油对玉米螟谷胱甘肽-S-转移酶活性的影响

处理		酶活/（U/mg）	酶活抑制率/%	比值
	CK	36.133±0.003		
	1 000 mg/L	18.806±0.0087	47.95	0.52
A0	4 000 mg/L	18.377±0.002	49.14	0.51
	8 000 mg/L	16.086±0.002	55.48	0.45
	1 000 mg/L	11.456±0.006	68.3	0.32
A2	4 000 mg/L	10.740±0.041	70.28	0.3
	8 000 mg/L	10.405±0.05	71.2	0.29

6.2.8　对甘油三酯含量的影响

活体条件下（表 6-27），虫体经辽细辛精油处理后，体内甘油三酯含量变化无规律，精油原液（A0）处理玉米螟幼虫 3 d 后，甘油三酯含量下降，下降 44.24%，处理后 5 d 后，含量又上升，增长 20.46%；馏分 A2 处理 3 d 后，甘油三酯含量增加，增长率高达 72.3%，但处理 5 d 后，含量又急剧下降，下降 78.72%，可见辽细辛精油对试虫体内甘油三酯含量无影响。

表6-27　活体条件下辽细辛精油对玉米螟甘油三酯含量的影响

处理	3 d			5 d		
	含量/（mmol/L）	抑制率/%	比值	含量/（mmol/L）	抑制率/%	比值
CK	4.986±0.008			5.164±0.013		
A0	2.780±0.027	44.24	0.56	6.221±0.008	−20.46	1.2
A2	8.591±0.088	−72.3	1.72	1.099±0.014	78.72	0.21

6.3　辽细辛精油对病原菌致病酶系和保护酶系的影响

6.3.1　研究方法

1. 病菌产生的细胞壁降解酶和保护酶的提取方法

供试病菌为黄瓜灰霉病菌（*Botrytis cinerea*），由聊城大学农学院植物病理研究室提供，采用 PDA 固体培养基培养，待其长到直径接近培养皿直径时，用直径 0.5 cm 的打取菌饼，备用。

配制含辽细辛精油的培养液，细胞壁降解酶测定培养液 pH 5.0，配方见表 6-28；保护酶测定培养液为 PD 培养液，pH 7.0。每瓶 100 mL，辽细辛精油终浓度为 37.5 mg/L、75 mg/L、150 mg/L、300 mg/L 和 600 mg/L 或 50 mg/L、100 mg/L、200 mg/L 和 400 mg/L。接种菌饼，每瓶 10 片，3 次重复。25℃±1℃下恒温振荡培养（摇速为 120 r/min）8 d（保护酶类）、10 d（果胶酶类）或 15 d（纤维素酶类）。

表6-28　诱导病菌产生细胞壁降解酶的供试培养基

培养基成分	用量
KNO_3	2 g
KCl	0.5 g
$FeSO_4$	0.01 g
K_2HPO_4	1 g
$MgSO_4 \cdot 7H_2O$	0.5 g
维生素 B_1	0.1 g
L-天冬酰胺	0.5 g
纤维素或果胶	10 g
H_2O	1 000 mL

胞内酶的提取：菌体真空抽滤，自然晾干，取 1 g 菌体，加入 5 mL 0.2 mol/L 的磷酸缓冲液（pH=7.0），冰浴下研磨成匀浆，4℃ 10 000 r/min 条件下离心 20 min，收取上清液即酶的提取液。

胞外酶的提取：滤液 4℃ 10 000 r/min 条件下离心 20 min，收取上清液即酶的提取液。

2. 标准曲线的制作方法

1）葡萄糖标准曲线的制作

准确配制 1 mg/mL 标准葡萄糖溶液，按下表配制成一系列不同浓度的葡萄糖溶液。

试剂	管号								
	0	1	2	3	4	5	6	7	8
标准葡萄糖/mL	0	0.01	0.02	0.03	0.04	0.05	0.06	0.07	0.08
蒸馏水/mL	0.8	0.79	0.78	0.77	0.76	0.75	0.74	0.73	0.72
DNS 试剂/mL	0.3	0.3	0.3	0.3	0.3	0.3	0.3	0.3	0.3
葡萄糖含量/mg	0	0.01	0.02	0.03	0.04	0.05	0.06	0.07	0.08

将溶液摇匀后，加入 0.3 mL 3,5-二硝基水杨酸（DNS）试剂，摇匀后沸水浴 5 min，取出冷却后用蒸馏水定容至 4 mL。在 540 nm 波长下，以空白管溶液调零，测定各管溶液的吸光度并记录结果。以葡萄糖含量（mg）为横坐标，对应的吸光度为纵坐标绘制标准曲线。

2）D-半乳糖醛酸标准曲线的制作

准确配制 1 mg/mL D-半乳糖醛酸溶液为标准样，按下表配制成系列浓度。

试剂	管号										
	0	1	2	3	4	5	6	7	8	9	10
标准 D-半乳糖醛酸/mL	0	0.02	0.04	0.06	0.08	0.1	0.12	0.14	0.16	0.18	0.2
蒸馏水/mL	0.8	0.78	0.76	0.74	0.72	0.7	0.68	0.66	0.64	0.62	0.6
DNS 试剂/mL	0.3	0.3	0.3	0.3	0.3	0.3	0.3	0.3	0.3	0.3	0.3
半乳糖醛酸含量/mg	0	0.02	0.04	0.06	0.08	0.1	0.12	0.14	0.16	0.18	0.2

将溶液摇匀后，沸水浴中加热 5 min，冷却后定容至 5 mL。分别在 540 nm 波长下测其吸光度值，空白管溶液调零，以 OD 值为纵坐标，D-半乳糖醛酸量（mg）为横坐标绘制标准曲线。

3）蛋白质标准曲线的制作

准确配制 1 mg/mL 白蛋白溶液为标准样，按下表配制成系列浓度。

试剂	管号					
	0	1	2	3	4	5
标准白蛋白/mL	0	0.02	0.04	0.06	0.08	0.1
0.15mol/L NaCl/mL	0.1	0.08	0.06	0.04	0.02	0
考马斯亮蓝 G250/mL	3	3	3	3	3	3
蛋白质含量/mg	0	0.02	0.04	0.06	0.08	0.1

将溶液摇匀后，静止 2 min。在 595 nm 波长下测其吸光度值，用空白管溶液调零点，以 OD 值为纵坐标，蛋白质含量（mg）为横坐标绘制标准曲线。

3. 病菌产生的细胞壁降解酶活性测定方法

1）纤维素酶活性测定方法

（1）外切 β-1,4-葡聚糖酶（外切酶，C1 酶）活性的测定：以脱脂棉为底物，采用水杨酸法测定 C1 酶活性。准确称取 2 mg 脱脂棉，加入 0.3 mL pH 5.0 浓度为 0.05 moL/L 的柠檬酸缓冲溶液，45℃±1℃水浴中预热 5 min，加入酶液 0.2 mL，45℃±1℃保温 24 h，取出加入 0.3 mL DNS 试剂，终止酶解反应，摇匀后，沸水煮沸 5 min，取出冷却定容至 4 mL，在 540 nm 波长下比色，按下式算出滤纸酶活性。

$$纤维素酶酶活(U/g) = \frac{葡萄糖生成量(mg) \times 酶液定容体积(mL) \times 5.56}{反应时间(h) \times 所加酶液体积(mL) \times 样品重(g)}$$

（2）内切 β-1,4-葡聚糖酶（内切酶，Cx 酶）活性测定：以羧甲基纤维素钠为底物，采用水杨酸法测定 Cx 酶活性。量取 0.51%羧甲基纤维素钠（CMC-Na）溶液 0.3 mL（用 0.05 moL/L pH 5.0 的柠檬酸缓冲溶液调配），50℃±1℃水浴中预热 5 min，加入酶液 0.1 mL，保温 30 min，加入 0.3 mL DNS 试剂，沸水煮沸 5 min，冷却后用蒸馏水定容 4 mL，在 540 nm 波长下比色，按上式算出 Cx 酶活性。

2）果胶酶活性测定方法

（1）果胶总酶活性测定：以果胶为底物，采用 DNS 法测定果胶总酶活性。取 0.4 mL 酶液与 0.4 mL 0.4%果胶溶液混合，45℃±1℃恒温水浴中反应 30 min，加入 0.3 mL DNS 试剂摇匀，沸水浴加热 5 min，冷却后定容至 5 mL。在 520 nm 波长下比色，按下面的公式计算得果胶酶活性。

果胶酶活性国际单位定义为：在 pH4.4，45℃条件下，每分钟水解果胶质产生 1 mg 半乳糖醛酸所需的酶量为一个酶单位。

$$果胶酶酶活(U/mL) = \frac{D-半乳糖醛酸生成量(mg) \times 稀释倍数}{取样量(mL) \times 反应时间(min)}$$

（2）果胶甲基半乳糖醛酸酶（PMG）活力测定：以果胶为底物，采用水杨酸法测定果胶甲基半乳糖醛酸酶活性。取酶液 0.2 mL，加入 0.2 mL 0.5%果胶溶液（用 0.1 mol/L 柠檬酸钠缓冲液配制，pH=5.0），30℃保温 30min，后加入 0.3 mL DNS 试剂摇匀，搅拌均匀后煮沸浴中 10 min，冷却后加水后定容 5 mL，在 540 nm 波长下比色，按下式算出果胶甲基半乳糖醛酸酶活性。

$$PMG 活性(U/mL) = 半乳糖醛酸生成量(mg) \times 2 \times 5.15$$

（3）果胶甲基反式消除酶（PMTE）活力测定：以果胶为底物，采用甘氨酸-氢氧化钠法测定果胶甲基反式消除酶活性。取酶液 0.2 mL，加入 1 mL 0.5%果胶溶液（用 0.1mol/L 甘氨酸-氢氧化钠缓冲液配制，pH=9.0），1 mL 3 mmol/L CaCl$_2$，

30℃±1℃保温 10 min，232 nm 波长下比色，测定反应前后的 OD 值。30℃下每分钟催化底物释放 1 μmol 不饱和醛酸所需酶量为一个酶活单位。

$$PMTE酶活(U/mL) = \frac{\Delta OD_{232} \times 0.1 \times 稀释倍数}{0.17 \times 酶蛋白浓度(mg/mL) \times 反应时间(min)}$$

式中，ΔOD_{232} 指酶和底物反应 t 时间后的 OD 值与反应初始时的 OD 值之差；0.17 为每释放 0.1 μmol/L 不饱和醛酸，在 232 nm 处增加的 OD 值。

（4）离体细胞壁降解酶活性测定：取没加辽细辛精油培养的酶液 0.1 mL，与 0.1 mL 辽细辛精油溶液混合（精油终浓度为 100 mg/L、200 mg/L、400 mg/L、800 mg/L 和 1 600 mg/L），37℃±1℃反应 10 min，作为新的离体测定用酶液。然后按照以上各步骤测定细胞壁降解酶活性。

（5）蛋白质含量的测定：取酶液 0.1 mL，加 3 mL 考马斯亮蓝 G250 液，采用考马斯亮蓝 G250 方法测定。

3）蛋白酶活性测定方法

取 0.2 mL 酶液，加入 0.8 mL 激活剂（浓度为 0.1mol/L pH=7.8 的磷酸盐缓冲液，内含 20 mmol/L 半胱氨酸、1.0 mmol/L EDTA），于 37℃±1℃水浴中预热 10 min，加入已预热到 37℃的 1%干酪素（用 0.1 mol/L、pH=7.8 的磷酸盐缓冲液配制）1 mL，反应 10 min，立即加入 3 mL TCA 溶液（内含 0.11 mol/L TCA、0.22 mol/L NaAc、0.33 mol/L HAc）终止反应，静置 30 min，以 8 000 r/min 离心 10 min，上清液在 275 nm 波长下测定光吸收值。在 37℃条件下，每分钟光吸收值每增加 0.01 个单位的酶量定义为一个酶活性单位（U）。

$$蛋白酶酶活(U/g) = \frac{100 \times 吸光度值 \times 酶液总体积(mL)}{所用酶液体积(mL) \times 样品质量(g) \times 反应时间(min)}$$

4）离体细胞壁降解酶活性的测定方法

首先将辽细辛精油配制成 3 200 mg/L 的母液，然后用无菌水等比稀释成 200 mg/L、400 mg/L、800 mg/L、1 600 mg/L 和 3 200 mg/L 系列浓度，备用。取未加辽细辛精油培养的酶液 0.1 mL，与 0.1 mL 辽细辛精油溶液混合（辽细辛精油溶液的终浓度为 100 mg/L、200 mg/L、400 mg/L、800 mg/L 和 1 600 mg/L），37℃±1℃反应 10 min，作为新的离体测定用酶液。然后按照以上各步骤测定体细胞壁降解酶活性。

4. 病菌产生的保护酶活性测定方法

1）多酚氧化酶（PPO）活性测定方法

以邻苯二酚为底物，取 50 μL 酶粗提液加入试管中，与 2.95 mL 0.1 mol/L pH

6.8 含 0.02 mol/L 邻苯二酚的磷酸缓冲液混合。于 30℃±1℃ 水浴中反应 2 min 后，记录 398 nm 处的光密度值，以不加酶液而加相同体积提取缓冲液为空白对照。以每分钟 OD$_{398}$ 值变化 0.01 为 1 个酶活性单位（U）。

$$\text{PPO酶活(U/mg)} = \frac{\text{OD}_{398} \times \text{反应液体积(mL)}}{\text{反应时间(min)} \times \text{所加酶液体积(mL)} \times \text{酶液蛋白含量(mg/mL)}}$$

2）过氧化物酶（POD）活性测定方法

取 50 μL 酶粗提液加入 5 mL 试管中，与 3 mL 0.1 mol/L pH 5.8 含 18 mmol/L 愈创木酚的磷酸缓冲液混合。于 30℃±1℃ 水浴中反应 1 min 后，加入 50 μL 2.5%（V/V）H$_2$O$_2$ 水溶液起始酶反应，记录 470 nm 处的光密度值 5 min。以不加酶液而加相同体积的提取缓冲液为空白对照。以每分钟 OD$_{470}$ 变化 0.1 为一个酶活单位（U）。

$$\text{POD酶活(U/mg)} = \frac{(5\text{min时的OD}_{470} - 0\text{min时的OD}_{470}) \times \text{反应液体积(mL)}}{\text{反应时间(min)} \times \text{所加酶液体积(mL)} \times \text{酶液蛋白含量(mg/mL)}}$$

3）超氧化物歧化酶（SOD）活性测定方法

反应液含 1.3×10^{-2} mol/L 甲硫氨酸，7.5×10^{-5} mol/L 氯化硝基四氮唑蓝（NBT），2.0×10^{-6} mol/L 核黄素，1.0×10^{-7} mol/L EDTA，5.0×10^{-2} mol/L pH7.8 的磷酸缓冲液，反应液总体积 3.0 mL。1 支加 50 μL 酶液作样品管，2 支不加酶液而加入同体积提取缓冲液作对照管，将样品管和 1 支对照管置于 4 000 Lux 日光灯下反应 25 min，以不照光的对照管作空白，于 560 nm 下测定光密度值，以抑制 NBT 光化还原的 50% 的酶量为 1 个酶活性单位。

$$\text{SOD酶活(U/mg)} = \frac{(\text{不加酶的OD}_{560}/\text{加酶的OD}_{560} - 1) \times \text{反应液体积(mL)}}{\text{所加酶液体积(mL)} \times \text{酶液蛋白含量(mg/mL)}}$$

4）过氧化氢酶（CAT）活性测定方法

用 0.1 mol/L pH 7.0 的磷酸缓冲液将 0.6 mL 30% H$_2$O$_2$ 稀释到 100 mL 做底物溶液。取 5 mL 试管加入 1.0 mL 底物溶液和 1.9 mL 蒸馏水，于 25℃±1℃ 水浴中平衡 1 min 后，再加入 20 μL 酶液和 80 μL 0.1 mol/L pH 8.8 的硼酸缓冲液，在 240 nm 处以蒸馏水为对照测定吸光度，每分钟记录 1 次结果，连续测 5 min，直到每分钟的吸光度的降低值达到稳定为止。以 OD 值降低 0.0436 的酶量为 1 个酶活单位。

$$\text{CAT 酶活（U/mg）} = E_{240} \times 3/0.0436 \times Ew$$

式中，E_{240} 为 240 nm 处每分钟内吸光度的降低值；Ew 为每 0.10 毫升所用酶液中含蛋白的重量（mg）；0.0436 即 240nm 处 1 μmol 过氧化氢的吸光度；3 即反应混合液的总体积。

5）酯酶（EST）活性测定方法

取 2 支试管，分别加入 2 mL 底物溶液，1 支加 100 μL 酶液，另 1 支加入同体积的提取缓冲液代替酶液，37℃±1℃保温 30 min，加 1 mL 0.4%固蓝 RR 溶液，室温下反应 30 s 后，加入 1 mL 12%三氯乙酸终止反应。加入同体积（4.1 mL）乙酸乙酯抽提，用玻璃棒搅动 2 次，500 r/min 离心 5 min，取上层液在 450 nm 处，以加提取缓冲液代替酶液的为空白对照测 OD 值。每小时酶促使 OD_{450} 增加 0.01 的酶量定为 1 个酶活单位。

$$EST酶活(U/mg) = \frac{OD_{450} \times 反应液体积(mL)}{0.01 \times 反应时间(h) \times 所加酶液体积(mL) \times 酶液蛋白含量(mg/mL)}$$

6）蛋白质含量测定方法

用考马斯亮蓝 G250 染色法。准确吸取适当稀释（5 倍）的蛋白质样品 0.1 mL 加入试管中，再加入 5 mL 考马斯亮蓝 G250 试剂，混合均匀后放置 2 min。然后在 595 nm 处比色，根据测得的消光值，在标准曲线上查得被测样品的蛋白质浓度。

5. 同工酶电泳方法

分离胶浓度为 7.5%，浓缩胶浓度为 3%。电泳在 4℃冰箱中进行，每样品孔进样量为 20 μL。浓缩胶内电泳电流为 12 mA/板。进入分离胶后，电流调到 25 mA/板，当溴酚蓝迁移到距胶底端 1 cm 处，停止电泳，取下凝胶，用水反复冲洗后进行染色。

1）酯酶（EST）的染色方法

A 液：取 100 mg 固蓝 RR 盐溶于 100 mL 0.2 mol/L pH6.4 磷酸缓冲液中，四层纱布过滤。

0.2 mol/L pH6.4 磷酸缓冲液：a 26.5 mL+b 73.5 mL

a：0.2 mol/L Na_2HPO_4，35.61g $Na_2HPO_4 \cdot 2H_2O$，用重蒸馏水溶解后定容 1 000 mL。

b：0.2 mol/L NaH_2PO_4，27.6g $NaH_2PO_4 \cdot H_2O$，用重蒸馏水溶解后定容 1 000 mL。

B 液：1%乙酸 α 萘酯（少许丙酮溶，80%乙醇配制）。

C 液：2%乙酸 β 萘酯（少许丙酮溶，80%乙醇配制）。

染色液：30 mL A+2 mL B+1 mL C

电泳结束后，先用清水冲洗胶面，然后将凝胶放入显色液中，37℃±1℃保温约 1 h，待出现清晰的棕褐色至黑褐色酶带后，用清水漂洗几次，转入 7%乙酸中固定。

2）过氧化物酶（POD）的染色方法

取联苯胺 2 g，加入冰醋酸 18 mL，50℃±1℃加热至完全溶解，再加入蒸馏水

72 mL。取该溶液 40 mL 加 3%过氧化氢溶液 8 mL，蒸馏水 152 mL，配成 200 mL 显色液。凝胶放入显色液后，室温下很快出现蓝色酶带，待酶带清晰后立即用蒸馏水冲洗，最后转入 50%乙醇中固定，酶带渐渐变为棕色。

3）过氧化氢酶（CAT）的染色方法

取 2 g 可溶性淀粉，加入 200 mL 蒸馏水，沸水浴中充分煮沸至无色透明。将凝胶放入上述溶液中 4℃浸泡 1 h，倾出淀粉液加入 0.5%过氧化氢溶液，室温静置 1 min，然后以蒸馏水充分漂洗。

另取 0.5%KI 溶液 200 mL，加入冰醋酸 1 mL 使之酸化。将漂洗好的凝胶放入该溶液中，室温下凝胶背景渐变为蓝色，而有过氧化氢酶的活性部分则不被染色而表现为无色透明的谱带，酶带清晰后立即以清水充分漂洗，以 50%甘油固定并及时照相，以防谱带消失。

4）多酚氧化酶（PPO）的染色方法

称取邻苯二酚 2.202 2 g 和对苯二胺 0.1 g，溶于 100 mL 蒸馏水中，溶解后过滤即染液。凝胶取出后，浸入染色液中，观察凝胶出现清晰的深棕色谱带后，取出凝胶用蒸馏水冲洗干净胶面固定并及时拍照。

5）超氧化物歧化酶（SOD）的染色方法

凝胶取下后，将凝胶依次浸泡在下列溶液中：

A 染色液

2.45×10^{-3} mol/L 氯化硝基四氮唑蓝（NBT）溶液，黑暗下室温浸 20 min。

称 NBT 200.312 mg 用蒸馏水溶解定容 100 mL。

B 染色液

含 2.8×10^{-2} mol/L 四甲基乙二胺（TEMED）和 2.8×10^{-5} mol/L 核黄素的 3.6×10^{-2} mol/L pH7.8 磷酸缓冲液，黑暗下浸 15 min。

C 染色液

含 1.0×10^{-4} mol/L 乙二胺四乙酸二钠（EDTA-Na$_2$）的 5×10^{-2} mol/L pH7.8 磷酸缓冲液，最后置于 4 只 8 W 的日光灯照下浸 20～30 min，直到蓝色凝胶背景上呈现清晰透明的 SOD 活性谱带，以清水漂洗后转入 50%乙醇中固定。

6）可溶性蛋白质的染色方法

A：固定液

10%三氯乙酸。取 20 g，溶于 180 mL 蒸馏水。

B：染色液

称取 0.2 g 考马斯亮蓝 R250，溶于 50 mL 甲醇，现用现配（用时现加 20 mL 冰醋酸），用水定容至 200 mL。

C：脱色液

25%甲醇-10%乙酸。取 250 mL 甲醇，100 mL 冰醋酸混合，定容至 1 000 mL。

D：保存液

7%乙酸溶液，现用现配。取 14 mL，加蒸馏水 186 mL。

取出胶片后用固定液浸泡 30 min，然后倾出固定液，加入染色液浸泡 30 min（或过夜）。再将胶片浸于脱色液中，每隔 2 h 换一次脱色液，直到胶片无色透明，显现出清晰的谱带，保存于保存液中。

7）电泳图谱的分析

酶谱分析时对各菌株的酶采用有酶带记为"1"，无酶带记为"0"的方法，形成数据表进行电泳图谱分析。

6.3.2　标准曲线的制作

1. 葡萄糖标准曲线

葡萄糖标准曲线的回归方程为 $Y=3.169\ 5X+0.005\ 5$，决定系数 $R^2=0.989\ 2$（图 6-4）。

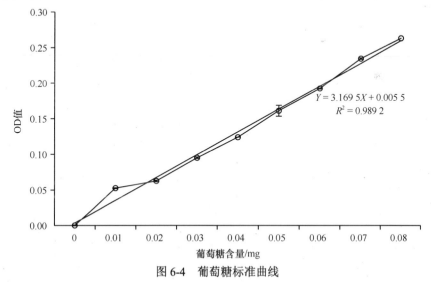

图 6-4　葡萄糖标准曲线

2. D-半乳糖醛酸标准曲线

D-半乳糖醛酸标准曲线回归方程为 $Y=2.080\ 7X-0.024\ 8$，决定系数 $R^2=0.999\ 4$（图 6-5）。

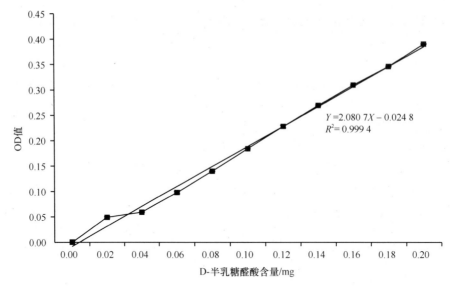

图 6-5　D-半乳糖醛酸标准曲线

3. 蛋白质标准曲线

蛋白质标准曲线回归方程为 $Y=8.757\ 6X+0.024\ 1$，决定系数 $R^2=0.996\ 1$（图 6-6），证明吸光值与蛋白质含量间的线性关系优，符合要求。

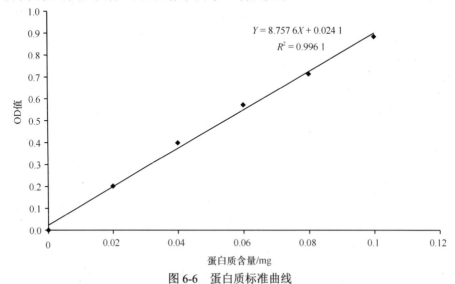

图 6-6　蛋白质标准曲线

6.3.3　对纤维素酶活性的影响

纤维素（cellulose）是植物细胞壁的主要成分，占初生壁成分的 20%～30%，是由 1 000～10 000 个 β-D-葡萄糖分子以 β-1,4-糖苷键连接起来的一条没有分支的长链。整个分子呈带状，分子质量为 50 000~400 000 Da。大约 42 条并列的纤维素分子链组成一条直径为 35 Å 的基本微纤维（聚合度为 8 000~12 000）。纤维素早在 20 世纪 50 年代，Rees 提出了纤维素酶 C1-Cx 的概念，认为天然的结晶纤维素先与 C1 酶（外切 β-1,4-葡聚糖酶）作用生成葡聚糖链，然后在 Cx（内切 β-1,4-葡聚糖酶）作用下，将氢键和糖苷键裂解生成纤维二糖，β-葡萄糖苷酶（纤维二糖酶）最后将纤维二糖分解成葡萄糖。

1. 对 Cx 酶活性的影响

在活体条件下，无论是胞内 Cx 酶，还是胞外 Cx 酶，用辽细辛精油处理后，黄瓜灰霉病菌所产生的 Cx 酶酶活均降低（表 6-29），说明辽细辛精油可以通过抑制病原菌 Cx 酶的活性，进而抑制病原菌对寄主植物的致病作用。辽细辛精油在活体条件下处理黄瓜灰霉病菌后，病菌 Cx 酶活性随精油浓度的增大，酶活性降低，酶活抑制率提高，即辽细辛精油对 Cx 酶具有抑制作用，酶活抑制率与精油浓度成正比。不同浓度的辽细辛精油对 Cx 酶酶活的影响存在差异，对于胞外酶而言，酶活抑制率在 51.09%~61.23%；对于胞内酶而言，酶活抑制率在 0.93%~5.56%。对照组和处理组的胞外 Cx 酶活性均高于胞内酶，前者是后者的 1.05~2.56 倍，说明，胞外 Cx 酶起主要作用。

表6-29　活体条件下辽细辛精油对黄瓜灰霉病菌Cx酶活性的影响

精油浓度/(mg/L)	胞内 Cx 酶		胞外 Cx 酶		胞外/胞内
	酶活/（U/g）	酶活抑制率/%	酶活/（U/g）	酶活抑制率/%	
CK	7.582±0.171		19.373±1.553		2.56
37.5	7.51±0.111	0.93	9.471±0.113	51.09	1.26
75	7.441±0.061	1.85	8.491±0.001	56.16	1.14
150	7.33±0.002	3.24	8.211±0.111	57.61	1.12
300	7.162±0.065	5.56	7.513±0.114	61.23	1.05

注：当辽细辛精油浓度达到 600 mg/L 时，黄瓜灰霉病菌不生长，因此没有测定其酶活。下同。

离体条件下（表 6-30），不同浓度的辽细辛精油对胞外 Cx 酶活性的影响表现为激活作用，与对照比，精油处理后，Cx 酶活性升高，酶活提高率在 20.66%~65.29%，且随着辽细辛精油浓度的增大，酶活性呈现先升高后降低的趋势，当精油浓度为 800 mg/L 时，酶活性达到最大，为 14.034 U/g，酶活提高率为 65.29%。但对胞内 Cx 酶活性具有抑制作用，且随着精油浓度的增加，胞内 Cx 被抑制的程度越强，精油浓度为 100 mg/L 时胞内 Cx 酶为 3.57 U/g，酶活抑制率为 32.03%，精油浓度为 1 600 mg/L 时胞内 Cx 酶为 2.944 U/g，酶活抑制率为 43.94%。

表6-30　离体条件下辽细辛精油对黄瓜灰霉病菌Cx酶活性的影响

精油浓度/ （mg/L）	胞内 Cx 酶		胞外 Cx 酶		胞外/胞内
	酶活/（U/g）	酶活抑制率/%	酶活/（U/g）	酶活抑制率/%	
CK	5.251±0.107		8.49±0.115		1.62
100	3.57±0.091	32.03	10.245±0.172	−20.66	2.87
200	3.422±0.062	34.84	10.525±0.057	−23.97	3.08
400	3.315±0.042	36.88	11.508±0.63	−35.54	3.47
800	3.201±0.104	39.05	14.034±0.516	−65.29	4.38
1 600	2.944±0.131	43.94	13.683±0.229	−61.16	4.65

离体条件下，胞外 Cx 酶活性均高于胞内，前者是后者的 1.62～4.65 倍，且随着辽细辛精油浓度的提高，胞外 Cx 酶活性与胞内 Cx 酶活性的比值增大。

2. 对 C1 酶活性的影响

活体条件下（表 6-31），对照组和处理组的黄瓜灰霉菌胞外 C1 酶活性均高于胞内酶，是其 1.27～1.73 倍；辽细辛精油对胞外酶有激活作用，C1 酶活性均高于对照，酶活提高率在 8.88%～31.86%；对胞内酶表现出先激活后抑制再激活，酶活抑制率在−6.9%～12.99%，说明辽细辛精油只有在一定的浓度范围内才会对病原菌的 C1 酶产生抑制作用。

表6-31　活体条件下辽细辛精油对黄瓜灰霉菌C1酶活性的影响

精油浓度/ （mg/L）	胞内 C1 酶		胞外 C1 酶		胞外/胞内
	酶活/（U/g）	酶活抑制率/%	酶活/（U/g）	酶活抑制率/%	
CK	0.112±0.001		0.143±0.013		1.27
37.5	0.11±0.001	−1.57	0.191±0.003	−31.86	1.73
75	0.101±0.001	9.72	0.161±0.001	−8.88	1.59
150	0.1±0.002	12.99	0.171±0.01	−21.47	1.71
300	0.122±0.005	−6.9	0.163±0.004	−29.84	1.33

离体条件下（表 6-32），辽细辛精油对胞外 C1 酶表现为激活作用，酶活提高率在 40%～81%，但随着精油浓度的增大，酶活性呈现先降低后升高再降低的趋势，当精油浓度为 800 mg/L 时，酶活性达到最大，为 0.584 U/g，酶活提高率为 80.82%；辽细辛精油对胞内 C1 酶表现为抑制作用，酶活抑制率在 10%～24%，且随着精油浓度的增大，酶活性降低，酶活抑制率增加，辽细辛精油浓度由 100 mg/L 提高到 1 600 mg/L，胞内 C1 酶活抑制率由 10.2% 提高到 23.66%。离体条件下辽细辛精油处理组的胞外 C1 酶活性均高于胞内酶，是其 1.28～1.77 倍。

表6-32　离体条件下辽细辛精油对黄瓜灰霉病菌C1酶活性的影响

精油浓度/ (mg/L)	胞内 C1 酶		胞外 C1 酶		胞外/胞内
	酶活/（U/g）	酶活抑制率/%	酶活/（U/g）	酶活抑制率/%	
CK	0.42±0.022		0.323±0.007		0.77
100	0.377±0.005	10.2	0.482±0.008	−49.3	1.28
200	0.354±0.001	15.76	0.455±0.001	−40.7	1.29
400	0.336±0.001	19.95	0.506±0.042	−56.55	1.51
800	0.33±0.014	21.34	0.584±0.026	−80.82	1.77
1 600	0.321±0.007	23.66	0.532±0.029	−64.54	1.66

6.3.4　对果胶酶活性的影响

果胶酶（pectinase）广泛存在于植物果实和微生物中，是指分解果胶质的多种酶的总称，它可分为两大类：解聚酶和果胶酯酶。果胶质主要是由 D-半乳糖醛酸以 α-1,4-糖苷键连接形成的直链状的聚合物。果胶酶作用 α-1,4-糖苷键，水解得到 D-半乳糖醛酸。D-半乳糖醛酸是一种还原糖，与 3,5-二硝基水杨酸共热后被还原成棕红色的氨基化合物，在一定的范围内，还原糖的量和反应液的颜色强度成比例关系，可利用比色法进行测定，通过 3,5-二硝基水杨酸比色测定 D-半乳糖醛酸的量可计算出果胶酶活性。

1. 对果胶总酶活性的影响

活体条件下（表 6-33），用辽细辛精油处理后，无论是胞内果胶总酶，还是胞外果胶总酶，酶活均上升，说明辽细辛精油对果胶总酶没有抑制作用，而具有诱导激活作用，且随着精油浓度的增大，酶活性呈现增长趋势，对于胞外酶而言，酶活提高率在27.06%～87.15%,对于胞内酶而言,酶活提高率在30.28%～53.85%。胞外果胶总酶活性无论是对照组还是处理组均高于胞内酶，对应比较，胞外酶活性为胞内酶的 3.39～4.33 倍。

表6-33　活体条件下辽细辛精油对黄瓜灰霉病菌果胶总酶活性的影响

精油浓度/ (mg/L)	胞内果胶总酶		胞外果胶总酶		胞外/胞内
	酶活/（U/mL）	酶活抑制率/%	酶活/（U/mL）	酶活抑制率/%	
CK	0.501±0.001		1.761±0.081		3.52
37.5	0.651±0.002	−30.28	2.242±0.003	−27.06	3.44
75	0.673±0.001	−33.98	2.512±0.032	−42.34	3.73
150	0.762±0.005	−52.5	2.582±0.01	−46.31	3.39
300	0.762±0.002	−53.85	3.303±0.022	−87.15	4.33

离体条件下（表 6-34），辽细辛精油处理后胞内和胞外黄瓜灰霉病菌果胶总酶的活性均升高，酶活提高率为 18.93%～48.42%，表现出对果胶总酶的激活作用，但该激活程度与精油浓度无关。随着精油浓度的增大，胞内酶活性呈现为先降低后升高再降低的趋势，胞外酶活性呈现为先升高后降低再升高的趋势。胞外果胶总酶活性均高于胞内酶，对应比较，胞外酶活性为胞内酶的 1.58～1.97 倍。

表6-34　离体条件下辽细辛精油对黄瓜灰霉病菌果胶总酶活性的影响

精油浓度/ (mg/L)	胞内果胶总酶		胞外果胶总酶		胞外/胞内
	酶活/（U/mL）	酶活抑制率/%	酶活/（U/mL）	酶活抑制率/%	
CK	1.147±0.001		1.935±0.012		1.69
100	1.531±0.004	−33.49	2.520±0.009	−30.24	1.65
200	1.519±0.002	−32.48	2.651±0.129	−36.98	1.75
400	1.456±0.018	−26.95	2.301±0.000	−18.93	1.58
800	1.536±0.001	−33.96	2.477±0.015	−28.02	1.61
1 600	1.461±0.011	−27.39	2.872±0.056	−48.42	1.97

2. 对果胶甲基半乳糖醛酸酶（PMG）活性的影响

活体条件下（表 6-35），用辽细辛精油处理后，对照组和处理组的胞外 PMG 酶活性均高于胞内 PMG 酶，是其 1.48～2.66 倍；不同浓度的辽细辛精油对 PMG 酶活性的影响差异性不显著：对胞外酶而言，酶活抑制率在−69.79%～13.01%，变幅稍大；对于胞内酶而言，酶活抑制率在−9.10%～2.56%，变幅较小。不同浓度的辽细辛精油对胞内酶和胞外酶活性的影响均表现出随着辽细辛精油浓度的增大，酶活性呈现先增大后减小再增大的趋势，即先激活后抑制再激活。说明辽细辛精油浓度大于 37.5 mg/L 而小于 300 mg/L 时，对 PMG 酶活性有抑制作用。

表6-35　活体条件下辽细辛精油对黄瓜灰霉病菌果胶甲基半乳糖醛酸酶活性的影响

精油浓度/ (mg/L)	胞内果胶甲基半乳糖醛酸酶		胞外果胶甲基半乳糖醛酸酶		胞外/胞内
	酶活/（U/mL）	酶活抑制率/%	酶活/（U/mL）	酶活抑制率/%	
CK	0.684±0.001		1.165±0.016		1.70
37.5	0.744±0.025	−8.73	1.172±0.013	−0.86	1.58
75	0.664±0.004	2.56	1.143±0.181	2.06	1.72
150	0.682±0.015	0.01	1.013±0.034	13.01	1.48
300	0.741±0.001	−9.10	1.974±0.024	−69.79	2.66

离体条件下（表 6-36），用辽细辛精油处理后，胞内和胞外果胶甲基半乳糖醛

酸酶活性均升高，即辽细辛精油对 PMG 酶具有诱导刺激作用，而没有抑制作用。

表6-36　离体条件下辽细辛精油对黄瓜灰霉病菌果胶甲基半乳糖醛酸酶活性的影响

精油浓度/	胞内果胶甲基半乳糖醛酸酶		胞外果胶甲基半乳糖醛酸酶		胞外/胞内
（mg/L）	酶活/（U/mL）	酶活抑制率/%	酶活/（U/mL）	酶活抑制率/%	
CK	0.667±0.041		0.643±0.012		0.96
100	0.744±0.002	−11.49	1.078±0.045	−67.81	1.45
200	0.791±0.016	−18.55	1.115±0.002	−73.59	1.41
400	0.826±0.004	−23.74	1.118±0.012	−73.98	1.35
800	0.942±0.011	−41.17	1.148±0.016	−78.60	1.22
1 600	0.982±0.006	−47.11	1.16±0.002	−80.52	1.18

3. 对果胶甲基反式消除酶（PMTE）活性的影响

辽细辛精油在活体和离体条件下对黄瓜灰霉菌产生的果胶甲基反式消除酶活性的影响见表 6-37 和表 6-38。

表6-37　活体条件下辽细辛精油对黄瓜灰霉病菌果胶甲基反式消除酶活性的影响

精油浓度/	胞内果胶甲基反式消除酶		胞外果胶甲基反式消除酶		胞外/胞内
（mg/L）	酶活/（U/mL）	酶活抑制率/%	酶活/（U/mL）	酶活抑制率/%	
CK	0.063±0.011		0.034±0.013		0.54
37.5	0.023±0.013	60.44	0.033±0.011	−10.09	1.43
75	0.013±0.013	85.39	0.043±0.012	−28.23	3.31
150	0.025±0.015	68.06	0.032±0.013	−8.84	1.28
300	0.131±0.021	−119.00	0.101±0.001	−253.06	0.77

表6-38　离体条件下辽细辛精油对黄瓜灰霉病菌果胶甲基反式消除酶活性的影响

精油浓度/	胞内果胶甲基半乳糖醛酸酶		胞外果胶甲基半乳糖醛酸酶		胞外/胞内
（mg/L）	酶活/（U/mL）	酶活抑制率/%	酶活/（U/mL）	酶活抑制率/%	
CK	0.414±0.004		0.059±0.006		0.14
100	0.326±0.012	21.29	0.007±0.001	87.42	0.02
200	0.444±0.012	−7.22	0.022±0.012	62.42	0.05
400	0.643±0.004	−55.41	0.015±0.006	74.94	0.02
800	0.439±0.001	−6.02	0.052±0.018	12.47	0.12
1 600	0.818±0.016	−97.57	0.018±0.009	68.71	0.02

从表 6-37 可以看出，在活体条件下，不同浓度的辽细辛精油对 PMTE 酶活性的影响差异性不显著，对胞外酶而言，辽细辛精油对其有明显的激活作用，酶活提高率在 8.84%～253.06%；当精油浓度≤150 mg/L 时，酶活性变化不大；但当精油浓度达到 300 mg/L 时，酶活性剧增，为 0.101 U/mL，酶活提高率为 253.06%。对胞内酶而言，辽细辛精油对其主要表现为抑制作用，当精油的浓度≤150 mg/L 时，酶活抑制率在 60.44%～85.39%；但当精油浓度达到 300 mg/L 时，酶活性剧增，为 0.131 U/mL，酶活提高率为 119%，表现为激活作用。

离体条件下，辽细辛精油处理后黄瓜灰霉病菌 PMTE 酶活性发生变化，且胞内酶活性均高于胞外酶，前者是后者的 7.02～46.57 倍。对于胞内酶而言，酶活抑制率在−97.57%～21.29%，差异极显著，当精油浓度为 100 mg/L 时，PMTE 酶活性比对照组低，酶活抑制率为 21.29%，当精油浓度≥200 mg/L 时，PMTE 酶活性比对照组均高，表现出精油对 PMTE 酶的激活作用，但激活程度并不随精油浓度的增大而提高。对于胞外酶而言，精油处理后 PMTE 酶活性下降，酶活抑制率在 12.47%～87.42%。说明辽细辛精油对 PMTE 酶有抑制作用，但抑制程度与精油浓度之间不成比例关系。

6.3.5 对蛋白酶活性的影响

蛋白酶（protease）是生物体内的一类酵素（酶），通过打断那些将氨基酸联结成多肽链的肽键，有效分解蛋白质。按其水解多肽的方式，可以将其分为内肽酶和外肽酶两类。

活体条件下（表 6-39），用辽细辛精油处理后，无论是胞内蛋白酶，还是蛋白酶，酶活均上升，即辽细辛精油对蛋白酶活性没有抑制作用，而表现为激活作用。对于胞外酶而言，酶活提高率在 0.17%～20.98%；对于胞内酶而言，酶活提高率在 20.82%～106.12%。均当精油浓度≤150 mg/L 时，酶活性变化不大；但当精油浓度达到 300 mg/L 时，酶活性剧增，胞外蛋白酶为 189.381 U/g，酶活提高率为 106.12%，胞内蛋白酶为 147.754 U/g，酶活提高率为 20.98%。

表6-39　活体条件下辽细辛精油对黄瓜灰霉病菌蛋白酶活性的影响

精油浓度/ (mg/L)	胞内蛋白酶		胞外蛋白酶		胞外/胞内
	酶活/（U/g）	酶活抑制率/%	酶活/（U/g）	酶活抑制率/%	
CK	91.882±0.711		122.133±0.714		1.33
37.5	117.753±0.613	−28.16	133.131±2.352	−9.01	1.13
75	111.5±0.824	−21.36	123.003±2.864	−0.72	1.10
150	110.004±0.413	−20.82	122.333±5.001	−0.17	1.11
300	189.381±1.331	−106.12	147.754±2.651	−20.98	0.78

离体条件下（表 6-40），辽细辛精油对黄瓜灰霉病菌胞内和胞外蛋白酶活性的影响主要表现为激活作用，且随着精油浓度的增大，酶活性升高，酶活提高率增加，精油浓度与酶活性成正比；胞内酶活提高率在 8.07%～163.09%，胞外酶酶活提高率在 3.63%～88.35%。只有当精油浓度为 100 mg/L 时，胞外酶活性（156.25 U/g）比对照（165.25 U/g）低，酶活抑制率为 5.45%，表现为辽细辛精油对蛋白酶的抑制作用，其他浓度均表现为激活作用。

表6-40　离体条件下辽细辛精油对黄瓜灰霉病菌蛋白酶活性的影响

精油浓度/ (mg/L)	胞内蛋白酶		胞外蛋白酶		胞外/胞内
	酶活/（U/g）	酶活抑制率/%	酶活/（U/g）	酶活抑制率/%	
CK	148.75±0.204		165.25±3.062		1.11
100	160.75±1.429	−8.07	156.25±0.612	5.45	0.97
200	209.5±2.041	−40.84	171.25±1.837	−3.63	0.82
400	246.75±1.837	−65.88	188.25±1.021	−13.92	0.76
800	280.25±1.429	−88.4	242±1.633	−46.44	0.86
1 600	391.5±0.408	−163.19	311.25±0.614	−88.35	0.80

6.3.6　对保护酶活性的影响

植物在逆境条件下会直接或间接地形成过量的活性氧（ROS）自由基，对细胞膜系统、脂类、蛋白质和核酸等大分子物质产生很强的破坏作用，从而影响植物的正常生长与发育。但逆境条件会激活植物体内原有的保护酶系统，即抗氧化酶系统，清除多余的自由基，这一保护酶系统由许多酶和还原性物质组成，其中超氧化物歧化酶（SOD）、过氧化物酶（POD）、过氧化氢酶（CAT）、多酚氧化酶（PPO）等是主要的抗氧化酶，植物通过抗氧化酶加强抗氧化作用，提高对逆境的抗性，从而防止自由基的毒害。

1. 对蛋白质含量的影响

在活体条件下，辽细辛精油处理后供试病菌的蛋白质含量变化明显，与对照比，当精油浓度≤50 mg/L 时，供试病菌的蛋白质含量稍降低，比值为 0.89；当精油浓度≥100 mg/L 时，供试病菌的蛋白质含量提高，且随精油浓度的增加蛋白质含量上升，各处理的蛋白质含量分别是对照的 2.02 倍、3.15 倍和 4.63 倍（图 6-7）。

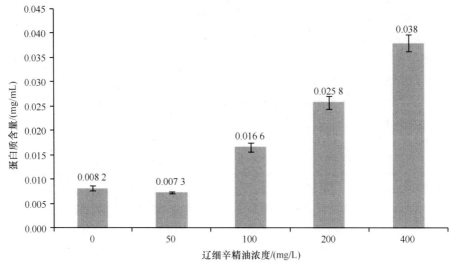

图 6-7　辽细辛精油对病菌可溶性蛋白含量的影响

2. 对过氧化物酶（POD）活性的影响

与对照比，辽细辛精油处理后病菌过氧化物酶活性均降低，降低了 19.61%~93.54%，但并不是随着精油浓度的加大，降低幅度增加，而是当精油浓度为 100 mg/L 时，降低幅度最大，达 93.54%。说明辽细辛精油通过抑制过氧化物酶活性，破坏病原菌的保护酶，从而起到防病作用，但防病作用大小与精油浓度无关（图 6-8）。

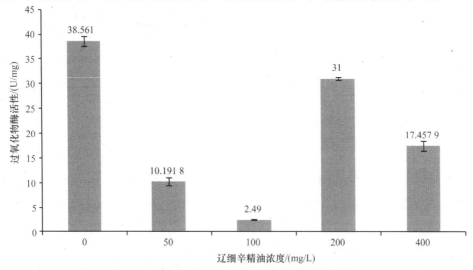

图 6-8　辽细辛精油对病菌过氧化物酶活性的影响

3. 对过氧化氢酶（CAT）活性的影响

在活体条件下，辽细辛精油处理后供试病菌的过氧化氢酶活性变化明显，与对照比，当精油浓度≤50 mg/L 时，过氧化氢酶活性稍降低，两者比值为 0.92；当精油浓度≥100 mg/L 时，供试病菌的过氧化氢酶活性提高，各处理组的过氧化氢酶活性分别是对照的 3.23 倍、6.17 倍和 4.41 倍；当精油浓度为 200 mg/L 时，过氧化氢酶活性达到最高，为 564.060 2 U/mg，而后随着精油浓度的加大过氧化氢酶活性降低（图 6-9）。说明低浓度的辽细辛精油对病菌过氧化氢酶有诱导作用，而高浓度的辽细辛精油对其过氧化氢酶有抑制作用。

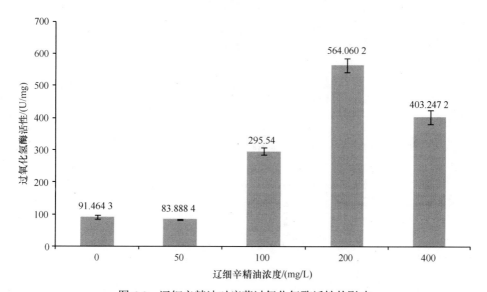

图 6-9　辽细辛精油对病菌过氧化氢酶活性的影响

4. 对多酚氧化酶（PPO）活性的影响

与对照比，当精油浓度≤100 mg/L 时，多酚氧化酶活性提高，各处理分别是对照的 1.15 倍和 1.46 倍；当精油浓度≥200 mg/L 时，供试病菌的多酚氧化酶活性降低，只为对照 1/6～1/4（图 6-10）。说明低浓度的辽细辛精油对病菌多酚氧化酶有诱导作用，而高浓度的辽细辛精油对其多酚氧化酶则有抑制作用。

5. 对酯酶（EST）活性的影响

与对照比，当精油浓度≤50mg/L 时，酯酶活性提高，处理组提高 1.39 倍；当精油浓度≥100 mg/L 时，供试病菌的酯酶活性明显降低，降低了 28.68%～60.26%（图 6-11）。说明一定浓度的辽细辛精油对病原菌酯酶有抑制作用，通过抑制酯酶活性，破坏病原菌的保护酶，起到防病作用，且防病作用与辽细辛精油浓度成正相关。

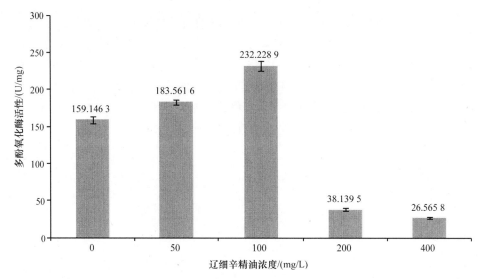

图 6-10　辽细辛精油对病菌多酚氧化酶活性的影响

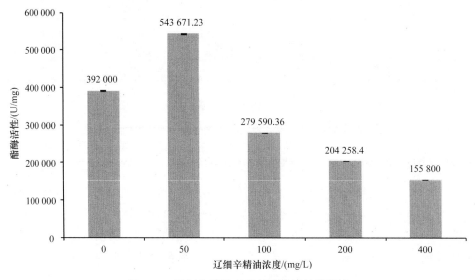

图 6-11　辽细辛精油对病菌酯酶活性的影响

6. 对超氧化物歧化酶（SOD）活性的影响

辽细辛精油处理后，供试病原菌超氧化物歧化酶活性与对照比显著下降，各处理组与对照组的比值分别为 0.90、0.51、0.38 和 0.05（图 6-12）。说明辽细辛精油对病原菌超氧化物歧化酶有抑制作用，通过抑制超氧化物歧化酶活性，破坏病原菌的保护酶，起到防病作用，且防病作用与辽细辛精油浓度成正相关。

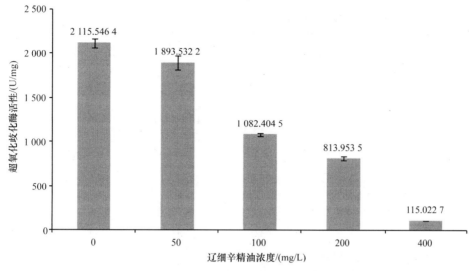

图 6-12　辽细辛精油对病菌超氧化物歧化酶活性的影响

　　从病菌 5 种保护酶活性的测定结果可以看出，辽细辛精油处理后供试病原菌过氧化物酶、超氧化物歧化酶等活性均降低，说明辽细辛精油对病原菌的保护酶有抑制作用，即辽细辛精油通过抑制病原菌的保护酶而对病原菌起到防治作用。

6.3.7　对保护酶同工酶的影响

　　不同浓度辽细辛精油处理后，病原菌的可溶性蛋白和其他保护酶同工酶谱带与对照比均有一定的变化（附图 24 和表 6-41）。可溶性蛋白谱带共 11 条，共同谱带 6 条，辽细辛精油处理后新产生的谱带 1 条(迁移率 Rf=0.088 9)，且精油浓度为 50 mg/L 时，该谱带不产生；浓度为 400 mg/L 时，丧失 4 条谱带，Rf 分别为 0.377 8、0.555 6、0.688 9、0.744 4。过氧化物同工酶图谱变化较大，辽细辛精油处理后新产生的谱带数为 4 条，虽然每个浓度下均形成 2 条，但谱带的位置均不同。过氧化氢同工酶图谱的变化也很明显，辽细辛精油处理后共形成 6 条新的谱带，浓度为 50 mg/L 时形成 2 条颜色较暗的谱带，Rf 分别为 0.221 2、0.25，但这两条谱带可能不是过氧化氢酶的谱带，可能是淀粉酶谱带；精油浓度为 100～400 mg/L 时，随着精油浓度的加大，过氧化氢酶的谱带数增加。辽细辛精油处理后多酚氧化酶同工酶图谱中共形成 4 条新的谱带，且随精油浓度的加大，谱带数量增加。酯酶同工酶图谱中，与对照比处理组只多出 1 条谱带，且出现在精油浓度≥100 mg/L 时。超氧化物歧化酶同工酶的谱带数量较多，共 11 条，其中 10 条是处理后形成的，比例占 90.91%，谱带数量最多的出现在精油浓度为 400 mg/L 时。说明，辽细辛精油处理后病原菌可溶性蛋白和保护酶同工酶的谱带均发生了变化，辽细辛精油能够促使新的谱带产生。

表6-41 病原菌同工酶电泳图谱分析结果

同工酶	Rf	辽细辛精油浓度/（mg/L）				
		CK	50	100	200	400
可溶性蛋白	0.088 9	0	0	1	1	1
	0.111 1	1	1	1	1	1
	0.344 4	1	1	1	1	1
	0.377 8	1	1	1	1	0
	0.488 9	1	1	1	1	1
	0.555 6	1	1	1	1	0
	0.588 9	1	1	1	1	1
	0.644 4	1	1	1	1	1
	0.688 9	1	1	1	1	0
	0.744 4	1	1	1	1	0
	0.977 8	1	1	1	1	1
过氧化物酶	0.051 2	0	0	0	1	1
	0.026 3	0	1	1	0	0
	0.302 7	0	1	1	0	0
	0.373 8	0	0	0	0	1
过氧化氢酶	0.019 2	0	0	0	1	1
	0.057 7	0	0	1	1	1
	0.221 2	0	1	0	0	0
	0.250 0	0	1	0	0	0
	0.288 5	0	0	0	0	1
	0.365 4	0	0	0	0	1
多酚氧化酶	0.093 1	0	1	1	1	1
	0.306 9	0	1	1	1	1
	0.384 3	0	0	0	1	1
	0.446 7	0	0	0	0	1
酯酶	0.059 1	1	1	1	1	1
	0.076 4	0	0	1	1	1
超氧化物歧化酶	0.018 0	0	0	0	1	1
	0.081 1	0	0	0	0	1
	0.117 1	0	0	0	0	1
	0.135 1	0	0	0	0	1
	0.198 2	0	0	0	1	1

续表

同工酶	Rf	辽细辛精油浓度/（mg/L）				
		CK	50	100	200	400
超氧化物歧化酶	0.279 3	1	1	1	0	0
	0.315 3	0	0	0	0	1
	0.360 4	0	0	0	1	1
	0.450 4	0	0	0	1	1
	0.504 5	0	1	0	1	1
	0.973 0	0	0	0	0	1

6.4　辽细辛精油对病原菌形态及细胞膜透性的影响

在生物活性测定过程中，尤其在离体测定中，应注意处理病原菌的显微观察，一方面可从组织学角度去发现新的活性化合物，另一方面也可以为杀菌剂作用机制的研究提供线索。

6.4.1　病原菌细胞膜透性测定方法

采用电导法测定辽细辛精油对黄瓜灰霉病菌菌丝细胞膜透性的影响。

1. 菌丝的制备方法

在 PDA 平板培养好的黄瓜灰霉病菌菌落上用直径 0.5 cm 打孔器打制菌饼，接种到含药（终浓度为 37.5 mg/L、75 mg/L、150 mg/L、300 mg/L 和 600 mg/L）PD 培养液中，培养 7 d，每个处理 3 次重复。

2. 干菌丝细胞膜透性

培养物真空抽滤，菌丝自然晾干，准确称取 0.25 g，灭菌三重水定容至 3 mL，分别处理 6 h、12 h、24 h、48 h、96 h，测定电导率，3 次重复。

3. 鲜菌丝细胞膜透性

抽滤后菌丝，即刻挑选出大小相同的菌丝球于滤纸上，吸干表面水分，每个处理 15 个（约 0.104 7 g），灭菌三重水定容至 3 mL，分别处理 6 h、12 h、24 h、48 h、96 h，测定电导率，3 次重复。

$$电导率（\mu s/g）=测定值(\mu s/g)×电导仪档数$$

$$电导率提高率(\%) = \frac{处理组电导率(\mu s / g) - 对照组电导率(\mu s / g)}{对照组电导率(\mu s / g)} \times 100\%$$

6.4.2 病原菌孢子和菌丝形态观察方法

利用光学显微镜采用单凹玻片法，观察辽细辛精油对孢子形态和萌发情况、菌丝形态和生长情况的影响，观察放大倍数为目镜×物镜×相机=10×10×4 或 10×10×11 或 10×40×9.1。

用供试辽细辛精油液（终浓度为 37.5 mg/L、75 mg/L、150 mg/L、300 mg/L 和 600 mg/L）配制孢子悬液，孢子浓度约为 3×10^6 个/mL；在含有供试浓度辽细辛精油液的单凹玻片中挑取少许黄瓜灰霉病菌菌丝，充分分散。处理 0 h、2 h、6 h、12 h、24 h、48 h 后，光学显微镜下观察记录孢子和菌丝形态并拍照，3 次重复。

6.4.3 辽细辛精油对黄瓜灰霉病菌细胞膜透性的影响

1. 辽细辛精油对黄瓜灰霉病菌干菌丝细胞膜透性的影响

当处理时间相同时，随着精油浓度的增加，病菌干菌丝电导率表现出先降后升的缓慢变化趋势，电导率的提高率则表现出逐渐增加的趋势，如处理时间为 12 h 时，对照组的电导率为 221.5 μs/g，精油浓度为 37.5 mg/L、75 mg/L、150 mg/L 和 300 mg/L 时的电导率分别为 211.5 μs/g、216.5 μs/g、220 μs/g、243.5 μs/g，电导率的提高率依次为–4.51%、–2.26%、–0.68%和 9.93%。当精油浓度相同时，随着处理时间的延长，病菌干菌丝电导率逐渐增加，如精油浓度为 150 mg/L 时，处理时间为 6 h、12 h、24 h 和 48 h 的电导率分别为 184.5 μs/g、220 μs/g、272.5 μs/g、310.5 μs/g，后者比前者分别增加 35.5 μs/g、52.5 μs/g 和 38 μs/g，电导率分别是前者的 1.19 倍、1.24 倍和 1.14 倍，与对照比电导率提高率依次为 4.24%、–0.68%、–6.84%和 3.33%，电导率提高率的变化趋势不明显（图 6-13，表 6-42）。

无论是对照组还是处理组，处理时间由 6 h 延长至 12 h，CK 和 37.5 mg/L、75 mg/L、150 mg/L、300 mg/L 不同精油浓度处理后的病菌干菌丝电导率分别增加 44.5 μs/g、45 μs/g、41 μs/g、35.5 μs/g 和 58.25 μs/g，即 12 h 时分别是 6 h 时的 1.25 倍、1.27 倍、1.23 倍、1.19 倍和 1.31 倍；处理时间由 12 h 延长至 24 h，电导率分别增加 71 μs/g、49 μs/g、56 μs/g、52.5 μs/g 和 46.5 μs/g，即 24 h 时分别是 12 h 时的 1.32 倍、1.23 倍、1.26 倍、1.24 倍和 1.19 倍；处理时间由 24 h 延长至 48 h，电导率分别增加 8 μs/g、45 μs/g、33 μs/g、38 μs/g 和 27.5 μs/g，即 48 h 时分别是 24 h 时的 1.03 倍、1.17 倍、1.12 倍、1.14 倍和 1.09 倍（表 6-43）。说明，处理时间由 6 h 延长至 12 h 和由 12 h 延长至 24 h 时，病菌干菌丝电导率增幅明显，由 12 h 延长至 24 h 时增幅最明显。

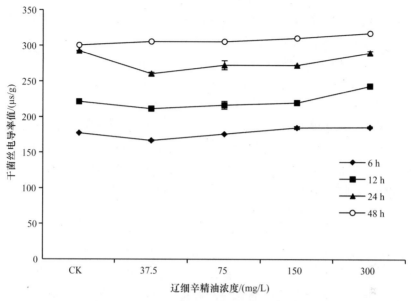

图 6-13 辽细辛精油对黄瓜灰霉病菌干菌丝电导率的影响

辽细辛精油浓度为 600 mg/L，黄瓜灰霉病菌几乎不生长，故未测该浓度下的电导率。下同

表6-42 辽细辛精油对黄瓜灰霉病菌干菌丝电导率的影响

处理时间/h	电导率提高率/%			
	37.5 mg/L	75 mg/L	150 mg/L	300 mg/L
6	−5.93±0.57	−0.85±0.08	4.24±0.13	4.23±0.12
12	−4.51±0.22	−2.26±0.01	−0.68±0.58	9.93±0.59
24	−10.94±0.68	−6.84±0.01	−6.84±0.17	−0.85±0.05
48	1.66±0.02	1.66±0.02	3.33±0.29	7.82±0.5

表6-43 不同处理时间黄瓜灰霉病菌干菌丝电导率的变化

时间变化/h	电导率增长幅度/（μs/g）				
	CK	37.5 mg/L	75 mg/L	150 mg/L	300 mg/L
6～12	44.5	45	41	35.5	58.25
12～24	71	49	56	52.5	46.5
24～48	8	45	33	38	27.5
时间段	比值				
	CK	37.5 mg/L	75 mg/L	150 mg/L	300 mg/L
12 h/6 h	1.25	1.27	1.23	1.19	1.31
24 h/12 h	1.32	1.23	1.26	1.24	1.19
48 h/12 h	1.03	1.17	1.12	1.14	1.09
48 h/6 h	1.70	1.83	1.74	1.68	1.71

处理时间为 6 h 时，CK 和 37.5～600 mg/L 不同精油浓度处理后的灰霉病菌电导率分别为 177 μs/g、166.5 μs/g、175.5 μs/g、184.5 μs/g 和 185.25 μs/g；处理时间为 48 h 时，电导率分别为 300.5 μs/g、305.5 μs/g、305.47 μs/g、310.5 μs/g 和 317.5 μs/g，即处理时间由 6 h 延长到 48 h 时，电导率 48 h 时分别是 6 h 时的 1.7 倍、1.83 倍、1.74 倍、1.68 倍和 1.71 倍（表 6-43）。

在 6～48 h 的处理时间内，对照组灰霉病菌电导率分别为 177 μs/g、221.5 μs/g、292.5 μs/g 和 300.5 μs/g，当用精油处理后，灰霉病菌电导率均发生了变化（表 6-42），当精油浓度≤75 mg/L 时，电导率主要呈现降低趋势，降低 0.85%～10.94%；当精油浓度≥150 mg/L 时，电导率主要呈现提高趋势，提高 3.33%～9.93%（表 6-42）。

2. 辽细辛精油对黄瓜灰霉病菌鲜菌丝细胞膜透性的影响

以鲜菌丝作为处理对象，其菌体细胞电导率的变化趋势（图 6-14，表 6-44 和表 6-45）均与干菌丝的一致：当处理时间相同时，随着精油浓度的增加，菌丝电导率表现出缓慢上高的趋势，当精油浓度相同时，随着处理时间的延长，菌丝电导率逐渐增加；处理时间由 6 h 延长至 12 h 和由 12 h 延长至 24 h 时，病菌鲜菌丝电导率增幅明显，而处理时间由 24 h 延长至 48 h，电导率增幅不明显，精油浓度为 150 mg/L 和 300 mg/L 时，该时段内电导率几乎不变化；处理时间由 6 h 延长到 48 h 时，电导率分别提高 1.69 倍、1.68 倍、1.77 倍、1.81 倍和 1.53 倍，与干菌丝电导率提高幅度几乎相同；在处理时间内，对照组的电导率分别为 50.5 μs/g、66.5 μs/g、77.75 μs/g 和 85.35 μs/g，当用精油处理后，电导率呈现提高趋势，提高 0.38%～24.75%。

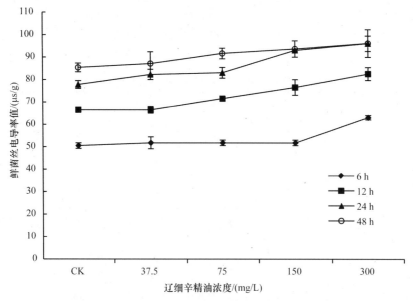

图 6-14　辽细辛精油对黄瓜灰霉病菌鲜菌丝细胞膜透性的影响

表6-44　辽细辛精油对黄瓜灰霉病菌鲜菌丝电导率的影响

处理时间/h	电导率提高率/%			
	37.5 mg/L	75 mg/L	150 mg/L	300 mg/L
6	2.48±0.12	2.48±0.12	2.48±0.12	24.75±1.93
12	0.38±0.08	7.92±0.51	15.47±0.75	24.53±0.55
24	5.79±0.29	6.75±0.28	19.61±0.64	23.47±1.29
48	2.05±0.19	7.32±0.19	9.67±0.9	12.60±1.09

表6-45　不同处理时间黄瓜灰霉病菌鲜菌丝电导率的变化

时间变化/h	电导率增长幅度/（μs/g）				
	CK	37.5 mg/L	75 mg/L	150 mg/L	300 mg/L
6~12	16	14.75	19.75	24.75	19.5
12~24	11.25	15.75	11.5	16.5	13.5
24~48	7.6	4.85	8.6	0.6	0.1
时间段	比值				
	CK	37.5 mg/L	75 mg/L	150 mg/L	300 mg/L
12 h/6 h	1.32	1.29	1.38	1.48	1.31
24 h/12 h	1.17	1.24	1.16	1.22	1.16
48 h/12 h	1.1	1.06	1.1	1.01	1
48 h/6 h	1.69	1.68	1.77	1.81	1.53

3. 两种处理方法的比较

比较干菌丝和鲜菌丝两种测定方法，干菌丝测定法，处理时间≤24 h、精油浓度≤150 mg/L 时，电导率的提高率多为负值，即处理后病菌菌丝电导率降低，处理组电导率低于对照组；而鲜菌丝在测定浓度和时间内，电导率的提高率均为正值，即处理后病菌菌丝电导率均提高。分析原因，可能是菌丝在干制过程中其细胞膜透性已经受到了一定的损伤，再者干菌丝体的内容物与外界环境进行交换所需时间较长。这说明采用电导率法测定辽细辛精油对黄瓜灰霉病菌菌丝体细胞膜透性的影响时，采用鲜菌丝处理方法比较理想。

两种处理方法中电导率值增加幅度最大时所处的时间段不同，干菌丝的电导率增加幅度最大的为处理时间段为由 12 h 延长至 24 h 时，而鲜菌丝则在 6 h 至 12 h 时；干菌丝的电导率在 6~24 h 时间段变化幅度较明显，而处理后期（48 h）电导率变化趋势缓慢；鲜菌丝的电导率在 6~48 h 处理时间内提高幅度均较明显，且 48 h 与 24 h 有部分趋势线相重合。这说明采用电导率法测定辽细辛精油对黄瓜灰霉病菌菌丝体细胞膜透性的影响时，处理时间在 12~24 h 时比较理想。

在辽细辛精油处理的整个过程中，刚开始的时间内，低浓度辽细辛精油处理后病菌菌丝的电导率值低于对照组，可能是因为菌丝细胞刚接触到不良的环境条件，自身正常的代谢过程不能照常运行，菌丝生长受到抑制，向菌丝细胞外分泌的物质减少，因此精油浓度为 37.5 mg/L 的处理组电导率低于对照组。而高浓度精油处理后的电导率高于对照组，可能是因为精油浓度太高，菌丝细胞受到的冲击力太大，没有经过缓冲阶段就直接作用到菌丝细胞膜或者其他部位，使得菌丝内容物漏出，电导率增加。精油作用一定时间后，低浓度处理组的电导率又均高于对照组，是因为该处理组的菌丝适应了不良环境，代谢逐渐趋于正常，加上精油对菌丝细胞的破坏作用，使得电导率提高。但当处理时间为 48 h 时，低浓度处理组的电导率又低于对照组，是因为该处理组的菌丝与精油作用达到均衡阶段，电导率的变化幅度不大，而对照组的菌丝依然正常代谢。其他处理组菌丝的电导率尤其是 300 mg/L 精油浓度下的电导率一直高于对照组，可能是因为菌丝细胞的抵抗力太弱，其防御系统被破坏，代谢根本无法进行，最终导致菌丝细胞的内容物不断渗出，电导率不断增大。

　　两种不同处理方法的结果表明，辽细辛精油对黄瓜灰霉病菌细胞膜透性具有一定的影响。作用机理可能为：辽细辛精油接触菌丝细胞壁和细胞膜，并对其发生作用，细胞壁和细胞膜受到不同程度的损害，菌丝细胞通透性发生改变，菌丝内容物漏出；或者是精油能够渗透到菌丝细胞内，与菌丝内的物质发生作用，产生小分子质量的物质，扩散到菌丝细胞外，使得处理后的电导率值增大。还有不可忽略的一点是，菌丝细胞在自身的代谢过程中也会向细胞外分泌一些特殊物质也能使电导率值增大。300 mg/L 的精油浓度可能是与细胞壁、细胞膜作用或者是能够渗透到菌丝内部的最佳浓度。

6.4.4　辽细辛精油对黄瓜灰霉病菌孢子萌发的影响

1. 处理 0 h

　　孢子均未萌发，且孢子原生质分布均匀（图 6-15）。

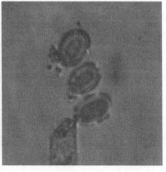

图 6-15　处理 0 h 时孢子形态（彩图见封底二维码）

2. 处理 2 h

对照组少数孢子已萌发，绝大部分处于萌动状态，孢子原生质均匀。处理组孢子均未萌发，随精油浓度的增大，孢子处于萌动的数量逐渐下降，并且处于高处理浓度的孢子部分开始出现原生质模糊和轻微的质壁分离现象。当精油浓度为 37.5 mg/L 和 75 mg/L 时，孢子原生质分布均匀，极少数处于萌动状态；当精油浓度为 150 mg/L 时，孢子原生质分布均匀，极少数孢子开始出现模糊，个别发生轻微的质壁分离（见图 6-16 中箭头）；当精油浓度为 300 mg/L 时，孢子原生质分布均匀，少数出现混浊不清和质壁分离；当精油浓度为 600 mg/L 时，孢子原生质开始出现浓缩，并且孢子部分出现质壁分离（图 6-16）。

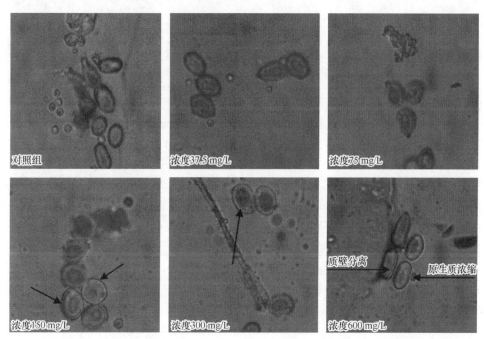

图 6-16　辽细辛精油处理 2 h 对孢子形态的影响（彩图见封底二维码）

3. 处理 6 h

对照组孢子原生质分布均匀，并且 15%孢子萌发的菌丝长度超过孢子的长度，20%孢子萌发的菌丝长度约为孢子的宽度。处理组孢子大部分处于萌动状态，只有处于较低处理浓度的孢子少数萌发并且原生质分布均匀，说明辽细辛精油对灰霉病菌的孢子萌发具有抑制作用（图 6-17）。

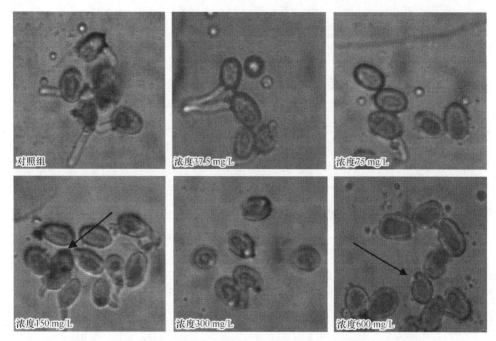

图 6-17　辽细辛精油处理 6 h 对孢子形态的影响（彩图见封底二维码）

随着精油浓度的提高，处理组的孢子萌发率逐渐降低，孢子原生质分布情况与 2 h 相类似。当精油浓度为 37.5 mg/L 时，部分孢子开始萌发，但大部分处于萌动状态。约 25%孢子萌发的菌丝长度约为孢子的宽度，少数约为孢子的长度，孢子原生质分布均匀；当精油浓度为 75 mg/L 时，部分孢子处于萌动状态，约 20%孢子萌发的菌丝长度约为孢子的宽度，极少数孢子萌发的菌丝长度约为孢子的长度，孢子原生质分布均匀；当精油浓度为 150 mg/L 时，大部分孢子处于萌动状态，约 15%孢子萌发的长度约为孢子的宽度，部分孢子原生质混浊不清或表现轻微的质壁分离（见图 6-17 中箭头）；当精油浓度为 300 mg/L 和 600 mg/L时，孢子大部分没有萌发，少数处于萌动状态，孢子原生质混浊不清，少数孢子发生质壁分离和原生质浓缩现象（见图 6-17 中箭头）。

4. 处理 12 h

对照组孢子几乎全部萌发，约 50%的孢子萌发的菌丝长度为孢子长度的 6～7倍，部分为 4～5 倍，极少数为 2～3 倍，有的甚至刚萌发，孢子原生质分布均匀（图 6-18）。处理组均有孢子萌发，但孢子的萌发率和孢子萌发的菌丝长度均随着精油处理浓度的提高逐渐降低，表现出明显的辽细辛精油对灰霉病菌孢子萌发的抑制作用。

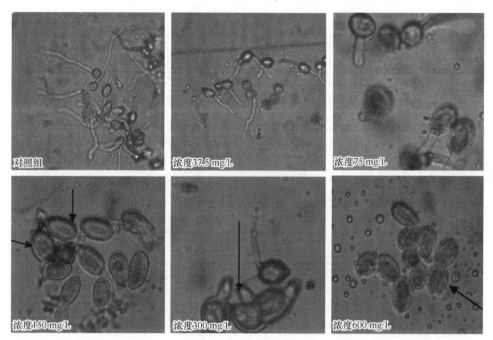

图 6-18　辽细辛精油处理 12 h 对孢子形态的影响（彩图见封底二维码）

当精油浓度为 37.5 mg/L 和 75 mg/L 时，90%的孢子已萌发，约有 15%的孢子萌发的菌丝长度为孢子长度的 4～5 倍，约有 50%的孢子萌发的菌丝长度为孢子长度的 2～3 倍，孢子原生质大部分分布均匀；当精油浓度为 150 mg/L 时，约有50%的孢子萌发，其中约有 20%的孢子萌发的菌丝长度为孢子长度的 2～3 倍，孢子原生质混浊不清，质壁分离现象明显（见图 6-18 中箭头）；当精油浓度为300 mg/L 和 600 mg/L 时，有 10%～30%的孢子萌发，孢子原生质混浊不清，部分孢子出现畸形（见图 6-18 中箭头）。

5. 处理 24 h

对照组孢子 60%的孢子萌发的菌丝长度为孢子长度的 25～30 倍，30%为孢子长度的 15～20 倍，10%为孢子长度的 10 倍左右。孢子萌发的新生菌丝中约有 50%呈浅绿色，少部分出现分隔，孢子原生质内出现小空洞，菌丝分枝较少，菌丝端部部分弯曲。

与处理 12 h 比较，处理浓度为 37.5 mg/L 和 75 mg/L 的孢子萌发率有所提高，几乎全部萌发，而其他处理组的孢子萌发率没有多大变化，孢子萌发的菌丝长度均有所增加并且菌丝出现分枝和弯曲现象。精油浓度为 150 mg/L 时，少部分孢子出现畸形，浓度为 300 mg/L 和 600 mg/L 时，没有萌发的孢子发生严重的质壁分离和内容物浓缩，部分孢子出现解体现象（见图 6-19 中箭头）。

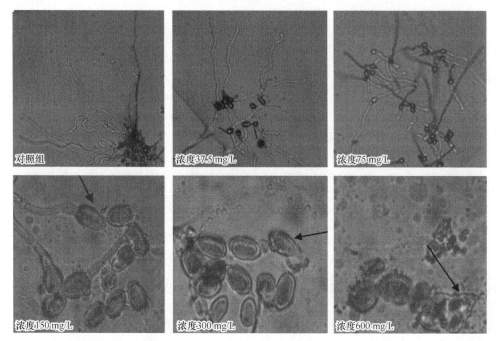

图 6-19　辽细辛精油处理 24 h 对孢子形态的影响（彩图见封底二维码）

6. 处理 48 h

对照组 80%的孢子萌发的菌丝长度为孢子长度 80 倍左右，少部分为孢子长度的 60 倍左右，菌丝开始出现分枝、分隔，保持旺盛的生命力。处理组孢子萌发率与处理 24 h 比较没有提高，但孢子萌发的菌丝长度均有所增加并且菌丝分枝和弯曲现象更严重，没有萌发的孢子保持原来状态（图 6-20）。

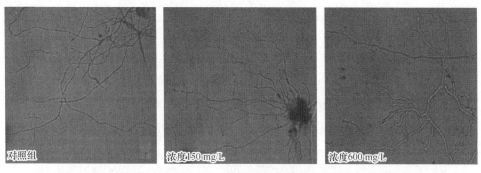

图 6-20　辽细辛精油处理 48 h 对孢子形态的影响（彩图见封底二维码）

总体而言，辽细辛精油对黄瓜灰霉病菌孢子及孢子萌发具有一定的抑制作用：在 2 h 时，150 mg/L、300 mg/L、600 mg/L 处理浓度的孢子出现轻微质壁分离，600 mg/L 的孢子出现原生质浓缩；6 h 时，300 mg/L、600 mg/L 处理浓度的孢子只有极少数处于萌动状态；12 h 时，150 mg/L 质壁分离现象明显，300 mg/L、600 mg/L 处理浓度的孢子出现畸形；24 h 时，300 mg/L 处理浓度的孢子萌发的菌丝出现明显的分隔，其余各处理浓度的孢子萌发的菌丝大都为透明色，未见明显的分隔；在 48 h 时，各处理浓度的孢子萌发的菌丝均出现明显的分隔。

　　随着辽细辛精油处理浓度的增加，黄瓜灰霉病菌的孢子萌发率逐渐降低、孢子萌发的菌丝长度逐渐减小；并且萌发的菌丝出现分枝、弯曲生长及菌丝中间缢缩现象，尤其在辽细辛精油浓度为 300 mg/L 时，孢子萌发的菌丝分枝最多、弯曲程度最重、菌丝中间缢缩现象最重；在 24 h 前没有萌发的孢子在以后的时间段仍然没有再萌发。300 mg/L 的辽细辛精油浓度可能是与菌丝细胞壁或细胞膜作用的最佳浓度。

6.4.5　辽细辛精油对黄瓜灰霉病菌菌丝生长的影响

1. 处理 0 h

　　菌丝近乎浅绿色，原生质分布均匀，菌丝尖端钝圆滑（图 6-21）。

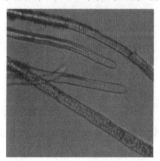

图 6-21　辽细辛精油处理 0 h 菌丝的形态（彩图见封底二维码）

2. 处理 2 h

　　对照组和处理组菌丝形态没有多大差异，菌丝原生质分布均匀，极少见新长出的小菌丝，菌丝尖端亦无异常（图 6-22）。

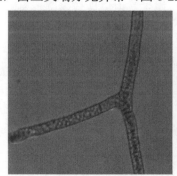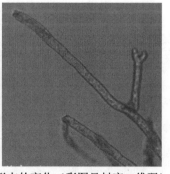

图 6-22　辽细辛精油处理 2 h 菌丝形态的变化（彩图见封底二维码）

3. 处理 6 h

对照组菌丝原生质分布均匀，并且绝大部分菌丝上长有小菌丝；处理组大部分菌丝原生质分布均匀，少数出现异常，长出的小菌丝近乎透明（图 6-23 和图 6-24）。

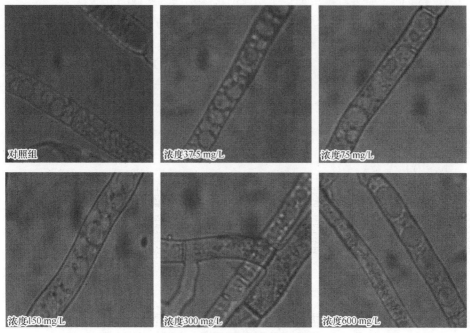

图 6-23　辽细辛精油处理 6 h 菌丝原生质的变化（彩图见封底二维码）

随着精油浓度的增加，菌丝萌发的小菌丝数量减少多，小菌丝长度缩短。当精油浓度为 37.5 mg/L 和 75 mg/L 时，菌丝原生质分布均匀，部分菌丝上长有小菌丝；当精油浓度为 150 mg/L 时，大部分菌丝原生质分布较均匀，菌丝边长出小菌丝；当精油浓度为 300 mg/L 时，大部分菌丝原生质分布不均匀，菌丝内出现较多颗粒状物，菌丝上亦有小菌丝长出；当精油浓度为 600 mg/L 时，菌丝原生质分布不均匀，少数菌丝内出现大的空洞，菌丝原生质内出现较多圆形颗粒状物，只有极少量菌丝长出小菌丝（图 6-24）。

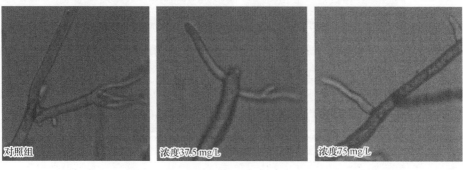

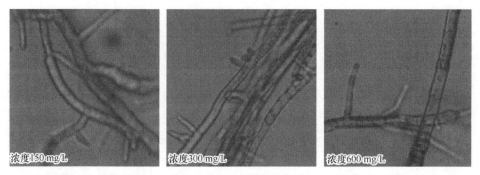

图 6-24   辽细辛精油处理 6 h 新生菌丝形态的变化（彩图见封底二维码）

4. 处理 12 h

12 h 后，对照组菌丝原生质分布均匀，新长小菌丝不弯曲且分枝较少。处理组菌丝大部分出现菌丝原生质浓缩现象，只有低处理浓度的菌丝原生质分布均匀，部分新长小菌丝出现分枝现象，说明辽细辛精油对黄瓜灰霉病菌的菌丝生长具有一定抑制作用（图 6-25 和图 6-26）。

随着精油浓度的提高，新生菌丝长度逐渐缩短。当精油浓度为 37.5 mg/L 时，菌丝原生质内出现颗粒状物，原生质部分聚集，新生菌丝不弯曲且分枝较少；浓度为 75 mg/L 时，原菌丝内有较多颗粒状物分布，但分布较均匀，菌丝上长出细长近乎透明的菌丝，不弯曲且有分枝；浓度为 150 mg/L 时，原菌丝原生质围绕液

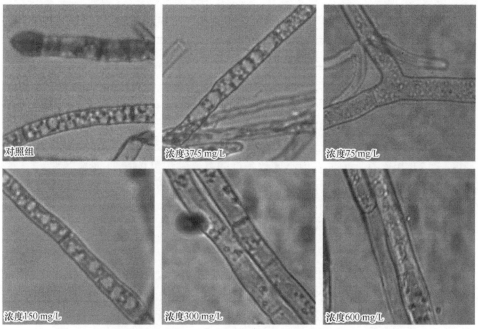

图 6-25   辽细辛精油处理 12 h 菌丝原生质的变化（彩图见封底二维码）

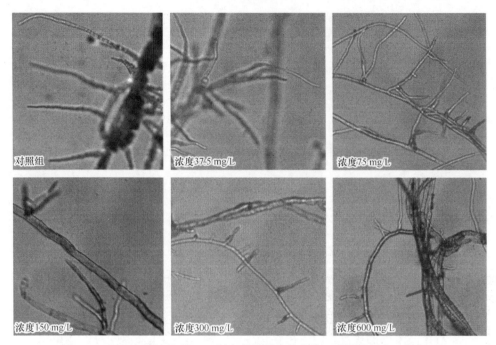

图 6-26　辽细辛精油处理 12 h 新生菌丝形态的变化（彩图见封底二维码）

泡聚集，菌丝内颗粒状物较稀疏分布，少数颗粒状物分布较均匀；当精油浓度为 300 mg/L 时，菌丝内颗粒状物较少，零星分布或聚集于菌丝一端，菌丝上也长出细长小菌丝，小菌丝短且无分枝；当精油浓度为 600 mg/L 时，菌丝内颗粒状物浓缩聚集于菌丝内，只有极少数菌丝长出小菌丝（图 6-26）。

5. 处理 24 h

对照组菌丝原生质分布均匀，新长菌丝不弯曲且无分枝。处理组菌丝原生质大部分分布不均匀，部分新长菌丝出现分枝和弯曲生长现象（图 6-27）。

随着精油浓度的增加，菌丝的分枝和弯曲生长现象逐渐加重，萌发的小菌丝长度与 12 h 相比有所增加，但小菌丝长度随着精油浓度的增加而逐渐减小。当精油浓度为 37.5 mg/L 时，菌丝原生质大部分浓缩成颗粒状物，成堆分布在菌丝内，极少部分均匀分布，新长菌丝不弯曲生长且分枝较少；当精油浓度为 75 mg/L 时，菌丝内颗粒状物由围绕液泡分布转为零乱均匀分布，并且一部分菌丝的原生质浓缩聚集分布在菌丝细胞两端，菌丝不弯曲生长且分枝不多；当精油浓度为 150 mg/L 时，原菌丝内少见颗粒状物，菌丝内几乎不见任何物质，只有少许黑点零星分布，少许细胞内颗粒状物聚集分布在菌丝两端，新长小菌丝分枝多；当精油浓度为 300 mg/L 时，大部分原菌丝内只有极少量颗粒状物，少数原菌丝内原生质严重凝聚聚集于菌丝细胞一端，原菌丝发生质壁分离现象，新长小菌丝多弯曲生长且分枝较多；

当精油浓度为 600 mg/L 时，原菌丝原生质浓缩集中于菌丝两端或一侧，少部分不见任何物质，只有零星黑点分布，新长小菌丝短且分枝多。

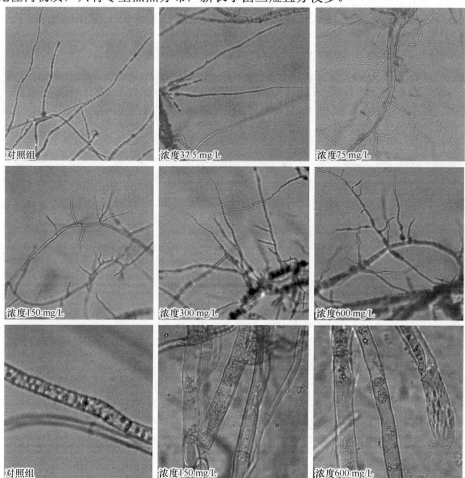

图 6-27　辽细辛精油处理 24 h 新生菌丝形态及菌丝原生质的变化（彩图见封底二维码）

6. 处理 48 h

对照组新长菌丝长度没有多大变化，但均出现分隔现象。处理组菌丝原生质绝大部分分布不均匀，质壁分离现象更明显（图 6-28）。

对照组原菌丝内也有颗粒状物零散分布，极少数菌丝原生质分布均匀，新长菌丝长度没有多大变化，其内出现分隔；当精油浓度为 37.5 mg/L 和 75 mg/L 时，原菌丝内原生质集中分布大量的颗粒状物，并且少部分出现轻微的质壁分离，新长菌丝长度没有多大变化，但明显出现分隔；当精油浓度为 150 mg/L 时，原生质内只见大的液泡，不见任何颗粒状物，大多菌丝细胞壁边缘不清晰，新长菌丝长度没有多大变，并出现分隔；当精油浓度为 300 mg/L 和 600 mg/L 时，原来菌丝大部分不见任何物质，少许可见零星分散的颗粒状物，极少数菌丝内原生质浓缩聚集分布于菌丝细胞一侧，质壁分离现象更明显，新长菌丝长度没有多大变化，但出现更多的分枝，分枝亦弯曲，并且菌丝内出现分隔。

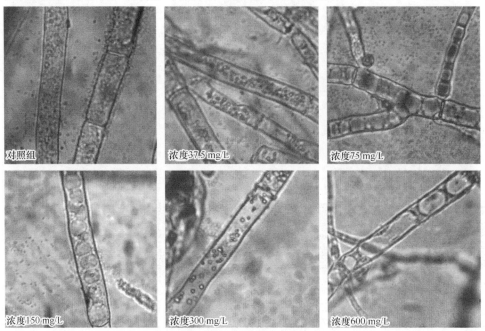

图 6-28　辽细辛精油处理 48 h 新生菌丝形态的变化（彩图见封底二维码）

　　总体而言，辽细辛精油对黄瓜灰霉病菌菌丝及菌丝生长具有一定的抑制作用：2 h 时，各处理浓度的菌丝均没有多大的变化，菌丝原生质分布均匀。6 h 时，各处理浓度的菌丝均长出小菌丝，300 mg/L 和 600 mg/L 的辽细辛精油处理后的灰霉菌丝原生质分布不均匀，菌丝内出现较多颗粒状物。12 h 时，处理组的新长小菌丝均出现分枝现象，辽细辛精油浓度为 300 mg/L、600 mg/L 时菌丝原生质颗粒状物渐少。24 h 时，37.5 mg/L 的处理浓度的灰霉菌丝原生质大部分浓缩成颗粒状物，成堆分布在菌丝内，极少部分均匀分布；75 mg/L 的处理组菌丝原生质浓缩聚集分布在菌丝细胞两端；150 mg/L 浓度下菌丝内几乎不见任何物质，而 300 mg/L 和 600 mg/L 浓度时菌丝发生质壁分离现象。48 h 时，各个处理浓度的新长小菌丝均没有多大的变化，但均见明显的分隔，300 mg/L 和 600 mg/L 的处理浓度菌丝发生质壁分离现象。

　　随着辽细辛精油处理浓度的增加，黄瓜灰霉病菌的新长菌丝长度在 6 h 和 12 h 呈现先减小后增加的趋势，300 mg/L 的浓度为其拐点；而在 24 h 和 48 h 时段内随着辽细辛精油处理浓度的增加，新长菌丝的长度逐渐减小。新长小菌丝的分枝和弯曲生长现象随着辽细辛精油处理浓度的增加呈现先增多后减少的趋势，300 mg/L 浓度亦是拐点。48 h 后每个处理浓度的新长菌丝长度没有多大变化，但均可见分隔，

300 mg/L 的精油浓度分隔最明显。说明 300 mg/L 的精油浓度可能是与细胞膜作用或者是能够渗透到菌丝内部的最佳浓度。

辽细辛精油对黄瓜灰霉病菌孢子及菌丝具有抑制作用的原因分析如下：辽细辛精油首先接触孢子或菌丝的细胞壁，因为细胞壁具有完全通透性，辽细辛精油很容易直接透过细胞壁扩散到细胞膜，然后通过细胞膜的渗透作用到达孢子或菌丝内部与其内的物质（可能是孢子萌发或菌丝生长所需的关键酶或必需的前体物质等）发生作用，进而影响孢子萌发或菌丝生长；也可能是精油没有到达孢子或菌丝内部而直接与细胞膜作用，通过破坏细胞膜结构，使孢子或菌丝内容物漏出，导致孢子或菌丝没有足够的营养物质而萌发率降低或新长菌丝短小。内容物漏出后，细胞壁萎缩进而出现畸形现象、质壁分离现象。部分孢子或菌丝能够萌发，说明精油对其破坏作用不大，能够将自身所储存的营养物质供其萌发生长，然而萌发的新菌丝又处于精油的环境中，加上新萌发的菌丝自身抵抗力弱，所以出现了随着辽细辛精油处理浓度的增加，萌发的菌丝长度逐渐减小。新萌发的菌丝通过分枝、弯曲生长和菌丝中间缢缩以抵抗不良的环境条件。

虽然试验过程中处理的孢子是在同一平板上的大致相同的部位挑取的，但不能完全保证所有的孢子所处的发育状态及孢子老化程度完全相同。

6.5　本 章 小 结

1. 辽细辛精油作用于昆虫幼虫引起明显的中毒症状

通过皮下注射法和叶碟法明确了辽细辛精油引起的粘虫和小菜蛾幼虫的中毒症状为：

（1）处理一段时间的试虫，为死亡前表现明显的兴奋症状，不断爬行，甚至翻滚；虫体侧卧，前后弓缩，扭曲，抽搐。

（2）试虫失水，上吐（吐绿）下泻，乃至将试虫直肠挤出体外。

（3）虫体极度缩短或虫体伸直，尤其是足伸直，体色变淡。

根据上述症状学观察结果，可初步明确辽细辛精油既作用于昆虫的神经系统，又作用于昆虫的消化系统，集神经毒剂和胃毒剂于一身。

关于植物源杀虫剂引起昆虫中毒症状，前人有很多观察。例如，除虫菊酯属于神经毒剂，对天然除虫菊酯作用于鳞翅目幼虫的中毒症状为：①背部隆起，迅速不停地爬动，头部左右摆动，口器咀嚼而不断地有食物吐出；②全身扭曲，翻滚，头尾收缩又伸直；③虫体侧卧静止，偶有微弱的抽搐，对外界刺激反应减少；④完全麻痹，但仍有心跳；⑤完全死亡。

鱼藤酮属于呼吸毒剂，使神经和肌肉缺氧，其中毒症状主要是一个逐渐麻痹的过程，家蚕幼虫的中毒症状如下：①不活动，无明显反应（约 35 min），②短暂的兴奋期，频繁爬动（约 10 min）；③运动失调，跌倒，侧卧（约 5 min）；逐渐麻痹。

苦皮藤素V引起粘虫幼虫的中毒症状为：①试虫连续或间断取食一定量的染毒叶片后，一般不再继续取食。经过一段时间，试虫表现明显的兴奋症状，不断爬行，甚至翻滚；试虫虫体侧卧，前后弓缩，扭曲，抽搐（20～60 min）。②一般在食毒后 2 h 左右试虫失水，但不是体壁失水，而是表现为上吐下泻，乃至将试虫直肠挤出体外（40～160 min）。③若试虫摄毒较多，失水多，全部虫体呈水渍状，虫体极度缩短，体色不变，慢慢死亡；若试虫摄毒较少，失水不多，则可恢复。根据上述症状学观察结果，可初步认为苦皮藤素V不会是一般的神经毒剂，而是一个典型的作用于昆虫消化系统的胃毒剂。

南美洲的植物尼亚那，其杀虫有效成分鱼尼丁（ryanodine）属于肌肉毒剂，引起的中毒症状不出现兴奋和抽搐，而是全身麻痹，肌肉松弛，对外界刺激无反应，但在临近死亡时，肌肉又表现为强直及收缩状态。

松油烯-4-醇是多种植物精油的主要组分之一，来源于砂地柏精油的松油烯-4-醇具有很高的熏蒸毒杀活性，对试虫 LC_{95} 剂量处理下的中毒症状为：①鳞翅目的粘虫、棉铃虫和小菜蛾，处理初期试虫急速四处爬行，对刺激反应强烈，持续约 15 min，体表有明显水迹；之后爬行减少，头勾向胸部，头顶触盒底，胸部拱起，静止约 10 min，接着头胸部极度向上抬起，左右摆动，口器持续一张一合，并以口器摩擦胸足，体表失水量也明显增加，状如水浸；爬行不稳，蜿蜒扭曲爬行或倒行，后侧卧或仰卧，虫体极度扭曲，足、口器极度伸张，活动减弱，抽搐、瘫软、偶有抬头，微微蠕动或扭动，进入昏迷状态；之后完全不动，触之无任何反应，极度瘫软，若以挑针从虫体中部挑起，则头胸部、腹末完全自然下垂并重叠。②贮粮害虫赤拟谷盗和玉米象（*Sitophilus zeamais*），处理后试虫很快表现出兴奋症状，四处急速爬行，持续约 40 min；之后爬行不稳，爬行速度减缓，足抬高，体躯摇晃，触瓶壁后极易呈仰卧状态，难以翻身，或足高频爬动，但不能前行，部分试虫头勾向胸部，以头触瓶底，向后倒行；活动逐渐减少，侧卧或仰卧，足伸长震颤；约 20 h 后死亡，足伸展，侧卧或仰卧，生殖器外露，体表有失水现象。③家蝇（*Musca domestica*）处理后即表现兴奋症状，快速四处飞行或爬行；有明显忌避反应，飞行靠近沾药滤纸片时即迅速远离；约 20 min 后麻痹昏倒，翻身后能振翅但不能飞行；约 30 min 后，全部试虫不再活动，约 1 h 后死亡（陈根强等，2004）。

2. 辽细辛精油对昆虫不同的生理生化指标影响不同

1）辽细辛精油对多酚氧化酶活性和几丁质含量无抑制作用

辽细辛精油对试虫体壁几丁质含量无影响，对酚氧化酶活性无抑制作用，而是表现出诱导激活作用，而且对 PPO 的诱导激活作用随药剂浓度的增加而增强，说明辽细辛精油在两个方面不能对害虫发挥其毒理作用：一方面，表皮鞣化是害虫幼虫发育过程中新表皮形成的前提，辽细辛精油不能通过抑制表皮鞣化过程中的关键酶而抑制新表皮形成，从而不能抑制昆虫正常的脱皮；另一方面，辽细辛精油不能通过抑制黑色素的形成而破坏昆虫的免疫系统，因而不能加速其死亡的过程。

2）辽细辛精油可作用于昆虫的神经系统

辽细辛精油对试虫乙酰胆碱酯酶具有较强的抑制作用，离体条件下辽细辛精油对粘虫乙酰胆碱酯酶的抑制作用非常显著，抑制率达 63.477%～96.626%，在活体条件下随处理天数的增加，酶活抑制率提高，表明乙酰胆碱酯酶是辽细辛精油的重要靶标酶，辽细辛精油通过抑制乙酰胆碱酯酶的活性，从而起到杀虫作用，即辽细辛精油属于神经毒剂。杨频等（2005）研究各植物精油在体外作用和处理蚊虫后体内作用得到的酯酶活性结果并不完全一致，乙酰胆碱酯酶是留兰香（Mentha spicata）油和香茅（Mosla chinensis）油的重要靶标酶，对乙酰胆碱酯酶活性的影响，仅香茅油和菊科（Asteraceae）植物精油没有因为处理方法的变化而不同，香茅油对乙酰胆碱酯酶表现为诱导活性，而菊科植物精油对乙酰胆碱酯酶为抑制作用；分析体内外作用对酶活性影响差异的原因，推测精油进入蚊虫体内经过了一定的代谢途径而发挥作用，可能是代谢的次生物质或是精油中的某一成分作用于靶标；而体外作用的情况比较简单，应是精油混合物中的主要成分影响了酯酶的活性。

3）辽细辛精油可作用于昆虫的消化系统

辽细辛精油对试虫中肠内的胃蛋白酶的活性有诱导激活作用，但在活体条件下随着处理时间的延长，被激活的幅度较小，而在离体条件下随着精油浓度的提高，胃蛋白酶的活性先提高后降低，即辽细辛精油对试虫胃蛋白酶的激活作用在浓度上存在着峰值；而对淀粉酶和脂肪酶有明显的抑制作用，说明辽细辛精油可以通过抑制淀粉酶和脂肪酶的活性，起到杀虫作用，辽细辛精油可以作用于昆虫的消化系统。

中肠是昆虫消化吸收食料的重要场所，也是胃毒剂的作用部位。用沙地柏（Sabina vulgaris）处理粘虫 72 h 后，试虫中肠内蛋白酶的活性显著增高，处理组比活力比对照组高 2.3 倍（付昌斌和张兴，2000）。苦皮藤素 V 处理东方粘虫（Leucania separata）后，试虫中肠消化酶的活性无显著变化（刘惠霞和吴文君，1998）。而来源于苦楝（Melia azedarach）和川楝（Melia toosendan）的杀虫活性成分川楝素，对菜青虫（Pieris rapae）中肠蛋白酶的活性具有一定程度的抑制作用，对淀粉酶和脂肪酶活性均无明显影响（张兴和赵善欢，1992）。

4）辽细辛精油对保护酶系统具有抑制作用

离体条件下低浓度的辽细辛精油对超氧化物歧化酶（SOD）表现为诱导激活

作用，而高浓度下则表现为抑制作用，活体条件下辽细辛精油处理 3 d 和 5 d 后，试虫 SOD 酶活性降低，即对 SOD 酶表现为抑制作用；离体条件下辽细辛精油处理后，处理组试虫过氧化氢酶（CAT）的活性随精油浓度的提高而下降，说明高浓度的辽细辛精油对 CAT 酶有抑制作用，活体条件下辽细辛精油对试虫 CAT 酶抑制作用明显；无论在离体还是活体条件下，辽细辛精油对试虫过氧化物酶（POD）产生抑制作用。由于一定浓度辽细辛精油或辽细辛精油处理试虫一定时间后可抑制超氧化物歧化酶、过氧化氢酶和过氧化物酶的活性，虫体内超氧阴离子自由基（$\cdot O_2^-$）、羟自由基（$\cdot HO$）等不能清除，其对虫体产生毒害，最终导致试虫死亡。

　　昆虫等生物体内存在由超氧化物歧化酶（SOD）、过氧化氢酶（CAT）及过氧化物酶（POD）构成的保护酶系统，这 3 种酶协调一致，处于动态平衡而使自由基维持在一个较低水平，从而防止其产生生毒害。α-二噻吩对淡色库蚊（*Culex pipiens pallens*）体内保护酶活性的抑制是其造成试虫正常生理功能失衡直至死亡的主要原因（蒋志胜等，2003）。马志卿等（2004）研究结果表明，以松油烯-4-醇处理粘虫 5 龄幼虫后，在兴奋期和痉挛期，CAT 活性变化不大，POD 被稍微抑制；但在麻痹期，CAT 和 POD 均被明显抑制，CAT 的活力仅为对照的 78.0%，POD 的活力仅为对照的 65%；而在这 3 个时期，SOD 的活力均极显著地高于对照，说明试虫死亡与 SOD 活力增大及 CAT 和 POD 活力降低有关。

5）辽细辛精油对解毒酶系统具有一定的影响

　　羧酸酯酶、磷酸酯酶、谷胱甘肽转移酶是害虫体内重要的解毒酶系，在对外源化合物的解毒代谢和杀虫剂的抗性机制中起着重要作用，许多农业害虫对杀虫剂特别是有机磷类杀虫剂的抗药性与 GST 的活性增加有关。

　　（1）辽细辛精油对羧酸酯酶的作用存在剂量效应和时间效应。

　　活体条件下，辽细辛精油对羧酸酯酶有诱导激活作用，但诱导作用随着处理时间的延长而降低；离体条件下，辽细辛精油在低浓度（1 000 mg/L）下对羧酸酯酶有诱导激活作用，而在高浓度（8 000 mg/L）下对羧酸酯酶有抑制作用；说明辽细辛精油处理后，试虫羧酸酯酶的解毒能力随着精油处理时间的延长或浓度的加大而下降。

　　羧酸酯酶（CarE）是昆虫体内一种主要的代谢解毒酶，有关农药对昆虫解毒酶系的影响已有过较多的报道。砂地柏提取物对羧酸酯酶活性表现出诱导激活作用，是昆虫对外来物的一种自身防御机制（付昌斌和张兴，2000）；槲皮素（quercetin）对烟粉虱（*Bemisia tabaci*）羧酸酯酶（CarE）的诱导作用具有明显的剂量效应和时间效应，低剂量的槲皮素可诱导羧酸酯酶活性的增加，而高剂量的槲皮素对该解毒酶没有诱导增加作用，甚至还有抑制作用（牟少飞等，2006）；多杀菌素（spinosad）能诱导甜菜夜蛾（*Spodoptera exigua*）羧酸酯酶活性的增加，药后 24 h，处理试虫相对于对照组，其活性增加了 1.61 倍（王光峰等，2003）。磷酸酯酶也是昆虫体内一类主要的代谢解毒酶。

（2）辽细辛精油对碱性磷酸酯酶具有抑制作用。

辽细辛精油对酸性磷酸酯酶有诱导激活作用，酸性磷酸酯酶对辽细辛精油起解毒作用，但在活体条件下，随着处理天数的增加，辽细辛精油对试虫酸性磷酸酯酶的诱导激活能力下降，试虫酸性磷酸酯酶活性增加的幅度减小，酶活增长率降低，说明随着处理天数的延长，酸性磷酸酯酶的解毒能力逐渐减弱；离体条件下辽细辛精油对碱性磷酸酯酶具有抑制作用，而活体条件下，辽细辛精油处理后，试虫碱性磷酸酯酶活性变化规律表现为：前期酶活升高，而后期酶活降低，说明只有辽细辛精油处理一段时间后，精油才会对碱性磷酸酯酶起抑制作用，使其解毒作用丧失，最后导致试虫中毒而死。碱性磷酸酯酶是主要的解毒酶，对这些酯酶活性的抑制作用，可能是辽细辛精油抑制试虫繁殖和生长的重要生理基础。

骆驼蓬碱（harmine）、馏分 A1 和 A6 是骆驼蓬（*Peganum harmala*）杀线虫的主要活性成分，能显著抑制酸性磷酸酯酶的活性，但对碱性磷酸酯酶的活性无显著影响（翁群芳等，2005）。

（3）辽细辛精油对谷胱甘肽-S-转移酶具有抑制作用。

离体条件下，辽细辛精油对谷胱甘肽-S-转移酶（GST）具有明显抑制作用，但在活体条件下，辽细辛精油对谷胱甘肽-S-转移酶有诱导激活作用，谷胱甘肽-S-转移酶对辽细辛精油起解毒作用，但随着处理天数的增加，试虫谷胱甘肽-S-转移酶活性增加的幅度减小，解毒能力降低。辽细辛精油短时间处理试虫后，可诱导谷胱甘肽-S-转移酶活性的增加，可能是昆虫的一种应急性适应，增加了对次生物质的解毒代谢，而辽细辛精油长时间的处理对试虫有一定的毒害作用并抑制了酶活，所以酶的比活力反而下降。

谷胱甘肽-S-转移酶是昆虫体内一类重要的解毒酶系，它能使内源谷胱甘肽（GSH）与有害的亲电子基团结合并排出体外，使昆虫免受这些化合物和基团的危害，从而起到解毒作用。杀虫剂进入昆虫体内与许多蛋白质发生作用，其中，谷胱甘肽-S-转移酶等代谢酶是杀虫剂在昆虫体内代谢过程中起着重要作用的酶类，这类酶对杀虫剂的作用也是昆虫对杀虫剂进行降解的重要途径。槲皮素对烟粉虱谷胱甘肽-S-转移酶的诱导作用具有明显的剂量效应和时间效应，低剂量的槲皮素可诱导谷胱甘肽-S-转移酶活性的增加，而高剂量的槲皮素对解毒酶没有诱导增加作用，甚至还有抑制作用（牟少飞等，2006）。

由于植物精油的组成成分较为复杂，要揭示其杀虫的作用机制，难度也相应增加。以上研究结果表明，辽细辛精油是多组分、多途径、多位点作用于昆虫。

3. 辽细辛精油对病原菌的致病酶和保护酶系活性影响不同

1）辽细辛精油对致病酶活性的影响与酶源有关

活体条件下，辽细辛精油对胞外果胶甲基反式消除酶（PMTE）、果胶总酶、胞外 C1 酶和蛋白酶表现为激活作用；对果胶甲基半乳糖醛酸酶（PMG）和胞内 C1 酶则表现为先激活后抑制再激活作用；对胞内 PMTE 酶主要表现为抑制作用；对 Cx 酶表现为完全的抑制作用，且酶活抑制率与精油浓度成正比。说明 Cx 酶可能是辽细辛精油的作用位点之一，对 Cx 酶的抑制作用可能是辽细辛精油对黄瓜灰霉病菌的抑菌机制之一。

离体条件下，辽细辛精油对 PMG 酶表现为激活作用，且随着精油浓度的增大，酶活性升高；对于 PMTE 酶，辽细辛精油对胞内酶主要表现为激活作用，对胞外酶表现为抑制作用，但作用程度均与精油浓度之间不成比例关系；辽细辛精油对果胶总酶表现为激活作用，但该激活程度与精油浓度无关；对于 C1 酶，辽细辛精油对胞外酶有激活作用，但随着精油浓度的增大，酶活性呈现先降低后升高再降低的趋势，对胞内酶有抑制作用，且随着精油浓度的增大，酶活抑制率增加；辽细辛精油对胞外 Cx 酶有激活作用，且随精油浓度的增大，酶活性呈现先增大后降低的趋势；辽细辛精油对蛋白酶主要表现为激活作用，且随着精油浓度的增大，酶活性升高，酶活提高率增加，精油浓度与酶活性成正比。从酶活性的变化可知，辽细辛精油对黄瓜灰霉病菌细胞壁降解酶活性的影响主要表现为激活作用，这说明辽细辛精油对黄瓜灰霉病菌的抑菌机理并不在于对病菌细胞壁降解酶活性的抑制作用上。

2）辽细辛精油对 Cx 酶和果胶甲基反式消除酶具有抑制作用

致病酶系包括纤维素酶（Cx 酶和 C1 酶）、果胶酶（果胶总酶、果胶甲基半乳糖醛酸酶和果胶甲基反式消除酶）和蛋白酶等细胞壁降解酶。辽细辛精油对 C1 酶和果胶甲基半乳糖醛酸酶（PMG）的酶活没有抑制作用，而对 Cx 酶和果胶甲基反式消除酶（PMTE）的酶活有抑制作用，而且这种抑制作用在活体状态下尤为明显。说明黄瓜灰霉病菌产生的细胞壁降解酶主要是纤维素酶中的 Cx 酶和果胶酶中的果胶甲基反式消除酶（PMTE），辽细辛精油通过抑制 Cx 酶和果胶甲基反式消除酶（PMTE）的活性，从而抑制病原菌对寄主植物细胞壁的分解能力，限制病原菌的侵入和扩展，抑制病害发生。

3）辽细辛精油对过氧化物酶和超氧化物歧化酶活性具有抑制作用

辽细辛精油对黄瓜灰霉病菌保护酶系的作用，包括对过氧化物酶（POD）、过氧化氢酶（CAT）、多酚氧化酶（PPO）、酯酶（EST）和超氧化物歧化酶（SOD）活性、可溶性蛋白含量及同工酶谱带的影响。辽细辛精油对病原菌产生的蛋白酶的活性没有抑制作用，但可引起供试病原菌过氧化物酶、超氧化物歧化酶等活性的降低，说明辽细辛精油对病原菌的保护酶有抑制作用，即辽细辛精油通过抑制病原菌的保护酶而对病原菌起到防治作用。同时，辽细辛精油处理后可溶性蛋白和过氧化物酶的同工酶图谱均发生了变化，能够促使新的谱带产生，说明辽细辛精油处理后，会促进病原菌产生一定的抗逆物质。

4. 辽细辛精油对黄瓜灰霉病菌细胞膜透性和形态的影响

1）辽细辛精油对黄瓜灰霉病菌细胞膜透性存在影响

无论是干菌丝还是鲜菌丝，黄瓜灰霉病菌菌丝的电导率均随着辽细辛精油处理浓度的增加呈现先上升后下降的趋势，随着处理时间的延长电导率值均逐渐提高。两种处理方法中电导率增加幅度最大时所处的时间段不同，干菌丝的电导率增加幅度最大在处理 24 h 时，而鲜菌丝则在 12 h 时；干菌丝的电导率在开始的时间段（6～24 h）提高幅度较明显，而处理后期（48 h）电导率变化趋势缓慢；鲜菌丝的电导率在处理 6～24 h 时提高幅度较明显，48 h 与 24 h 有部分趋势线相重合。干菌丝的电导提高率在 48 h 时最明显，在 1.66%～7.82%，而鲜菌丝的电导提高率在 24 h 时最明显，在 5.79%～23.47%。300 mg/L 的精油浓度可能是与细胞壁、细胞膜作用或者是能够渗透到菌丝内部的最佳浓度。

2）辽细辛精油对黄瓜灰霉病菌孢子萌发具有抑制作用

通过光学显微镜观察辽细辛精油对黄瓜灰霉病菌孢子及孢子萌发的菌丝具有一定的抑制作用，随着辽细辛精油处理浓度的增加，灰霉病菌的孢子萌发率逐渐降低、孢子萌发的菌丝长度逐渐减小；并且萌发的菌丝出现分枝、弯曲生长及菌丝中间缢缩现象，尤其在辽细辛精油浓度为 300 mg/L 时，孢子萌发的菌丝分枝最多、弯曲程度最重、中间缢缩程度亦最重；在 24 h 前没有萌发的孢子在以后的时间段不再萌发。

3）辽细辛精油对黄瓜灰霉病菌菌丝生长具有抑制作用

辽细辛精油对黄瓜灰霉病菌菌丝及菌丝生长具有一定的抑制作用，随着辽细辛精油处理浓度的增加，灰霉病菌的新长菌丝长度在 6 h 和 12 h 呈现先减小后增加的趋势，300 mg/L 的浓度为其拐点；而在 24 h 和 48 h 时随着辽细辛精油处理浓度的增加，新长菌丝的长度逐渐减小。菌丝新长小菌丝的分枝和弯曲生长现象随着辽细辛精油处理浓度的增加呈现先增多后减少的趋势，300 mg/L 浓度亦是拐点。48 h 后每个处理浓度的新长菌丝长度没有多大变化，但均可见分隔，300 mg/L 的精油浓度分隔最明显。

刘海燕等（2007）采用电导法，测定细辛挥发油对土生链格孢（*Alternaria humicola*）细胞膜透性的影响，表明细辛挥发油可以破坏供试菌株细胞膜的选择透性，导致内容物的外渗，细胞膜是细辛挥发油抗菌作用靶点之一。芒萁（*Dicranopteris dichotoma*）精油抑制金黄色葡萄球菌（*Staphylococcus aureus*）的生长的机理在于，作用于对数生长时期细菌胞体蛋白质，进而导致细胞膜破坏，菌体凝结使得其无法正常生长（黄聪华，2013）。野胡麻（*Dodartia orientalis*）精油通过破坏细胞膜完整性、影响细胞生物膜合成而对金黄色葡萄球菌、大肠杆菌（*Escherichia coli*）、肠炎沙门氏菌（*Salmonella enteritidis*）产生抑制作用（Wang et al.，2017）。通过扫描电镜和透视电镜观察到真菌被丁香酚（eugenol）作用后其超微结构发生了改变，推测丁香酚可能首先作用于真菌细胞膜，引起膜的损伤、破坏和通透性改变，细胞膜在真菌的胞壁合成中有重要作用，又可影响到细胞壁的合成更新，最终导致细胞死亡。黄酮类物质也可通过改变黑曲霉（*Aspergillus nige*）的通透性进而抑制黑曲霉的生长（Wu et al.，2014）。

甘露聚糖—蛋白质是真菌细胞壁的外层，由马杜拉放线菌属（*Actinomadura* sp.）产生的 pradimicin/benanomycin 类化合物，分子内有一个苯并 α 喹啉并四苯骨架，是甘露聚糖—蛋白质功能抑制剂，这些化合物与真菌细胞壁上甘露聚糖蛋白质的糖类部分相互作用，引起细胞壁破裂，细胞膜透性增加，导致细胞死亡（赵雪平等，2005）。夏忠弟和李沛涛（1995）研究了山鸡椒（*Litsea cubeba*）油对白色念珠菌（*Candida albicans*）的抗菌机制，发现该香精中能抑制标记前体的掺入（胸腺嘧啶核苷、尿嘧啶核苷、亮氨酸、葡糖胺、乙酸钠标记前体），电镜观察可见胞壁疏松、膜密度减少，推测该精油可抑制胞壁和胞膜成分的合成，引起菌体破裂，内容物渗出致真菌死亡。丁香罗勒（*Ocimum gratissimum*）精油可以使白色念珠菌的细胞壁增厚、分离，影响细胞壁的完整性，进而使白假丝酵母菌的出芽率降低（Nakamura et al.，2004）。

多种萜类对菌类的初生能量代谢、NADH 及琥珀酸脱氢酶（SDH）活性、呼吸过程的电子传递过程产生抑制，影响菌类的呼吸作用及细胞膜功能从而起到抑菌的作用。例如，BTG505（bicyclic1,4-naphthoquinone）和董尼酮（tricyclic1,4-naphthoquinone）对细胞色素氧化酶、NADH、氧化磷酸化等起作用，即前者是抑制线粒体细胞色素 C 氧化酶，后者是抑制线粒体氧化磷酸化（Khambay et al.，2003）。

由于辽细辛精油中含有多种单体成分，从辽细辛精油较广谱高效的抗菌效力推测其对菌体的效应可能不只局限于一个方面，抗菌作用效果也可能是多种成分协同作用的结果。辽细辛精油是否也对病原菌类的初生能量代谢、NADH 及 SDH 活性、呼吸过程的电子传递过程等发生影响，是否也对寄主植物的防御系统起活化作用，是否对病原菌细胞核酸和蛋白质起作用，是否对病菌细胞的细胞器起作用都有待于进一步研究。

第7章 辽细辛精油诱导抗病性研究

植物诱导抗病性是指利用物理的、化学的及生物的方法预先处理植株，改变植物对病害的反应，使原来感病植物产生局部或系统的抗性。诱导系统抗性包括多种潜在的抗病机制的激活，包括提高防御酶（PAL、POD、PPO 等）、β-1，3-葡聚糖酶、几丁质酶及其他病程相关蛋白的活性，同时也包括对寄主植物的促生长作用，从而增强植物的抗病性。诱导抗性可以通过使用微生物组分及代谢物质获得，也可通过接种弱毒、无毒病原菌及根际微生物获得。利用诱导因子激发植物自身的抗病性从而达到控制植物病害的目的，既不污染环境，不产生抗病性的问题，也有利于绿色农业的发展，因此越来越受到人们的重视。

7.1 辽细辛精油对黄瓜幼苗生长发育的影响

7.1.1 供试寄主及处理方法

供试黄瓜品种为津研 4 号（济南大江种子有限公司），将浸种催芽后的黄瓜种子种植于装有营养土的营养钵中，每钵一株。

供试药剂为辽细辛精油，浓度为 37.5 mg/L、75 mg/L、150 mg/L、300 mg/L、600 mg/L；以 250 g/L 嘧菌酯悬浮剂（美国默赛技术公司，浓度为 37.5 mg/L、75 mg/L、150 mg/L、300 mg/L、600 mg/L）和天达 2116 瓜茄果专用型（山东天达生物股份有限公司，浓度为 187.5 mg/L、375 mg/L、750 mg/L、1 500 mg/L、3 000 mg/L）为对比化学农药和生长调节剂。

当黄瓜苗第一片真叶长出后进行喷药，每株喷药约 2 mL，每一处理浓度 50 株。5 d 喷 1 次，连喷 3 次。三次药喷后 3 d 开始取样，每隔 3 d 取一次样，共取 5 次。取样量为每个处理 10 株。取样时连根拔起，用细水流冲洗干净，吸水纸吸干表面水分。

用直尺测定黄瓜幼苗的株高和根长；取第 2 叶位叶片，准确称取 0.5 g 鲜叶，加入 80%丙酮 4 mL，研磨成匀浆，4 000 r/min 离心 10 min，上清即叶绿素提取液，663 nm、645 nm 波长处测定吸光度，代入公式 $C_{(a+b)} = 8.02\,OD_{663} + 20.2\,OD_{645}$ 计算总叶绿素的含量；用电子天平称量鲜重后，将黄瓜幼苗放入 60℃±1℃烘干箱内烘 6 h，称量干重。

7.1.2　对黄瓜幼苗株高的影响

辽细辛精油对黄瓜幼苗的株高具有明显的调控作用（附图 25、图 7-1 和表 7-1），同一处理时间株高随精油浓度的增高呈现先增长后降低的趋势，浓度为 75～150 mg/L 时增长较为明显，如处理 9 d 时，对照组株高 17.72 cm，用浓度分别为 37.5 mg/L、75 mg/L、150 mg/L、300 mg/L、600 mg/L 的辽细辛精油处理后，株高分别为 20.3 cm、23.48 cm、21.01 cm、20.27 cm 和 19.74 cm，增高 2.58 cm、5.76 cm、3.29 cm、2.55 cm 和 2.02 cm，增高率为 14.56%、32.51%、18.57%、14.39%和 11.4%；同一精油浓度，随着处理时间的延长，对黄瓜幼苗株高的促生长能力维持在相对较高的水平，如当精油浓度为 75 mg/L 时，处理 3 d、6 d、9 d、12 d 和 15 d 后，株高提高率分别为 19.47%、34.21%、32.51%、20.2%和 18.19%，精油处理前半段时间的株高提高率更显著，明显高于后半段（图 7-2）。

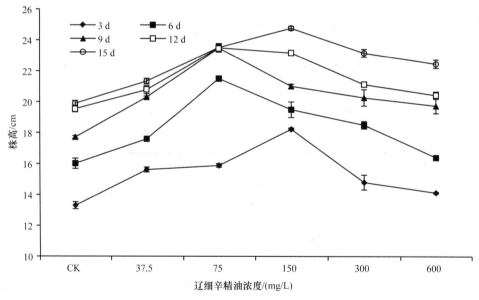

图 7-1　辽细辛精油对黄瓜幼苗株高的影响

表7-1　不同药剂对黄瓜幼苗株高的调控作用

药剂	处理天数/d	株高提高率/%				
		37.5 mg/L	75 mg/L	150 mg/L	300 mg/L	600 mg/L
辽细辛精油	3	17.44±1.11	19.47±0.77	37.07±1.09	11.28±0.84	6.24±0.07
	6	9.86±0.32	34.21±1.21	21.72±2.03	15.48±0.86	2.37±0.44

续表

药剂	处理天数/d	株高提高率/%				
		37.5 mg/L	75 mg/L	150 mg/L	300 mg/L	600 mg/L
辽细辛精油	9	14.56±1.01	32.51±0.84	18.57±2.11	14.39±0.88	11.4±0.74
	12	6.29±0.56	20.2±0.98	18.52±1.77	8.08±0.71	4.5±0.23
	15	7.19±0.76	18.19±0.89	24.47±1.93	16.38±0.7	12.86±1.05

药剂	处理天数/d	株高提高率/%				
		187.5 mg/L	375 mg/L	750 mg/L	1 500 mg/L	3 000 mg/L
天达 2116	3	9.7±1.34	12.78±0.78	28.57±1.09	41.35±3.56	21.8±1.67
	6	6.3±0.02	6.55±0.14	17.54±1.02	22.78±1.24	13.86±0.2
	9	7.34±0.13	12.87±1.09	16.59±0.66	15.58±1.08	8.58±0.42
	12	1.28±0.16	2.81±0.23	7.16±0.35	8.54±0.65	3.79±0.25
	15	1.01±0.11	10.55±0.38	11.76±1.06	7.94±0.11	2.31±0.23

药剂	处理天数/d	株高提高率/%				
		37.5 mg/L	75 mg/L	150 mg/L	300 mg/L	600 mg/L
嘧菌酯	3	10±0.33	0.98±0.05	0.53±0.09	9.77±0.45	1.73±0.13
	6	9.74±0.31	5.68±0.1	−2.56±0.08	5.74±0.05	7.68±0.25
	9	5.02±0.12	9.03±0.47	6.26±0.76	7.9±0.91	7.73±0.52
	12	1.18±0.09	−0.26±0.01	1.07±0.67	2.56±0.24	−2.3±0.18
	15	0.5±0.03	−0.65±0.04	0.55±0.17	0.95±0.26	−0.2±0.03

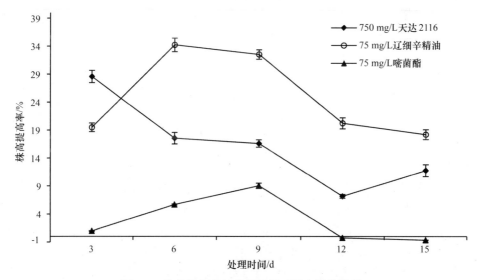

图 7-2　株高提高率与药剂处理时长之间的关系

天达 2116 是山东天达生物股份有限公司与山东大学生命科学院共同研制开发的、划时代的、闪耀着高科技光芒的最新一代植保产品，含有复合氨基低聚糖、抗病诱导物质、多种维生素、多种氨基酸、水杨酸等 23 种成分。天达 2116 作为植物生长调节剂，对黄瓜幼苗的株高的促生长作用明显，同一处理时间株高随其浓度的增高呈现先增长后降低的趋势（附图 25、图 7-3 和表 7-1），浓度为 375～1 500 mg/L 时增长较为明显，如处理 9 d 时，对照组株高 17.72 cm，用浓度分别为 187.5 mg/L、375 mg/L、750 mg/L、1 500 mg/L、3 000 mg/L 的天达 2116 处理后，株高分别为 19.02 cm、20 cm、20.66 cm、20.48 cm 和 19.24 cm，增高 1.3 cm、2.28 cm、2.94 cm、2.76 cm 和 1.52 cm，提高率为 7.34%、12.87%、16.59%、15.58% 和 8.58%；同一浓度下，随着处理时间的延长，对黄瓜幼苗株高的促生长能力有所降低，如当浓度为 750 mg/L 时，处理 3 d、6 d、9 d、12 d 和 15 d 后，株高提高率分别为 28.57%、17.54%、16.59%、7.16% 和 11.76%（图 7-3）。

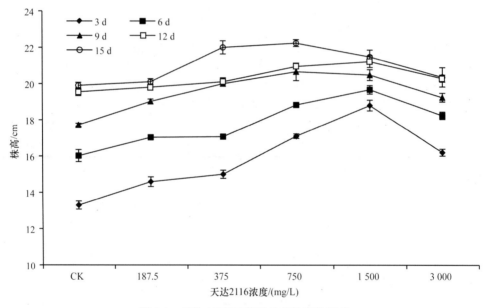

图 7-3　天达 2116 对黄瓜幼苗株高的影响

嘧菌酯对黄瓜幼苗株高的调控作用不明显（附图 25、图 7-4 和表 7-1），主要表现为促生长作用，株高提高率均低于 10%；个别浓度个别处理时间，表现出轻微的抑制生长，但抑制率均不足 2.6%；在药剂处理的全过程中的前半段时间内（3～9 d），嘧菌酯对黄瓜幼苗株高的影响明显，而后半段时间（12～15 d）对株高几乎无影响，各处理浓度下的株高与对照比变化不大，提高率或降低率不足 2.6%（图 7-3）。说明嘧菌酯作为常用化学农药，不仅对植物病害具有高效的杀菌和抑菌作用，同时对寄主生长无影响。

辽细辛精油对黄瓜幼苗株高具有明显的调控作用，即表现为明显的促生长作用，其促生长效果优于植物生长调节剂天达 2116；而化学农药嘧菌酯作为新型高效、广谱、内吸性杀菌剂，不存在明显的调控效果，且与浓度无关，可以说对寄主植物的株高无影响。

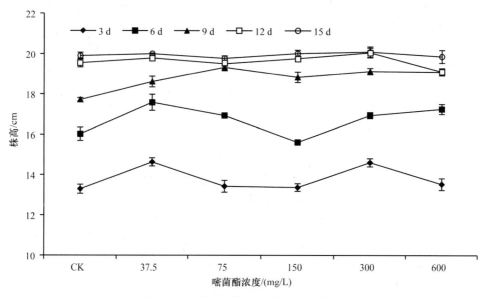

图 7-4 嘧菌酯对黄瓜幼苗株高的影响

7.1.3 对黄瓜幼苗鲜重的影响

辽细辛精油对黄瓜幼苗鲜重的调控作用明显，且随精油浓度的增大鲜重呈现先提高后降低的变化趋势，在浓度为 75 mg/L 和 150 mg/L 时增长最为明显（图 7-5 和表 7-2），如在处理 9 d 时，对照组鲜重 5.76 g，用浓度分别为 37.5 mg/L、75 mg/L、150 mg/L、300 mg/L、600 mg/L 的辽细辛精油处理后，鲜重分别为 5.84 g、6.3 g、6.44 g、6.11g 和 5.95 g，提高率为 1.5%、9.45%、11.93%、6.21%和 3.44%；同一精油浓度，随着处理时间的延长，对黄瓜幼苗鲜重的促生长能力维持在相对较高的水平，如当精油浓度为 75 mg/L 时，处理 3 d、6 d、9 d、12 d 和 15 d 后，鲜重提高率分别为 32.93%、39.66%、9.45%、22.41%和 9.89%，精油处理前半段时间的鲜重提高率更显著，明显高于后半段（图 7-6）。

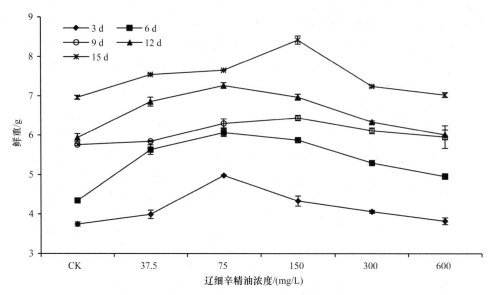

图 7-5　辽细辛精油对黄瓜幼苗鲜重的影响

表7-2　不同药剂对黄瓜幼苗鲜重的调控作用

药剂	处理天数/d	鲜重提高率/%				
		37.5 mg/L	75 mg/L	150 mg/L	300 mg/L	600 mg/L
辽细辛精油	3	6.56±0.04	32.93±1.05	15.7±0.34	8.43±0.06	2.07±0.07
	6	29.68±1.03	39.66±1.48	35.27±0.88	21.94±1.11	14.13±0.74
	9	1.5±0.03	9.45±0.13	11.93±0.48	6.21±0.01	3.44±0.03
	12	15.52±0.56	22.41±1.24	17.44±0.27	6.76±0.02	1.35±0.01
	15	8.3±0.18	9.89±0.56	20.92±0.2	4.03±0.01	0.9±0.01

药剂	处理天数/d	鲜重提高率/%				
		187.5 mg/L	375 mg/L	750 mg/L	1 500 mg/L	3 000 mg/L
天达 2116	3	4.8±0.11	15.7±0.55	29.26±0.97	24.43±1.07	15.11±0.05
	6	5.83±0.05	17.4±0.14	42.98±1.33	42.06±2.66	24.85±0.35
	9	1.5±0.13	7.36±0.66	18.78±0.14	22.53±1.09	10.83±0.55
	12	8.72±0.16	14.43±1.11	23.8±0.05	24.56±1.03	10.22±0.69
	15	11.87±0.15	13.42±0.33	22.53±0.56	6.21±0.05	1.25±0.03

药剂	处理天数/d	鲜重提高率/%				
		37.5 mg/L	75 mg/L	150 mg/L	300 mg/L	600 mg/L
嘧菌酯	3	8.33±0.12	15.97±1.01	13.32±0.14	10.08±0.05	-7.44±0.21
	6	6.39±0.04	7.01±0.1	-0.14±0.04	8.69±0.02	10.37±0.15
	9	-8.83±0.05	-4.62±0.06	-2.24±0.02	4.46±0.01	13.3±0.12
	12	-7.11±0.34	10.17±0.86	12.2±0.59	10.03±0.63	11.46±1.01
	15	-1.97±0.03	-2.21±0.01	0.16±0.01	-0.38±0.01	-1.4±0.02

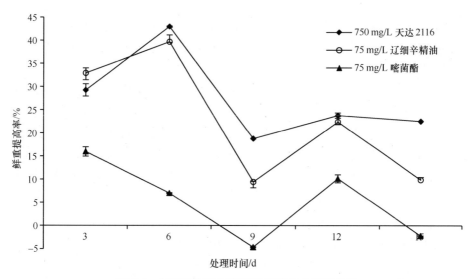

图 7-6　鲜重提高率与药剂处理时长之间的关系

天达 2116 作为植物生长调节剂，对黄瓜幼苗的鲜重的促生长作用明显，同一处理时间鲜重随其浓度的增高呈现先增长后降低的趋势，浓度为 375～1 500 mg/L 时增长较为明显（图 7-7 和表 7-2），如处理 9 d 时，对照组鲜重 5.76 g，用浓度分别为 187.5 mg/L、375 mg/L、750 mg/L、1 500 mg/L、3 000 mg/L 的天达 2116 处理后，鲜重分别为 5.84 g、6.18 g、6.84 g、7.15 g 和 6.38 g，提高率为 1.5%、7.36%、18.78%、22.53% 和 10.83%；同一浓度下，随着处理时间的延长，对黄瓜幼苗鲜重

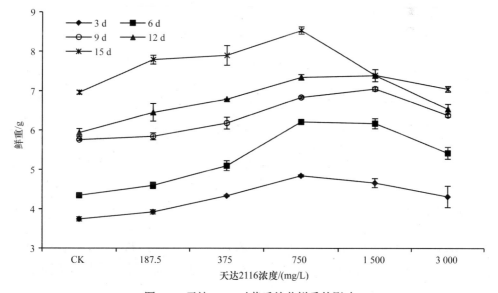

图 7-7　天达 2116 对黄瓜幼苗鲜重的影响

的促生长能力一直稳定在较高水平，如当浓度为 750 mg/L 时，处理 3 d、6 d、9 d、12 d 和 15 d 后，鲜重提高率分别为 29.26%、42.98%、18.78%、23.8%和 22.53%（图 7-6）。

嘧菌酯对黄瓜幼苗鲜重的调控作用不明显（图 7-8 和表 7-2），主要表现为促生长作用，鲜重提高率幅度为 0.16%～15.97%；个别浓度个别处理时间，表现出轻微的抑制作用，但抑制率为 0.14%～8.83%；在药剂处理的全过程中的前大半段时间内（3～12 d），嘧菌酯对黄瓜幼苗鲜重的影响明显，而后半段时间（15 d）对鲜重几乎无影响，各处理浓度下的鲜重与对照比，变化不大，提高率或降低率不足 2.3%（图 7-6）。

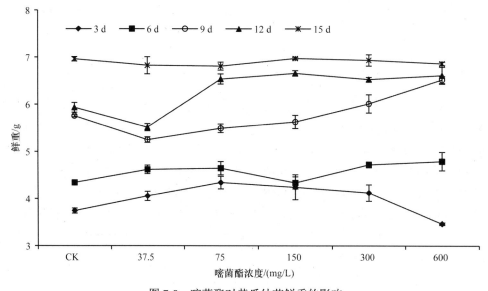

图 7-8　嘧菌酯对黄瓜幼苗鲜重的影响

辽细辛精油对黄瓜幼苗鲜重具有明显的调控作用，其调控效果虽然不及植物生长调节剂天达 2116，但两者的促生长能力接近，且调控效果随浓度的变化趋势一致；而嘧菌酯在供试浓度下在整个处理期内对黄瓜幼苗的鲜重或促进或抑制，整体表现为其调控效果不明显，且与浓度无关，且随处理时间的延长，作用效果逐渐消失。

7.1.4　对黄瓜幼苗干重的影响

辽细辛精油对黄瓜幼苗干重具有明显的调控作用，同一处理时间干重随精油浓度的增高呈现先增长后降低的趋势，但均表现为促生长，在处理时间和供试浓度下，干重均表现为增长态势，精油浓度为 75～150 mg/L 时增长明显（图 7-9 和表 7-3），如处理 9 d 时，对照组平均每株幼苗干重为 538.6 mg，用浓度分别为 37.5 mg/L、75 mg/L、150 mg/L、300 mg/L、600 mg/L 的辽细辛精油处理后，干重分别为 544.67 mg、624.37 mg、605.5 mg、566.67 mg 和 547.03 mg，提高率为 1.13%、15.92%、12.42%、5.21% 和 1.56%；同一精油浓度下，随着处理时间的延长，对黄瓜幼苗干重的促进作用呈现逐渐降低趋势，如当精油浓度为 75 mg/L 时，处理 3 d、6 d、9 d、12 d 和 15 d 后，干重提高率分别为 41.33%、24.54%、15.92%、12.96% 和 13.07%，药剂处理前半程的干重提高率更显著，明显高于后半程，且后半程提高率较稳定（图 7-10）。

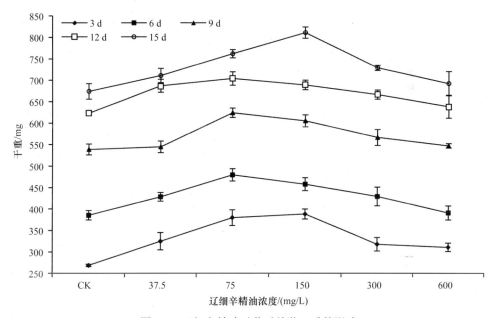

图 7-9　辽细辛精油对黄瓜幼苗干重的影响

表7-3　不同药剂对黄瓜幼苗干重的调控作用

药剂	处理天数/d	干重增长率/%				
		37.5 mg/L	75 mg/L	150 mg/L	300 mg/L	600 mg/L
辽细辛精油	3	20.9±1.22	41.33±0.06	44.47±2.45	18.31±1.24	15.67±0.38
	6	11.27±0.75	24.54±0.34	18.9±1.05	11.46±1.04	1.44±0.43
	9	1.13±0.01	15.92±0.32	12.42±0.47	5.21±0.35	1.56±0.05
	12	10.26±0.44	12.96±0.01	10.57±0.35	6.97±0.22	2.44±0.02
	15	5.47±0.04	13.07±0.75	20.33±1.55	8.14±0.11	2.69±0.13

续表

药剂	处理天数/d	干重增长率/%				
		187.5 mg/L	375 mg/L	750 mg/L	1 500 mg/L	3 000 mg/L
天达 2116	3	24.19±0.12	3.98±0.37	46.27±2.09	24.44±0.88	43.7±0.16
	6	2.09±0.04	9.88±0.01	30.64±0.27	46.02±3.33	20.82±1.85
	9	12.38±0.11	23.78±1.07	25.91±1.11	22.24±2.07	11.50±1.09
	12	20.08±0.06	21.94±1.01	17.67±0.23	10.2±0.27	1.62±0.11
	15	15.43±0.43	15.98±1.03	16.81±1.43	4.76±0.36	0.58±0.01

药剂	处理天数/d	干重增长率/%				
		37.5 mg/L	75 mg/L	150 mg/L	300 mg/L	600 mg/L
嘧菌酯	3	18.51±0.12	41.68±1.34	−5.27±0.25	12.14±1.08	5.53±0.01
	6	−11.03±0.1	6.41±0.44	−27.37±0.68	−13.63±0.15	−0.27±0.01
	9	−23.4±0.89	−16.09±0.07	−3.45±0.01	−15.21±0.14	4.38±0.11
	12	−21.33±0.13	−9.76±0.17	3.01±0.16	−0.24±0.01	−8.35±0.03
	15	−1.83±0.11	−2.89±0.21	−2.24±0.13	−1.09±0.1	−1.47±0.01

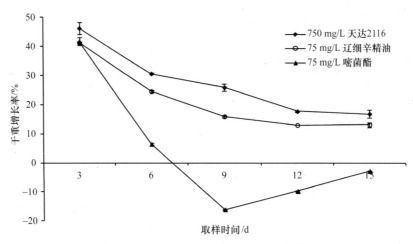

图 7-10　干重增长率与药剂处理时长的关系

　　作为含有多种营养成分的植物生长调节剂天达 2116 而言，对黄瓜幼苗干重的促进作用明显，同一处理时间干重随其浓度的增高呈现先增长后降低的趋势（处理 3 d 时趋势不明显）(图 7-11 和表 7-3)，如处理 9 d 时，用浓度分别为 187.5 mg/L、375 mg/L、750 mg/L、1 500 mg/L、3 000 mg/L 的天达 2116 处理后，干重提高率为 12.38%、23.78%、25.91%、22.24% 和 11.50%；同一浓度下，随着处理时间的延长，对黄瓜幼苗干重的促生长能力有所降低，如当浓度为 750 mg/L 时，处理 3 d、6 d、9 d、12 d 和 15 d 后，干重增长率分别为 46.27%、30.64%、25.91%、17.67%

和 16.81%，且处理 9 d 后的干重增长率明显高于辽细辛精油（图 7-10），但天达 2116 的供试浓度是辽细辛精油的 10 倍；由图 7-10 还可以看出，同一浓度下，处理全过程中，前半程黄瓜幼苗干重增长快，尤其是处理第 9 d 时，增长非常明显，但后半程增长缓慢（12～15 d），原因在于天达 2116 所含营养成分随着寄主植物的生长发育逐渐被其所吸收和利用，前期由于营养充足，干物质积累多，干重增加快，而到了后期，营养逐渐减少，干物质积累少，干重增加慢。

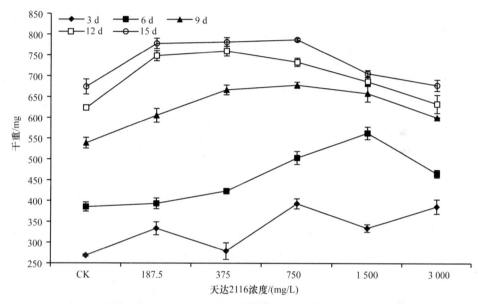

图 7-11　天达 2116 对黄瓜幼苗干重的影响

嘧菌酯对黄瓜幼苗干重的调控作用不明显，同一处理时间，干重与浓度间不成线性关系，或促进或抑制（图 7-12 和表 7-3）；处理时间段的前半程，干重受到浓度的影响较大，但后期（第 15 d），干重几乎不随嘧菌酯浓度的变化而变化。可能的原因是嘧菌酯为(E)-[2-[6-(2-氰基苯氧基)嘧啶-4-基氧]苯基]-3-甲氧基丙烯酸甲酯，分子式为 $C_{22}H_{17}N_3O_5$，结构中含碳和氮等元素，一定程度上可被吸收利用，促进黄瓜干物质的积累，但其为化学合成物质，为农药，具有一定的毒性，可破坏寄主的物质合成与积累，所以作用前期表现出或促进或抑制的特性；作为化学农药的嘧菌酯，其活性随施用后时间的延长而逐渐失活，所以作用后期对干重的影响不大，几乎无影响。

辽细辛精油对黄瓜幼苗的干重具有明显的调控作用，即表现为明显的促生长作用，其促生长效果与植物生长调节剂天达 2116 相当；而化学农药嘧菌酯对黄瓜幼苗干重的影响主要表现为降低干物质的积累。

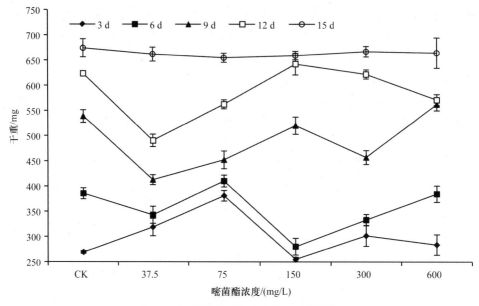

图 7-12　嘧菌酯对黄瓜幼苗干重的影响

7.1.5　对黄瓜幼苗根长的影响

辽细辛精油对黄瓜幼苗根长的调控作用明显，随浓度变化表现为先提高后降低的变化趋势，且其促生长作用与浓度的关系更密切，当浓度为 75～150 mg/L 时根长增长最为明显，在整个调查期内，75 mg/L 浓度下根长增长率为 15.74%～32.5%，150 mg/L 浓度下增长率 17.37%～25.02%；而浓度偏低为 37.5 mg/L 和浓度偏高为 600 mg/L 时，根长增长缓慢，提高率为 0.26%～8.63%（图 7-13 和表 7-4）；同一处理浓度下，辽细辛精油对黄瓜幼苗的根长的促生长能力并不随处理时间的延长而降低，而是一直保持相对较高的作用，如精油浓度为 75 mg/时，处理 3～15 d，根长增长率为 15.74%～32.5%（图 7-14 和表 7-4）。

天达 2116 对黄瓜幼苗根长具有非常明显的调控作用，即对根长的促生长能力强，且随浓度的增高黄瓜幼苗的根长表现为先增长后降低的变化趋势（图 7-15），浓度 750～1 500 mg/L 下增长最为明显，增长率为 8.25%～27.04%，750 mg/L 时增幅最显著（表 7-4）。同一处理浓度下，天达 2116 对黄瓜幼苗根长的促生长能力并不随处理时间的延长而降低，而是一直保持相对较高的态势（图 7-14）。

比较辽细辛精油和天达 2116 对根长的调控作用，如精油浓度为 150 mg/时，处理 3～15 d，根长增长率分别为 20.89%、20.72%、17.37%、23.95% 和 25.02%，天达 2116 浓度为 1 500 mg/L 时，增长率分别为 17.32%、14.89%、17.25%、20.11% 和 18.79%，前者是后者的 1.21 倍、1.39 倍、1.01 倍、1.19 倍和 1.33 倍，且前者的浓度是后者的 1/10，说明的辽细辛精油促生长能力一定程度上强于天达 2116（图 7-14）。

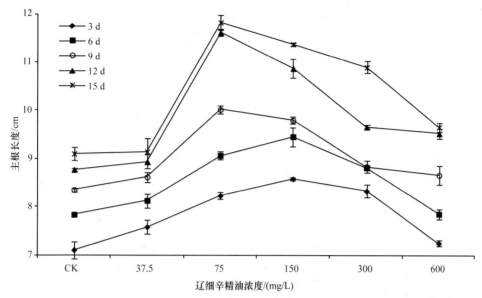

图 7-13　辽细辛精油对黄瓜幼苗根长的影响

表7-4　不同药剂对黄瓜幼苗根长的调控作用

药剂	处理天数/d	根长增长率/%				
		37.5 mg/L	75 mg/L	150 mg/L	300 mg/L	600 mg/L
辽细辛精油	3	6.76±0.42	15.92±0.17	20.89±0.43	17.32±0.89	2.11±0.03
	6	3.74±0.05	15.74±0.13	20.72±0.45	12.6±0.55	0.26±0.06
	9	3.23±0.07	20±0.11	17.37±0.31	5.87±0.34	3.79±0.05
	12	1.94±0.13	32.5±1.05	23.95±0.34	10.15±0.87	8.63±0.31
	15	0.48±0.03	29.96±0.78	25.02±1.56	19.78±0.78	6.15±0.02

药剂	处理天数/d	根长增长率/%				
		187.5 mg/L	375 mg/L	750 mg/L	1 500 mg/L	3 000 mg/L
天达 2116	3	10±0.01	24.37±0.32	27.04±0.23	17.32±1.23	10.56±0.35
	6	3.96±0.13	14.26±0.16	16.94±0.01	14.89±0.11	8.64±0.88
	9	7.66±0.24	9.22±0.01	18.76±1.01	17.25±0.35	5.75±0.13
	12	6.31±0.02	8.25±0.24	23.53±1.54	20.11±0.96	14.03±0.04
	15	11.43±0.13	20.99±0.64	22.23±1.05	18.79±0.67	19.08±0.97

药剂	处理天数/d	根长增长率/%				
		37.5 mg/L	75 mg/L	150 mg/L	300 mg/L	600 mg/L
嘧菌酯	3	2.35±0.03	5.96±0.13	8.92±0.32	6.57±0.01	4.32±0.21
	6	−2.6±0.09	3.36±0.20	6.64±0.13	4.26±0.12	6.89±0.11
	9	1.88±0.02	−0.2±0.01	0.08±0.01	3.19±0.22	5.15±0.01
	12	−0.76±0.01	5.28±0.16	0.65±0.04	2.93±0.02	5.59±0.16
	15	1.32±0.01	2.56±0.14	4.43±0.03	4.54±0.11	2.78±0.05

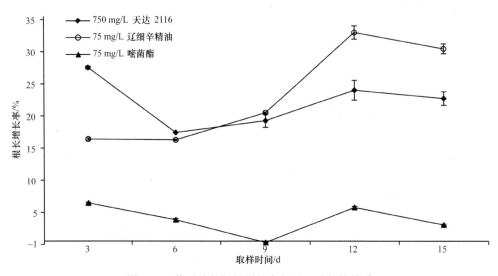

图 7-14　黄瓜幼苗根长增长率与处理时长的关系

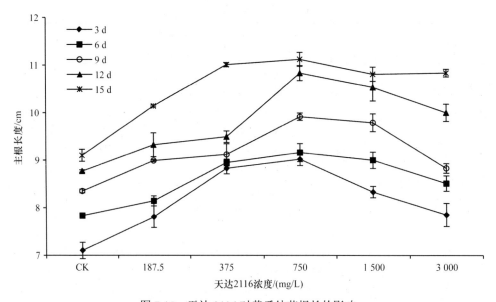

图 7-15　天达 2116 对黄瓜幼苗根长的影响

嘧菌酯对黄瓜幼苗根长不具有明显的调控作用，与对照相比差异性不显著，主要表现出促生长作用，增长率为 0.08%～8.92%，个别浓度下表现为抑制作用，抑制率为 0.2%～2.6%（图 7-14、图 7-16 和表 7-4），说明嘧菌酯对黄瓜幼苗根长无影响。

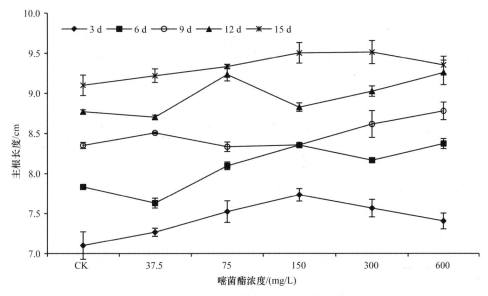

图 7-16　嘧菌酯对黄瓜幼苗根长的影响

辽细辛精油对黄瓜幼苗的根长具有明显的调控作用，表现为促生长作用，且与浓度有关，其促生长效果与天达 2116 相当，甚至优于天达 2116；而嘧菌酯不存在明显的调控效果，且与浓度无关。

7.1.6　对黄瓜幼苗叶绿素含量的影响

辽细辛精油对黄瓜幼苗叶绿素含量同样具有明显的调控作用，且随浓度的提高表现出先增高后降低的变化趋势，浓度 75～150 mg/L 下增高最为明显（图 7-17），提高率为 17.4%～105.24%，75 mg/L 时增幅显著，而且其促生长能力并不随处理时间的延长而降低，而是一直保持相对较高的态势下，处理 3 d 时叶绿素含量为 0.6 mg/g，仅高于对照 0.09 mg/g，提高率 17.4%，但处理第 6～15 d 后，叶绿素含量急剧提高，高于天达 2116 处理，提高率为 44.58%～60.08%（表 7-5）。

天达 2116 对黄瓜幼苗叶绿素含量的促提高能力强，且随浓度的增高黄瓜幼苗叶绿素含量表现为先提高后降低的变化趋势（图 7-18），浓度 750～1 500 mg/L 下提高最为明显，提高率为 15.95%～146.71%；用同一浓度的天达 2116 进行处理，叶绿素含量随处理时间的延长不断提高，但处理 3 d 时提高率增幅最大，为 46.25%～146.71%，时间再延长，提高率则维持在 50% 以下的水平（表 7-5）。

嘧菌酯对黄瓜幼苗叶绿素含量的影响主要表现为抑制作用，当浓度≤300 mg/L 时，规律性不强，或促进或抑制；当浓度为 600 mg/L 时，完全表现为抑制用，抑制率为 11.29%～45.19%（图 7-19 和表 7-5）。

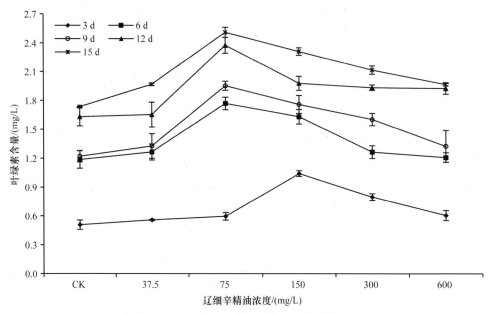

图 7-17　辽细辛精油对黄瓜幼苗叶绿素含量的影响

表7-5　不同药剂对黄瓜幼苗叶绿素含量的影响

药剂	处理天数/d	叶绿素含量提高率/%				
		37.5 mg/L	75 mg/L	150 mg/L	300 mg/L	600 mg/L
辽细辛精油	3	9.9±0.65	17.4±0.34	105.24±3.06	57.12±1.54	19.24±1.23
	6	6.58±0.34	49.17±1.55	37.56±1.99	6.63±0.34	1.85±0.53
	9	8.71±0.54	60.08±2.44	44.21±2.03	31.43±0.96	8.58±0.01
	12	1.36±0.02	45.61±1.11	21.28±1.01	18.54±0.44	18.07±0.53
	15	13.35±0.85	44.58±2.22	33.08±2.03	21.96±0.24	13.28±0.68

药剂	处理天数/d	叶绿素含量提高率/%				
		187.5 mg/L	375 mg/L	750 mg/L	1 500 mg/L	3 000 mg/L
天达 2116	3	46.25±0.89	79.47±3.95	134.37±2.11	146.71±2.34	70.08±2.06
	6	2.34±0.21	21.14±1.34	48.17±1.1	26.39±0.86	12.95±1.03
	9	16.41±0.34	23.64±2.05	48.44±1.08	47.55±1.32	27.22±0.12
	12	10.7±0.23	29.3±0.75	42.46±0.22	34.54±1.07	20.54±1.23
	15	14.77±0.64	25.78±0.23	34.59±1.11	15.95±0.85	16.62±0.12

药剂	处理天数/d	叶绿素含量提高率/%				
		37.5 mg/L	75 mg/L	150 mg/L	300 mg/L	600 mg/L
嘧菌酯	3	4.48±0.08	14.33±0.65	22.22±1.11	51.79±2.04	−11.29±0.54
	6	−19.9±0.45	−10.62±0.34	−30.86±1.34	−20.74±1.35	−45.19±2.33
	9	3.29±0.03	0.83±0.01	−6.55±0.45	−17.2±0.88	−41.8±1.44
	12	−22.74±0.45	−9.86±0.22	−9.86±0.56	−25.8±1.43	−31.32±2.01
	15	−6.07±0.03	6.03±0.42	6.6±0.02	−10.11±1.02	−18.75±1.35

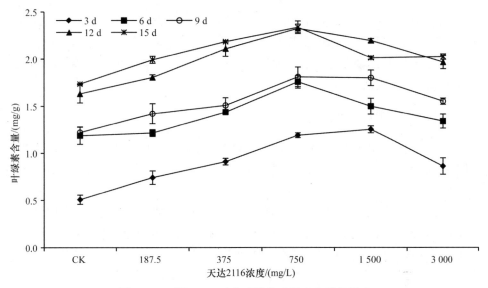

图 7-18　天达 2116 对黄瓜幼苗叶绿素含量的影响

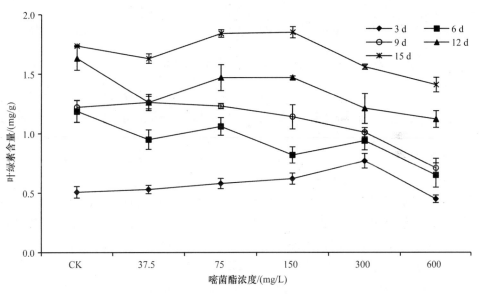

图 7-19　嘧菌酯对黄瓜幼苗叶绿素含量的影响

7.2　辽细辛精油对黄瓜幼苗保护酶活性的影响

7.2.1　酶液的制备

供试材料黄瓜品种为天津研 4，待幼苗长至两片真叶时，喷药处理，药液浓度为，辽细辛精油 100 mg/L、天达 2116（瓜茄果专用型）1 000 mg/L、250 g/L 嘧菌酯悬浮剂 100 mg/L。喷药后 2 h、6 h、12 h、24 h、36 h、60 h、84 h、120 h、168 h、240 h 进行取样，选取生长一致的幼苗第 2 叶位新鲜叶片 0.5 g，加入 5 mL 0.05 mol/L pH 7.0 的磷酸缓冲液，冰浴研磨成匀浆，4℃ 4 000 r/min 离心 20 min，上清液即酶的提取液，4℃保存。

7.2.2　酶活的测定方法

多酚氧化酶（PPO）、过氧化物酶（POD）、超氧化物歧化酶（SOD）、过氧化氢酶（CAT）和蛋白质含量的测定方法同第 6 章"辽细辛精油对病原菌致病酶系和保护酶系的影响"。

L-苯丙氨酸解氨酶（PAL）的测定方法：以 L-苯丙氨酸为底物，在试管中加入 0.6 mL 0.05 mol/L pH 8.8 硼酸缓冲液、0.1 mL 0.01 mol/L L-苯丙氨酸及 0.3 mL 酶液，以加入 0.3 mL 提取缓冲液代替酶液为对照，混匀，在 40℃±1℃水浴中反应 15 min 后，于冰浴中终止反应，稀释 5 倍后在 290 nm 处，以不加酶液的为空白对照测吸光值。计算公式如下：

$$PAL酶活(U\,/\,mg) = \frac{OD_{290} \times 反应液体积(mL)}{0.01 \times 所加酶液体积(mL) \times 酶液蛋白质含量(mg\,/\,mL)}$$

7.2.3　对黄瓜幼苗叶片可溶性蛋白含量的影响

辽细辛精油、天达 2116 和嘧菌酯处理后，黄瓜幼苗叶片可溶性蛋白含量均发生一定的变化。辽细辛精油处理后，可溶性蛋白含量的变化趋势为随处理时间的延长先降低后升高，处理 60h 为拐点；处理 2～36 h，幼苗体内蛋白含量有所下降，但下降幅度不大，处理后蛋白质含量为对照的 91.5%～99.45%；处理 60 h 时，蛋白质含量急剧提高，为对照的 1.77 倍；处理 84～240 h，幼苗体内蛋白质含量有所提高，但提高幅度不大，处理后蛋白质含量为对照的 1.02～1.26 倍。天达 2116 处理后，可溶性蛋白含量的变化趋势与辽细辛精油的趋势相近，也是随处理时间的延长先降低后升高，但拐点为处理 84 h；处理 2～60 h，幼苗体内蛋白含量有所下降，处理后蛋白含量为对照的 87.83%～99.48%；处理 84～240 h，幼苗体内蛋白质含量有所提高，处理后蛋白质含量为对照的 1.19～1.82 倍。嘧菌酯处理后，蛋白质含量的变化趋势不明显，或降低或升高，处理后蛋白质含量为对照的 0.67～1.96 倍，处理 2～24 h，幼苗体内蛋白质含量下降（表 7-6 和图 7-20）。

表7-6　不同药剂处理对黄瓜幼苗蛋白质含量的影响

取样时间/h	蛋白质含量/（mg/mL）			
	对照	辽细辛精油	天达 2116	嘧菌酯
2	0.057 6±0.000 3	0.055 6±0.001 7	0.057 3±0.000 4	0.039 8±0.001 1

续表

取样时间/h	蛋白质含量/（mg/mL）			
	对照	辽细辛精油	天达 2116	嘧菌酯
6	0.054 3±0.001 1	0.054±0.000 4	0.052 6±0.000 6	0.043 1±0.000 9
12	0.047 8±0.000 3	0.046 9±0.001 1	0.043 9±0.001 4	0.032±0.001 1
24	0.055 3±0.001 7	0.050 6±0.000 6	0.052±0.001 1	0.050 4±0.001 3
36	0.049 4±0.000 4	0.045 6±0.000 7	0.047 1±0.001 7	0.061 2±0.002 1
60	0.034 5±0.000 9	0.061 1±0.000 6	0.030 3±0.001 1	0.050 4±0.000 6
84	0.043 2±0.000 6	0.044 1±0.000 5	0.051 2±0.001 1	0.036 9±0.000 8
120	0.040 2±0.000 8	0.040 9±0.000 3	0.056 7±0.001 3	0.043 4±0.000 7
168	0.026 3 ±0.000 9	0.033 1±0.001 2	0.033 4±0.000 4	0.051 6±0.000 6
240	0.026 4±0.000 8	0.027 8±0.000 8	0.048±0.000 4	0.035 3±0.001 2

取样时间/h	处理后蛋白质含量的变化			
	对照	辽细辛精油	天达 2116	嘧菌酯
2	1	0.97	0.99	0.69
6	1	0.99	0.97	0.8
12	1	0.98	0.92	0.67
24	1	0.92	0.94	0.91
36	1	0.92	0.95	1.24
60	1	1.78	0.88	1.46
84	1	1.02	1.19	0.85
120	1	1.02	1.41	1.08
168	1	1.26	1.27	1.96
240	1	1.05	1.82	1.34

辽细辛精油、生长调节剂天达 2116 和化学农药嘧菌酯 3 种不同制剂处理黄瓜幼苗后，三者在处理前期（2～24 h）均会引起蛋白含量的下降，处理后期（120～240 h）均会引起蛋白含量的提高；总体比较，辽细辛精油和天达 2116 对黄瓜幼苗体内蛋白含量的影响趋势相同。

7.2.4　对黄瓜幼苗叶片多酚氧化酶活性的影响

黄瓜幼苗用辽细辛精油、天达 2116 和嘧菌酯三种制剂处理后，其叶片多酚氧化酶（PPO）活性发生变化，但变化趋势不同。辽细辛精油处理后，PPO 活性的变化趋势为随处理时间的延长先升高后降低，处理 36 h 为拐点；与对照比，酶活性的变化幅度较大，是对照的 0.5～1.56 倍；处理 2 h 时，幼苗体内 PPO 活性稍有

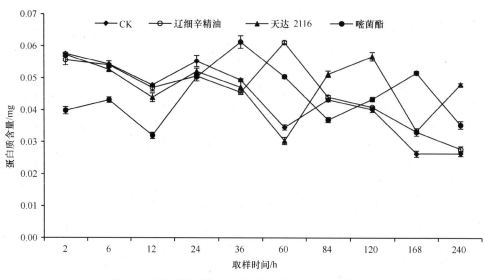

图 7-20　不同药剂处理对黄瓜幼苗蛋白质含量的影响

下降，但下降幅度很小，处理后 PPO 活性为对照的 98.18%；处理 6～24 h，PPO 活性提高，为对照的 1.02～1.56 倍；处理 36 h 以上，幼苗体内 PPO 活性降低，处理后 PPO 活性为对照的 49.53%～95.69%。天达 2116 处理后，PPO 活性的变化趋势与辽细辛精油的趋势相近，也是随处理时间的延长先升高后降低，拐点为处理 24 h；但与对照比，酶活性的变化幅度较小，是对照的 0.71～1.24 倍；处理 2 h 时，幼苗体内 PPO 活性稍有下降，下降幅度不大，处理后 PPO 活性为对照的 91.55%；处理 6～24 h，PPO 活性提高，为对照的 1.03～1.24 倍；处理 36 h 以上，幼苗体内 PPO 活性降低，处理后 PPO 活性为对照的 71.25%～99.83%。嘧菌酯处理后，PPO 活性的变化趋势不明显，或降低或升高，且酶活性的变化幅度较大，处理后 PPO 活性为对照的 0.4～1.59 倍，处理 2～24 h，幼苗体内 PPO 活性提高，提高 1.5 倍左右（表 7-7 和图 7-21）。

表7-7　不同药剂处理对黄瓜幼苗叶片PPO活性的变化

取样时间/h	多酚氧化酶活性/（U/mg）			
	对照	辽细辛精油	天达 2116	嘧菌酯
2	124.48±2.48	122.21±4.86	113.96±1.24	182.41±1.13
6	102.76±0.73	129.35±0.16	127.19±1.71	157.54±1.41
12	161.3±0.31	164.39±1.39	165.95±0.86	256.09±4.55
24	98.19±5.23	153.66±2.26	118.65±7.09	146.33±6.6
36	140.69±4.61	110.2±1.19	140.45±1.77	96.08±4.31
60	217.10±5.9	107.53±3.72	197.03±1.71	133.53±5.12

续表

取样时间/h	多酚氧化酶活性/（U/mg）			
	对照	辽细辛精油	天达 2116	嘧菌酯
84	139.93±1.2	106.12±1.8	123.73±1.45	175.34±1.64
120	131.59±2.85	125.92±1.18	100.71±1.31	180.88±3.88
168	256.46±1.44	228.55±3.46	236.08±1.82	102.04±1.54
240	257.01±2.37	188.49±2.55	183.13±2.19	173.80±3.63

取样时间/h	多酚氧化酶活性的变化			
	对照	辽细辛精油	天达 2116	嘧菌酯
2	1	0.98	0.92	1.47
6	1	1.26	1.24	1.53
12	1	1.02	1.03	1.59
24	1	1.56	1.21	1.49
36	1	0.78	0.99	0.68
60	1	0.5	0.91	0.62
84	1	0.76	0.88	1.25
120	1	0.96	0.77	1.37
168	1	0.89	0.92	0.4
240	1	0.73	0.71	0.68

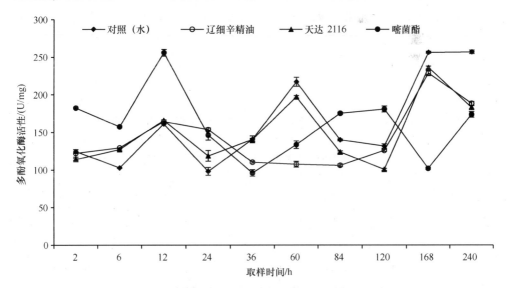

图 7-21   不同药剂处理对黄瓜幼苗 PPO 活性的影响

辽细辛精油、生长调节剂天达 2116 和化学农药嘧菌酯 3 种不同制剂处理黄瓜幼苗后，三者在处理前期（6～24 h）均会引起 PPO 活性的提高，处理后期（168～240 h）均会引起 PPO 活性的降低；总体比较，辽细辛精油和天达 2116 对黄瓜幼苗体内 PPO 活性的影响趋势相同。处理前期 PPO 活性升高，说明辽细辛精油、生长调节剂天达 2116 和化学农药嘧菌酯对于黄瓜幼苗而言属于外来物，即逆境条件，施用后刺激寄主植物产生活性氧自由基，引发体内脂质过氧化，清除不及时，将引发寄主病变和衰老，但自由基产生后会即刻激活免疫系统，PPO 作为保护酶活性提高，将自由基转化成过氧化氢和氧气等除去，减轻危害；辽细辛精油处理后酶活升高幅度比天达 2116 处理后的高，说明辽细辛精油对保护酶的激活能力比天达 2116 强。后期 PPO 活性降低，说明自由基已被清除，免疫系统保护酶系恢复休止状态。

7.2.5　对黄瓜幼苗叶片 L-苯丙氨酸解氨酶活性的影响

黄瓜幼苗叶片经辽细辛精油处理后，L-苯丙氨酸解氨酶（PAL）活性的变化趋势为随处理时间的延长先升高后降低，处理 24 h 为拐点；与对照比，酶活性的变化幅度较大，是对照的 0.6～1.28 倍；处理 2 h 时，幼苗体内 PAL 活性稍有下降，但下降幅度很小，处理后 PAL 活性为对照的 94.87%；处理 6～24 h，PAL 活性提高，为对照的 1.14～1.28 倍；处理 36 h 以上，幼苗体内 PAL 活性降低，处理后 PAL 活性为对照的 59.62%～89.39%。天达 2116 处理后，幼苗体内 PAL 活性的变化趋势与辽细辛精油的趋势相近，也是随处理时间的延长先升高后降低，但拐点为处理 36 h；且与对照比，酶活性的变化幅度较小，是对照的 0.62～1.13 倍；处理 2 h 时，幼苗体内 PAL 活性下降，处理后 PAL 活性为对照的 86.62%；处理 6～36 h，PAL 活性提高，为对照的 1.01～1.13 倍；处理 60 h 以上，幼苗体内 PPO 活性降低，为对照的 61.78%～83.55%。嘧菌酯处理后，PAL 活性的变化趋势不明显，或降低或升高，且变化幅度较大，处理后 PAL 活性为对照的 0.31～1.73 倍，处理 2～24 h，幼苗体内 PAL 活性提高，提高 1.17～1.73 倍（表 7-8 和图 7-22）。

表7-8　不同药剂处理后黄瓜幼苗L-苯丙氨酸解氨酶活性的变化

取样时间/h	L-苯丙氨酸解氨酶活性/（U/mg）			
	对照	辽细辛精油	天达 2116	嘧菌酯
2	14 982.64±75.68	14 214.63±167.11	12 978.48±66.07	22 638.19±239.68
6	11 669.74±171.12	14 901.23±59.53	13 149.56±87.81	18 808.97±93.77
12	15 781.03±73.47	18 009.95±202.65	16 226.27±164.79	27 354.17±18.04
24	13 459.92±170.92	16 706.19±63.53	14 032.05±115.92	15 727.51±60.62
36	14 608.64±57.92	12 119.88±101.29	14 755.84±63.69	9 242.92±163.67
60	23 478.26±153.38	13 998.91±77.35	19 614.96±115.9	13 425.93±184.36

续表

取样时间/h	L-苯丙氨酸解氨酶活性/（U/mg）			
	对照	辽细辛精油	天达 2116	嘧菌酯
84	14 591.05±173.74	10 181.41±22.68	10 957.03±192.36	15 898.83±136.4
120	14 477.61±248.76	12 942.14±112.93	9 559.08±63.59	18 410.14±143.89
168	28 580.48±116.16	23 675.73±46.15	23 522.95±75.35	8 779.07±96.9
240	29 204.55±136.57	18 585.13±90.53	18 041.33±90.81	17 327.67±212.62

取样时间/h	L-苯丙氨酸解氨酶活性的变化			
	对照	辽细辛精油	天达 2116	嘧菌酯
2	1	0.95	0.87	1.5
6	1	1.28	1.13	1.61
12	1	1.14	1.03	1.73
24	1	1.24	1.04	1.17
36	1	0.83	1.01	0.63
60	1	0.6	0.84	0.57
84	1	0.7	0.75	1.09
120	1	0.89	0.66	1.27
168	1	0.83	0.82	0.31
240	1	0.64	0.62	0.59

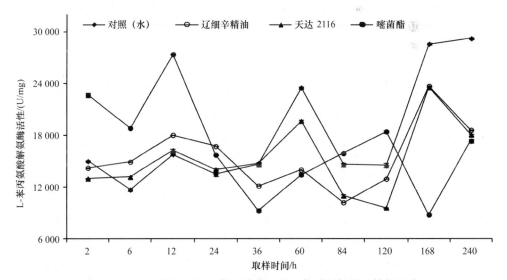

图 7-22 不同药剂处理对黄瓜幼苗 L-苯丙氨酸解氨酶活性的影响

　　辽细辛精油、生长调节剂天达 2116 和化学农药嘧菌酯在处理黄瓜幼苗前期（6~24 h）均会引起 PAL 活性的提高，说明三者均激活了寄主的免疫系统，PAL 作为保护酶活性提高，清除自由基的危害，对植物体起到一定的保护作用；辽细辛精油处理后酶活升高幅度比天达 2116 处理后的高，说明辽细辛精油对保护酶的激活能力比天达 2116 强。

　　比较 POD 和 PAL 的活性变化，以辽细辛精油、天达 2116 和嘧菌酯三种制剂为处理对象，每种制剂处理后黄瓜幼苗叶片 PAL 活性的变化趋势均与 POD 活性的变化趋势相同，但与对照比，PAL 活性的变化幅度偏小，POD 活性的变化幅度偏大；辽细辛精油处理后的 PAL 活性是对照的 0.6~1.28 倍，POD 活性是对照的 0.5~1.56 倍；天达 2116 处理后的 PAL 活性是对照的 0.62~1.13 倍，POD 活性是对照的 0.71~1.24 倍；嘧菌酯处理后的 PAL 活性是对照的 0.31~1.73 倍，POD 活性是对照的 0.4~1.59 倍。

　　辽细辛精油处理后，黄瓜幼苗叶片多酚氧化酶（PPO）、L-苯丙氨酸解氨酶（PAL）活性的变化趋势与植物生长调节剂天达 2116 处理后的变化趋势相同，同时其酶活变化的幅度偏大，又与化学农药嘧菌酯处理后的变化幅度相同，说明辽细辛精油既有植物生长调节剂的作用，又有农药的作用。

7.2.6　对黄瓜幼苗叶片超氧化物歧化酶活性的影响

　　超氧化物歧化酶（SOD）是植物体内非常重要的较为普遍的一类免疫系统保护酶系。从表 7-9 和图 7-23 可以看出，对照组黄瓜幼苗叶片 SOD 活性随生长时间的延长，SOD 活性呈现爬坡式上升，168 h 时，SOD 活性出现最大值 769.11 U/mg，随之下降。与对照比，用辽细辛精油、天达 2116、嘧菌酯处理后，黄瓜幼苗叶片 SOD 活性均发生变化，但变化趋势不同。辽细辛精油处理后，黄瓜幼苗 SOD 活性升高，处理 36 h 和 240 h 后出现 2 个高峰期；与对照比，酶活性的变化幅度较大，是对照的 1.13~3.92 倍；处理 2 h 时，幼苗体内 SOD 活性急剧升高，处理后 SOD 活性为对照的 2.91 倍；处理 6~24 h，SOD 活性提高，但提高幅度稍小，为对照的 1.13~1.95 倍；处理 36 h 时，幼苗体内 SOD 活性急剧升高，酶活出现第一个高峰，处理后 SOD 活性为对照的 3.92 倍；处理 60 h 以上，幼苗体内 SOD 活性随时间延长，近直线型上升，处理后 SOD 活性为对照的 1.14~1.95 倍，在 240 h 或稍后，酶活出现第二个高峰。天达 2116 处理后，SOD 活性的变化趋势为随处理时间的延长先升高后降低，拐点为处理 84 h，但酶活升高的高峰期为 36 h，此时处理后酶活是对照组的 4.26 倍；处理 2~84 h，SOD 活性提高，为对照的 1.46~4.26 倍；处理 120 h 以上，幼苗体内 SOD 活性降低，为对照的 19.34%~66.26%。嘧菌酯处理后，SOD 活性的变化趋势为或降低或升高，处理后 SOD 活性为对照的 0.32~3.9 倍，处理 2~60 h，幼苗体内 SOD 活性提高，提高 1.19～3.9 倍。

表7-9 不同药剂处理后黄瓜幼苗叶片超氧化物歧化酶活性的变化

取样时间/h	超氧化物歧化酶活性/（U/mg）			
	对照	辽细辛精油	天达 2116	嘧菌酯
2	116.09±12.58	337.86±28.56	435.2±13.5	311.68±23.17
6	190.64±11.8	371.09±31.96	431.73±13.54	661.52±23.28
12	79.82±3.53	135.14±8.39	190.47±4.98	245.83±11.49
24	268.2±9.32	303.42±10.42	626.35±11.09	401.34±19.72
36	195.64±9.49	767.81±23.77	833.03±14.98	232.64±39.67
60	183.66±5.65	242.74±8.43	360.27±21.53	716.55±22.24
84	397.77±15.13	548.15±17.06	580.76±37.7	200.03±5.59
120	441.83±16.66	780.32±24.03	85.45±19.55	143.4±4.49
168	769.11±37.8	879.15±27.06	335.46±20.01	810.1±29.94
240	505.19±18.24	984.22±30.35	334.76±12.99	767.02±13.59

取样时间/h	超氧化物歧化酶活性的变化			
	对照	辽细辛精油	天达 2116	嘧菌酯
2	1	2.91	3.75	2.68
6	1	1.95	2.26	3.47
12	1	1.69	2.39	3.08
24	1	1.13	2.34	1.5
36	1	3.92	4.26	1.19
60	1	1.32	1.96	3.9
84	1	1.38	1.46	0.5
120	1	1.77	0.19	0.32
168	1	1.14	0.44	1.05
240	1	1.95	0.66	1.52

　　三种供试制剂处理黄瓜幼苗前期（2～60 h）均会引起 SOD 活性的提高，且与对照比提高幅度较大，说明辽细辛精油、生长调节剂天达 2116 和化学农药嘧菌酯均激活了寄主的免疫系统，SOD 作为主要的保护酶活性提高，清除自由基的危害，对植物体起主要的保护作用；在供试时间段内，辽细辛精油处理后酶活均升高，说明其对寄主的保护作用持续时间长；辽细辛精油处理后酶活提高幅度不及天达 2116，说明辽细辛精油对保护酶的激活能力比天达 2116 稍弱。

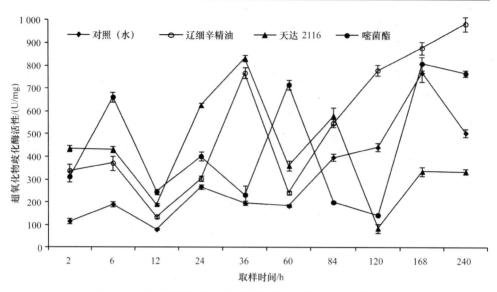

图 7-23　不同药剂处理对黄瓜幼苗超氧化物歧化酶活性的影响

7.2.7　对黄瓜幼苗叶片过氧化物酶活性的影响

过氧化物酶（POD）是植物活性氧清除系统中重要的酶类之一，可以清除细胞中的 H_2O_2，特别是清除叶绿体中的 H_2O_2。从表 7-10 和图 7-24 可以看出，对照组黄瓜幼苗叶片 POD 活性随生长时间的延长，呈现爬坡式上升，前期上（120 h前）升缓慢，后期（120 h 后）上升急速，240 h 时，POD 活性最高，为 244.32 U/mg。与对照比，辽细辛精油处理后，黄瓜幼苗 POD 活性随生长时间的延长，呈现爬坡式上升，且活性均高于对照，为对照的 1.01～1.51 倍，高峰可能为处理 240 h 或之后。天达 2116 处理后，POD 活性的变化趋势为随处理时间的延长先升高后降低再升高再降低，处理 60 h 和 168 h 时出现 2 个高峰期，活性分别为 295.13 U/mg和 348.3 U/mg；处理 2～168 h，POD 活性提高，为对照的 1.54～3.8 倍；处理 240 h时，幼苗体内 POD 活性急剧降低，处理后 POD 活性为对照的 73.82%。嘧菌酯处理后，POD 活性的变化趋势为或降低或升高，处理后 POD 活性为对照的 0.68～1.89 倍，处理 2～36 h，幼苗体内 POD 活性提高，提高 1.11～1.71 倍。

表7-10　不同药剂处理对黄瓜幼苗叶片过氧化物酶活性的变化

取样时间/h	过氧化物酶活性/（U/mg）			
	对照	辽细辛精油	天达 2116	嘧菌酯
2	47.22±2.18	56.02±4.09	81.8±3.01	64.6±1.81
6	42.13±3.04	61.16±3.06	65.18±3.28	63.63±4.41
12	54.35±1.3	60.68±0.93	135.06±3.86	92.74±3.85
24	68.61±1.47	76.38±1.35	134.81±5.19	75.94±3.06

续表

取样时间/h	过氧化物酶活性/（U/mg）			
	对照	辽细辛精油	天达 2116	嘧菌酯
36	52.21±0.98	64.49±2.13	117.9±1.72	67.2±4.31
60	77.63±0.18	80.54±4.97	295.13±4.46	74.83±2.09
84	75.92±3.01	114.77±4.26	238.88±9.93	143.43±1.66
120	98.04±3.18	110.15±0.38	150.53±3.62	107.81±4.97
168	188.59±0.62	189±3.18	348.3±2.76	128.09±6.84
240	244.32±4.51	351.11±11.92	180.36±9.94	184.19±1.81

取样时间/h	过氧化物酶活性的变化			
	对照	辽细辛精油	天达 2116	嘧菌酯
2	1	1.19	1.73	1.37
6	1	1.45	1.55	1.51
12	1	1.12	2.49	1.71
24	1	1.11	1.96	1.11
36	1	1.24	2.26	1.29
60	1	1.04	3.8	0.96
84	1	1.51	3.15	1.89
120	1	1.12	1.54	1.1
168	1	1.01	1.85	0.68
240	1	1.44	0.74	0.75

　　辽细辛精油、生长调节剂天达 2116 和化学农药嘧菌酯在理黄瓜幼苗前期（2～36 h）均会引起 POD 活性的提高，说明三者均激活了寄主的免疫系统，POD 作为主要的保护酶活性提高，清除自由基的危害，对植物体起主要的保护作用；在供试时间段内，辽细辛精油处理后酶活均升高，说明其对寄主的保护作用持续时间长；辽细辛精油处理后酶活提高幅度不及天达 2116，说明辽细辛精油对保护酶的激活能力比天达 2116 稍弱。

　　比较 SOD 酶活和 POD 酶活，辽细辛精油处理后黄瓜幼苗的酶活均比对照有所提高，但 SOD 酶活性提高幅度较大，POD 酶活性提高幅度较小；用生长调节剂天达 2116 和化学农药嘧菌酯处理黄瓜幼苗，处理前期，两种酶活均比对照组高，且 SOD 酶活性提高幅度也比 POD 酶大。说明 SOD 酶和 POD 酶虽然都是植物体内活性氧清除系统中重要的酶类，但 SOD 酶的清除能力比 POD 酶强，即在植物的保护系统中 SOD 酶发挥的作用更大，在植物受到外来物刺激之后，SOD 酶作为免疫系统中一份子被激活的程度较高。

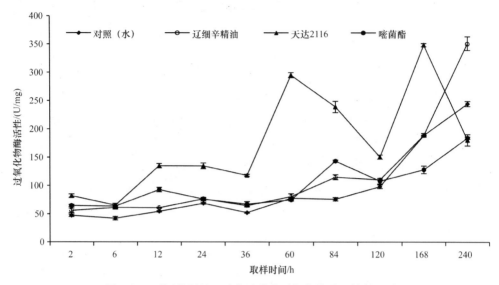

图 7-24　不同药剂处理对黄瓜幼苗过氧化物酶活性的影响

7.2.8　对黄瓜幼苗叶片过氧化氢酶活性的影响

H_2O_2 是一种活性氧，它具有氧化能力和还原能力，除直接对细胞有伤害外，还可以生成羟自由基（·OH）和单线态氧（$^1O_2$）。羟自由基具有强氧化能力，它能在形成部位直接攻击细胞，破坏植物体内的碳水化合物、氨基酸、蛋白质、核酸等有机物质。单线态氧是亲电子能力很强的氧化剂，与二烯烃、芳香烃反应，可以生成过氧化物；与烯反应生成氢过氧化物和二甲烷。过氧化氢酶（CAT）可使 H_2O_2 转变为活性较弱的物质，从而使机体受到保护。

与对照比，辽细辛精油处理后，黄瓜幼苗体内的 CAT 酶活性的变化趋势为随处理时间的延长先升高后降低再升高，处理 12 h 时, 酶活达到高峰，为 0.235 6 U/mg，是对照的 1.88 倍，酶活提高的幅度并不是最高，最高点为处理 60 h 时，此时，处理后酶活是对照的 2.2 倍；处理 2~60 h，处理后酶活提高，是对照的 1.06~2.2 倍；处理 84 h 时，处理后酶活降低，是对照的 86.54%；处理 120~240 h，处理后酶活又提高，是对照的 1.01~1.46 倍。天达 2116 处理后，CAT 活性的变化趋势与辽细辛精油处理结果相似，处理 2~84 h，CAT 活性提高，为对照的 1.2~1.74 倍；处理 120~168 h，CAT 活性降低，为对照的 46.72%~77.27%；处理 240 h 时，幼苗体内 CAT 活性又急剧升高，处理后 CAT 活性为对照的 2.24 倍。嘧菌酯处理后，CAT 活性的变化趋势为或降低或升高，处理后 CAT 活性为对照的 0.38~6.82 倍，酶活性变化幅度较大（表 7-11 和图 7-25）。

表7-11　不同药剂处理后黄瓜幼苗叶片过氧化氢酶活性的变化

取样时间/h	过氧化氢酶活性/U/mg			
	对照	辽细辛精油	天达 2116	嘧菌酯
2	0.116 3±0.004 6	0.123 7±0.004 4	0.202 4±0.004 6	0.125 1±0.003 2
6	0.160 7±0.003 7	0.179 6±0.005 7	0.212 3±0.005 5	0.157 2±0.003 1
12	0.125±0.006 6	0.235 6±0.009 7	0.129 9±0.006 1	0.047±0.001 3
24	0.138 3±0.004 4	0.193 8±0.007 2	0.143 1±0.000 1	0.137 6±0.002 1
36	0.115 6±0.003 4	0.165 2±0.006 5	0.158 8±0.003 2	0.192 3±0.006 4
60	0.029 3±0.003 6	0.064 5±0.002 4	0.041±0.001 2	0.100 6±0.003 5
84	0.065 4±0.007 9	0.056 6±0.001 8	0.078 7±0.002 1	0.088 9±0.002 5
120	0.067 3±0.004 2	0.067 5±0.002 8	0.052±0.002 3	0.039 8±0.001 7
168	0.022 9±0.001 1	0.033 4±0.001 3	0.010 7±0.001 3	0.156 2±0.003 6
240	0.044 8±0.002 1	0.049 7±0.003 8	0.100 2±0.001 9	0.105 3±0.002 8

取样时间/h	过氧化氢酶活性的变化			
	对照	辽细辛精油	天达 2116	嘧菌酯
2	1	1.06	1.74	1.08
6	1	1.12	1.32	0.98
12	1	1.88	1.04	0.38
24	1	1.4	1.03	0.99
36	1	1.43	1.37	1.66
60	1	2.2	1.4	3.43
84	1	0.87	1.2	1.36
120	1	1.01	0.77	0.59
168	1	1.46	0.47	6.82
240	1	1.11	2.24	2.35

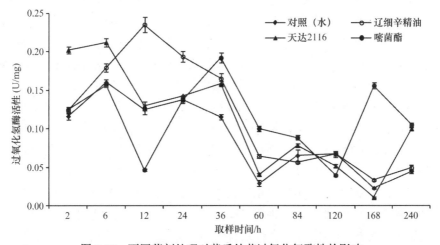

图 7-25　不同药剂处理对黄瓜幼苗过氧化氢酶性的影响

辽细辛精油和生长调节剂天达 2116 处理黄瓜幼苗后，均在处理前期（2～60 h）引起 CAT 活性的提高，说明两者均激活了寄主的免疫系统，CAT 作为主要的保护酶活性提高，清除自由基的危害，对植物体起到保护作用；在供试时间段内，两者处理后酶活升高的幅度相似，说明两者对保护酶 CAT 的激活能力相当。

7.3　本 章 小 结

1. 辽细辛精油具有一定的促生长作用

辽细辛精油、生长调节剂天达 2116 和化学药剂嘧菌酯施用后，对黄瓜幼苗株高、鲜重、干重、根长的影响不同，辽细辛精油对黄瓜幼苗的株高、鲜重、干重、根长、叶绿素含量等具有明显的调控作用，表现为促进作用，其调控效果与 10 倍浓度的天达 2116 相当，且调控效果随浓度变化而变化，辽细辛精油精油在 75 mg/L 和 150 mg/L 浓度下增长最为明显，天达 2116 在 750 mg/L 和 1500 mg/L 浓度下增长最为明显。而嘧菌酯不存在明显的调控效果，甚至表现为抑制作用，且与浓度无关。

用辽细辛精油处理后，黄瓜幼苗株高、根长、鲜重和干重、叶绿素含量等均增长或提高，说明辽细辛精油有壮苗效应，可以显著促进黄瓜幼苗生长，且其调控作用与植物生长调节剂天达 2116 相当，甚至好于天达 2116，显著大于化学农药嘧菌酯。可见，适宜剂量的辽细辛精油处理不仅可以防治黄瓜主要病害，还可起到壮苗的植物生长条件剂作用，具有较好的推广应用价值。

2. 辽细辛精油对寄主保护酶系具有激活作用

辽细辛精油处理黄瓜幼苗后，在处理前期对寄主多酚氧化酶（PPO）、L-苯丙氨酸解氨酶（PAL）、超氧化物歧化酶（SOD）、过氧化物酶（POD）、过氧化氢酶（CAT）等保护酶活性均具有激活作用，处理后黄瓜幼苗的保护酶活性与对照组比均提高，其中，SOD 酶活和 POD 酶活在试验时间段内均比对照提高，且 SOD 酶活性提高幅度较大，POD 酶活性提高幅度较小。说明辽细辛精油施用后激活了寄主的免疫系统，保护酶活性提高，清除自由基的危害，对植物体起到保护作用，提高作物的抗病性；其中 SOD 酶和 POD 酶的保护作用持续时间长，且 SOD 酶的清除能力比 POD 酶强，即在植物的保护系统中 SOD 酶发挥的作用更大，在植物受到外来物刺激之后，SOD 酶作为免疫系统中一份子被激活的程度较高。

20 世纪 60 年代末，"生物自由基伤害学说"被提出，现已被广泛应用于需氧生物细胞毒害机理的研究。在通常情况下，植物体内产生的活性氧不足以使自身受到伤害，因为植物体内有一套行之有效的清除系统。一旦植物遭受逆境胁迫，活性氧的产生和清除平衡体系被破坏，自由基的增加会导致植物细胞的伤害。逆境对植物组织的伤害首先是对细胞膜系的伤害，之后发生生理学的、代谢的及生物化学的紊乱。在逆境下植物形态结构和生理特性发生变化，体内存在一种广义适应综合征。当植物受到逆境胁迫时，体内活性氧增加，在一定程度上诱导了活性氧清除酶类活性的升高及抗氧化物质含量的增加，从而更加有效地清除活性氧。

在植物活性氧清除系统中，SOD、POD、CAT、PAL、PPO 等几种酶占有重要地位。SOD 通过催化歧化反应清除 $\cdot O_2^-$，同时产生 H_2O_2，H_2O_2 则由 CAT 和 POD 清除；CAT 定位于过氧化物酶体中，清除呼吸过程中产生的 H_2O_2；抗坏血酸过氧化物酶（AsA-POD）在清除 H_2O_2，特别是清除叶绿体中的 H_2O_2 显得尤为重要。植物的抗逆性与细胞对活性氧的清除能力密切相关，细胞的清除能力越强，植物的抗逆性越强。

3. 辽细辛精油兼具植物生长调节剂和农药双重作用

用辽细辛精油处理后，黄瓜幼苗株高、根长、鲜重和干重、叶绿素含量等均增长或提高，表现出显著的调控促生长作用，且其调控作用与 10 倍浓度的植物生长调节剂天达 2116 相当，甚至好于天达 2116；同时辽细辛精油施用后，处理前期黄瓜幼苗的保护酶（PPO、PAL、SOD、POD、CAT 等）系统被激活，且酶活性变化趋势与天达 2116 处理结果一致或相近。说明辽细辛精油具有植物生长调节剂作用。

通过前几章结果可以看出，辽细辛精油对部分植物病害致病菌和害虫具有抑菌杀虫作用，同时辽细辛精油和嘧菌酯施用后，处理前期或某一时间段内，对黄瓜幼苗的保护酶（PPO、PAL、SOD、POD、CAT 等）系统的影响趋势相近。说明辽细辛精油具有农药作用。

由此可见，辽细辛精油兼具植物生长调节剂和农药双重作用，既可以增强植株抗逆性，又可以杀虫抑菌，对植物生产具有重要意义，可被广泛应用。

第8章 植物源新型农药——辽细辛精油乳油的配制

乳油是农药传统的、常见的基本剂型之一，与其他农药剂型相比，乳油具有有效成分含量较高、贮存稳定性好、工艺简单等诸多优势，因而农药乳油制剂产品在农作物的防虫、杀菌和除草方面发挥出了良好的应用价值，至今仍旧是我国及大多数发展中国家所使用的主要农药剂型之一。农药原药加工成乳油，其目的及作用在于，将具有一定生物活性的农药原药或其混合物，经由相应工艺制作成适用产品，并使其发挥出最理想的生物效能；与此同时，对施药人员、环境、农作物的负面影响应控制在最低水平。乳油是由原药、有机溶剂、乳化剂和其他组分组成的一种均相透明的油状液体，使用时将其稀释到水中，形成稳定的乳状液，供喷雾用。乳油制剂的优点是：加工工艺相对简单，对加工机械没有太高要求，加工环节几乎不存在"三废"问题，制剂中含有较大比例的有效成分，便于长期储存，使用时操作简单，防治效果较为理想。

8.1 试 验 方 法

8.1.1 抑菌试验方法

采用生长速率法测定乳化剂、有机溶剂、混剂、乳油等对黄瓜灰霉病菌的抑制作用。配制含药培养基，菌饼直径 0.5 cm，每皿 1 块，3 次重复，25℃±1℃光照培养。待对照菌落直径达 3 cm 以上时，用十字交叉法测量菌落直径，计算抑制生长率。

$$菌落生长抑制率(\%) = \frac{对照组菌落直径(cm) - 处理组菌落直径(cm)}{对照组菌落直径(cm)} \times 100\%$$

辽细辛精油：由超临界 CO_2 法提取得到。

有机溶剂：二甲基亚砜（天津汇英化学试剂有限公司，含量≥99%）、乙酸乙酯（莱阳经济技术开发区精细化工厂，含量≥99.5%）、无水乙醇（天津市登科化学试剂有限公司，含量≥99.7%）、石油醚（天津市登科化学试剂有限公司，含量≥94.78%）和 N-甲基吡咯烷酮（天津市大茂化学试剂厂，含量≥99%），均为分析纯。

乳化剂：植物油乳化剂（EL，聊城大学农学院植物病理研究室）、乳化剂 601（宜兴市双利化工有限公司）、乳化剂 602（杭州市电化基团助剂化工有限公司）、吐温-80（郑州百利化工产品有限公司，含量≥97%）和 By-140（南京太化化工有限公司）。

以上试剂以无菌水配制，终浓度为 62.5 mg/L、125 mg/L、250 mg/L、500 mg/L、

1 000 mg/L。

8.1.2　溶解度测定方法

根据《中华人民共和国药典》（2010 年版）方法，若 10 mL 有机溶剂不能使 1 mL 辽细辛精油完全溶解，则该溶剂不适合配制乳油制剂，弃去。如果在某一溶剂中完全溶解时，则将其混合液放入 0℃冰箱观察分层和沉淀产生情况。根据下式计算溶解度，根据溶解度大小，筛选出合适的单一溶剂。

$$溶解度(\%) = \frac{对辽细辛精油的体积(mL)}{所用溶剂的体积(mL)} \times 100\%$$

8.1.3　分散性测定方法

1. 单一乳化剂的分散性测定

分别取 1 g 乳化剂，逐滴加入盛有 100 mL 水的试管中，观察入水后乳化和分散情况，目测评价标准为：

优：入水呈雾状自动乳化分散，水溶液呈淡蓝色荧光。

良：入水能自动乳化分散，但需要轻轻摇动才呈雾状分散。

合格：入水能乳化分散，摇后乳化成乳白色液体。

差：入水不分散、不乳化，摇动后挂壁不均匀。

2. 复合乳化剂的分散性测定

将 N-甲基吡咯烷酮分别与植物油乳化剂、乳化剂 601 按不同比例（79∶1、39∶1、19∶1、9∶1、4∶1、1∶1）进行复配后，取 1 g 与 100 mL 水混合，观察入水后乳化和分散情况，方法同上。

8.1.4　乳油配方筛选方法

根据有机溶剂对辽细辛精油的溶解度和乳化剂的分散性，同时也根据有机溶剂和乳化剂对病原菌的抑菌活性，选择合适的有机溶剂和乳化剂，将其与辽细辛精油按比例配制成乳油配方，进行抑菌试验，选出增效最强的配制比例。

8.1.5　稳定性测定方法

1. 标准稳定性测定

参照 GB/T 1603—2001，将配好的 0.5 mL 乳油逐滴加入盛有 100 mL 342 ppm[①]

---

① 1 ppm=10^{-6}

标准硬水的具塞量筒中，上下颠倒 30 次后将量筒放到 30℃±2℃的水浴锅中，静止 1 h 后无浮油、浮膏和沉淀为合格。

2. 低温稳定性测定

参照 GB/T 19137—2003，取 80 mL 配好的乳油置于 100 mL 烧杯中，0℃保持 1 h，观察有无固体或油状物析出变化。继续在 0℃±2℃的冰水浴中放置 7 d，800 r/min 离心 15 min，计算沉淀物体积。

3. 热贮稳定性测定

参照 GB/T 19136—2003，将配好的乳油 10 g 密封于具塞试管中，3 次重复，冷却至室温称重。将封好的样品放到 54℃±2℃恒温箱中放置 14 d。取出，将外面擦净后称重，质量未发生变化的试样，于 24 h 内测定含量。以热贮前测定的含量作为对照计算分解率，热贮分解率≤5%为合格。

$$热贮分解率(\%) = \frac{热贮前含量(\%) - 热贮后含量(\%)}{热贮前含量(\%)} \times 100\%$$

8.1.6　药效对比试验方法

供试试剂：辽细辛精油乳油，4 种农药包括，2.0×10^9 亿孢子/g 蜡质芽孢杆菌可湿性粉剂（山东泰诺药业有限公司）、0.3%苦参碱水剂（云南西力生物技术股份有限公司）、50%福美双可湿性粉剂（青岛好利特生物农药有限公司）、10.3%霜霉立克乳油（青岛瀚正益农生物科技有限公司，10%的霜氰唑和 0.3%的丁香酚）等。

供试靶标：黄瓜灰霉病菌。

试验方法：菌丝生长速率法。

8.2　有机溶剂的筛选

8.2.1　有机溶剂的溶解度

二甲基亚砜、石油醚、乙酸乙酯、无水乙醇、N-甲基吡咯烷酮等有机溶剂对辽细辛精油的溶解度不同（附图 26）。二甲基亚砜和无水乙醇与辽细辛精油任意比互溶，并且放置一段时间后无分层；乙酸乙酯和 N-甲基吡咯烷酮与辽细辛精油 1∶1 溶解，溶解度为 100%；而辽细辛精油在石油醚中难溶，摇动试管也不能完全溶解，放置一段时间后，出现明显分层。辽细辛精油在石油醚中难溶，说明在石油醚中辽细辛精油分子键作用力强，石油醚不能破坏分子作用力，两者也不能形成分子间化学键；二甲基亚砜、无水乙醇、乙酸乙酯和 N-甲基吡咯烷酮可以溶解辽细辛精油，说明溶剂对辽细辛精油的分子间作用力很强，或者是两者之间可以很容易形成分子间的化学键。

8.2.2　有机溶剂对黄瓜灰霉病菌的抑菌作用

　　二甲基亚砜、石油醚、乙酸乙酯、无水乙醇、N-甲基吡咯烷酮等有机溶剂在供试浓度（62.5 mg/L、125 mg/L、250 mg/L、500 mg/L、1 000 mg/L）下，随着浓度的增大，对黄瓜灰霉病菌菌丝生长的抑制作用增强，抑制率与浓度成线性正相关（图 8-1）；在供试浓度范围内，石油醚和二甲基亚砜的抑菌率分别为 1.29%～21.62%和 1.21%～19.3%，最高抑制率与最低抑制率相差大，变化幅度大，比值分别为 16.76 和 15.95，说明抑制效果随浓度的增加提高快；而无水乙醇的抑制率范围为 8.15%～62.42%，变化幅度较大，即抑菌率随浓度的增加而提高的速度较快，最高浓度下的抑菌率是最低浓度下的 7.66 倍；乙酸乙酯的抑制率范围 12.99%～27.12%，N-甲基吡咯烷酮的抑制率范围为 31.82%～64.18%，变幅均较小，最高浓度下抑制率与最低浓度下的比值分别为 2.09 和 2.02，但 N-甲基吡咯烷酮的抑制率一直处于较高的水平，抑制效果好，而乙酸乙酯的抑制率偏低，抑制效果不及 N-甲基吡咯烷酮（表 8-1）。

　　在同一供试浓度条件下，不同有机溶剂对黄瓜灰霉病菌菌丝生长抑制作用存在显著差异，供试浓度为 1 000 mg/L 时，5 种有机溶剂对黄瓜灰霉病菌菌丝生长的抑制作用强弱依次为 N-甲基吡咯烷酮＞无水乙醇＞乙酸乙酯＞石油醚＞二甲基亚砜；供试浓度为 500 mg/L 和 250 mg/L 时，抑制效果依次为 N-甲基吡咯烷酮＞无水乙醇＞乙酸乙酯＞二甲基亚砜＞石油醚；当供试浓度为 125 mg/L 时，抑制效果依次为

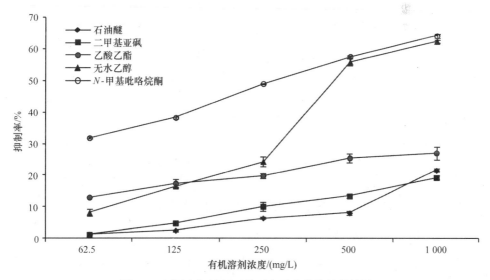

图 8-1　不同有机溶剂对黄瓜灰霉病菌的抑制效果

表8-1　不同有机溶剂对黄瓜灰霉病菌的抑制效果

有机溶剂	菌丝生长抑制率/%					比值
	62.5 mg/L	125 mg/L	250 mg/L	500 mg/L	1 000 mg/L	
石油醚	1.29±0.15	2.49±0.22	6.42±0.29	8.07±0.66	21.62±0.50	16.76
二甲基亚砜	1.21±0.16	4.81±0.55	13.39±0.62	10.13±1.40	19.3±0.61	15.95
乙酸乙酯	12.99±0.06	17.43±1.33	19.85±0.79	25.51±1.43	27.12±2.10	2.09
无水乙醇	8.15±1.15	16.48±0.64	24.33±1.68	55.82±1.08	62.42±0.55	7.66
N-甲基吡咯烷酮	31.82±0.27	38.2±0.28	49.03±0.11	57.58±0.27	64.18±0.49	2.02

注：比值为最高浓度下时抑制率与最低浓度下时抑制率的比值。

N-甲基吡咯烷酮＞乙酸乙酯＞无水乙醇＞二甲基亚砜＞石油醚；而浓度为 62.5 mg/L 时，抑制效果顺序则为 N-甲基吡咯烷酮＞乙酸乙酯＞无水乙醇＞石油醚＞二甲基亚砜。总体而言，N-甲基吡咯烷酮对黄瓜灰霉病菌菌丝生长的抑制率最高，抑制作用最强，抑制效果最好。

比较 EC_{50}（表 8-2），N-甲基吡咯烷酮的抑制中浓度 EC_{50} 较低，为 292.09 mg/L，而其他 4 种有机溶剂的 EC_{50} 均超过了 550 mg/L，且二甲基亚砜是 N-甲基吡咯烷酮的 16.92 倍，石油醚是其 20.42 倍，乙酸乙酯是其 70.38 倍，无水乙醇是其 1.89 倍。说明 N-甲基吡咯烷酮的抑制效果最好，即 N-甲基吡咯烷酮为最佳的有机溶剂。

表8-2　不同有机溶剂对黄瓜灰霉病菌的毒力效果

有机溶剂	回归方程	相关系数 r	EC_{50}/（mg/L）	比值
二甲基亚砜	$Y=1.105\ 9X+0.914\ 9$	0.97	4 942.03	16.92
石油醚	$Y=1.146\ 5X+0.671\ 3$	0.981 8	5 963.11	20.42
乙酸乙酯	$Y=0.436\ 4X+3.117\ 7$	0.985 2	20 556.69	70.38
无水乙醇	$Y=1.509\ 8X+0.859$	0.980 7	553.04	1.89
N-甲基吡咯烷酮	$Y=0.718\ 8X+3.227\ 9$	0.996 9	292.09	1

注：比值为其他有机溶剂的抑制中浓度与 N-甲基吡咯烷酮抑制中浓度的比值。

8.3　乳化剂的筛选

8.3.1　乳化剂的分散性

根据分散性试验过程观察，单一乳化剂的分散性不同，5 种供试乳化剂的分散性依次为植物油乳化剂＞乳化剂 601＝乳化剂 602＞吐温-80＝By-140（附图 27）。植物油乳化剂逐滴加入后即可分散溶解，乳化成乳白色液体，继续观察，溶液呈淡蓝色荧光，分散性最好；乳化剂601和乳化剂602逐滴加入后自动分散溶解，轻轻摇晃可呈雾状散开，挂壁均匀，溶液透明，分散性较好；吐温-80和By-140逐滴加入后不会立刻分散溶解，轻轻摇动一段时间后分散溶解，溶液透明。分散性与乳化剂的亲水亲油平衡值（hydrophile-lipophile balance value，HLB值）有关，植物油乳化剂、乳化剂601和乳化剂602、By-140、吐温-80的HLB值7~8、12~16、10~16、15。相比较而言，植物油乳化剂的HLB值最小，说明植物油乳化剂的亲油性较强，形成稳定的乳状分散，所以分散性最好，而另外4种乳化剂的HLB值较大，亲水性较好，形成的透明溶液，所以分散性没有那么好。

N-甲基吡咯烷酮与植物油乳化剂按 1∶1、4∶1、9∶1、19∶1、39∶1、79∶1 比例混合后，逐滴加入水中，呈丝状分散开，轻轻摇动，溶解分散，且按照比例79∶1、39∶1、19∶1、9∶1、4∶1的顺序，即按植物油乳化剂所占比例的增加，荧光蓝加强，乳化效果加强，分散性增强，N-甲基吡咯烷酮与植物油乳化剂混合比例为9∶1时略有乳白色，比例达4∶1时乳白色明显显现，而比例提高到1∶1时乳白色则非常浓烈；N-甲基吡咯烷酮与乳化剂601按不同比例混合后，逐滴加入水中，呈丝状分散开，溶液透明，没有荧光，分散性一般（附图27）。

8.3.2　乳化剂对黄瓜灰霉病菌的抑菌作用

植物油乳化剂、乳化剂601、乳化剂602、By-140、吐温-80等5种乳化剂对黄瓜灰霉病菌菌丝生长的作用效果不同，在供试浓度下，有的表现出抑制作用，有的表现出促进作用，有的既抑制又促进，且在同一供试浓度条件下，不同乳化剂对黄瓜灰霉病菌菌丝生长抑制作用的差异显著（图8-2）。

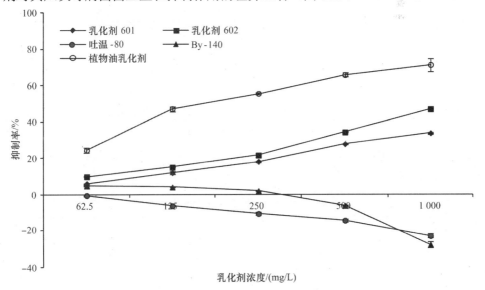

图8-2　不同乳化剂对黄瓜灰霉病菌的抑制效果

植物油乳化剂、乳化剂601和乳化剂602等3种乳化剂在供试浓度（62.5 mg/L、125 mg/L、250 mg/L、500 mg/L、1 000 mg/L）下，对黄瓜灰霉病菌的菌丝生长表现为抑制作用，且随着试剂浓度的增大，抑制效果提高，即抑制效果与浓度成线性正相关。在供试浓度范围内，植物油乳化剂抑制效果最好，抑制率范围为24.64%～71.32%，最高抑制率是最低抑制率的2.89倍，增幅较明显；乳化剂601和602的抑制效果次之，抑制率变化范围为6.09%～33.72%和9.93%～46.95%，随浓度增加，抑制效果提高5.54倍和4.73倍。在供试浓度下，By-140对黄瓜灰霉病菌菌丝生长既抑制又促进，当浓度较低（62.5 mg/L、125 mg/L、250 mg/L）时，表现为抑制作用，且抑制效果随浓度的增加而降低，抑制率为2.02%～4.85%；当浓度较高（500 mg/L、1 000 mg/L）时，表现出促进作用，且随着浓度的增大，促进作用增强，促进率为6.21%～27.84%，增幅较大，促进作用提高快。而吐温-80在供试浓度下，对黄瓜灰霉病菌的菌丝生长完全表现出促进作用，且随试剂浓度的增大，促进效果增强，促进率为0.43%～23.01%，提高了53.51倍（表8-3）。

表8-3　不同乳化剂对黄瓜灰霉病菌的抑制作用

乳化剂种类	菌丝生长抑制率/%					比值
	62.5 mg/L	125 mg/L	250 mg/L	500 mg/L	1 000 mg/L	
吐温-80	−0.43±0.29	−6.21±0.13	−10.55±0.94	−14.36±0.99	−23.01±1.1	53.51
By-140	4.85±0.44	4.11±0.13	2.02±0.27	−6.21±0.41	−27.84±2.62	—
乳化剂601	6.09±0.13	12.03±0.67	18.2±0.18	27.86±0.37	33.72±0.41	5.54
乳化剂602	9.93±0.07	15.06±0.27	21.69±0.93	34.26±0.29	46.95±0.18	4.73
植物油乳化剂	24.64±1.41	47.23±1.35	56.57±0.68	65.85±0.99	71.32±3.61	2.89

注：比值为最高浓度下时抑制率与最低浓度下时抑制率的比值。

比较EC_{50}（表8-4），植物油乳化剂的EC_{50}数值较小，为205.09 mg/L，为较理想的乳化剂；乳化剂601是前者的11.71倍，EC_{50}为2 401.19 mg/L；乳化剂602是前者的6.23倍，EC_{50}为1 276.87 mg/L。由于By-140在供试浓度下对黄瓜灰霉病菌的菌丝生长表现出抑制和促进双重作用，没有计算其毒力效果，选择适宜乳化剂时也不再考虑。吐温-80的EC_{50}为−2 264.21 mg/L，说明其对黄瓜灰霉病菌的菌丝生长表现为促进作用，不属于理想的乳化剂。

表8-4　乳化剂对黄瓜灰霉病菌的毒力效果

乳化剂	回归方程	相关系数 r	EC_{50}/（mg/L）	比值
吐温-80	$Y = -1.552\,8X - 0.209\,6$	−0.944 4	−2 264.21	—
乳化剂601	$Y = 0.943\,6X + 1.810\,2$	0.993	2 401.19	11.71
乳化剂602	$Y = 1.012X + 1.856\,5$	0.996 2	1 276.87	6.23

续表

乳化剂	回归方程	相关系数 r	EC_{50}/ (mg/L)	比值
植物油乳化剂	$Y=0.988\ 4X+2.714\ 9$	0.957 1	205.09	1

注：比值为乳化剂 601 和乳化剂 602 的抑制中浓度与植物油乳化剂的抑制中浓度的比；EC_{50} 的负值表示促进作用。

8.4 有机溶剂和乳化剂的配比优化

8.4.1 *N*-甲基吡咯烷酮与植物油乳化剂混合后的抑菌作用

1. 混剂的作用效果

N-甲基吡咯烷酮与植物油乳化剂按 79:1、39:1、19:1、9:1、4:1 和 1:1 比例混合后，混剂对黄瓜灰霉病菌菌丝生长的抑制效果不同。混合比例固定时，在供试浓度（62.5 mg/L、125 mg/L、250 mg/L、500 mg/L、1 000 mg/L）下，随着混剂浓度的增加，对菌丝生长的抑制率提高，即抑制率与浓度成线性正相关（图 8-3）。

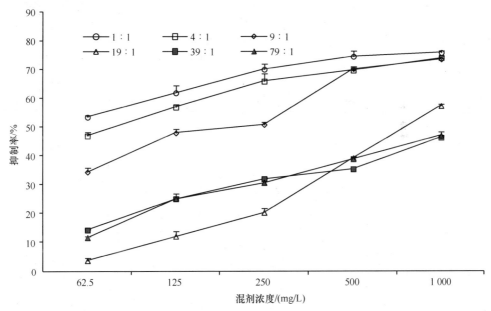

图 8-3 *N*-甲基吡咯烷酮与植物油乳化剂混合对黄瓜灰霉病菌的抑制效果

在供试浓度范围内（表 8-5），*N*-甲基吡咯烷酮与植物油乳化剂混合比为 1:1、4:1 和 9:1 时，供试浓度下抑制率变化范围为 34.35%～75.84%，最高抑制率是最低抑制率的 1.42 倍、1.58 倍和 2.14 倍，即抑制率变化幅度较小，抑制效果随混剂浓度增大的提高速度较慢，但抑制率数值均较高，抑制效果均较好；当混合比为 19：1 时，供试浓度下抑制率的变化范围为 3.62%～57.27%，最高抑制率是最低抑制率的 15.82 倍，即抑制率变化幅度较大，抑制效果随浓度增大的提高速度较快，但抑制率均不太高，抑制效果均较差；当混合比为 39：1 和 79：1 时，抑制效果一般，抑制率分别为 14.24%～46.2% 和 11.6%～46.94%，均低于 50%，最高抑制率与最低抑制率比值为 3.24 和 4.04，即增幅较小。

表8-5　N-甲基吡咯烷酮与植物油乳化剂混合对黄瓜灰霉病菌的抑制作用

混合比例	菌丝生长抑制率/%					比值
	62.5 mg/L	125 mg/L	250 mg/L	500 mg/L	1 000 mg/L	
1：1	53.47±0.62	61.9±2.63	70.06±1.9	74.54±1.82	75.84±0.8	1.42
4：1	46.91±1.22	56.91±0.86	65.91±2.53	69.68±1.12	74.04±0.29	1.58
9：1	34.35±1.34	47.92±1.27	50.79±0.82	70.16±0.78	73.51±0.32	2.14
19：1	3.62±0.94	12.03±1.67	20.24±1.48	39.13±0.42	57.27±0.66	15.82
39：1	14.24±0.32	25.08±0.66	31.94±0.42	35.31±0.51	46.2±0.7	3.24
79：1	11.6±0.53	25.15±1.87	30.65±1.45	38.78±0.56	46.94±1.25	4.04

注：混合比例为 N-甲基吡咯烷酮：植物油乳化剂；比值为最高浓度下时抑制率与最低浓度下时抑制率的比值。

在同一供试浓度下，总体趋势为随 N-甲基吡咯烷酮在混剂中所占比例的提高，抑制效果降低，但当混合比为 19：1 时，出现了特殊（表 8-6）。当浓度为 62.5 mg/L 时，1：1 混剂对黄瓜灰霉病菌菌丝生长的抑制率为 53.47%，其他比例混剂的抑制效果仅为其 21.7%～87.73%（不考虑 19：1 的特殊情况）；当浓度为 125 mg/L 和 250 mg/L 时，1：1 混剂的抑制率为 61.9% 和 70.06%，其他比例混剂的抑制效果为其 40.51%～94.07%；当浓度为 500 mg/L 和 1 000 mg/L 时，1：1 混剂的抑制率为 74.54% 和 75.84%，其他比例混剂的抑制效果为其 47.37%～97.63%。说明 N-甲基吡咯烷酮与植物油乳化剂按 1：1 混合时，混剂的抑制效果最好。

表8-6　N-甲基吡咯烷酮与植物油乳化剂混合对黄瓜灰霉病菌抑制效果比较

混合比例	抑制效果比较/%				
	62.5 mg/L	125 mg/L	250 mg/L	500 mg/L	1 000 mg/L
1：1	100	100	100	100	100
4：1	87.73	91.94	94.07	93.48	97.63
9：1	64.23	77.41	72.49	94.12	96.93
19：1	6.77	19.44	28.89	52.5	75.52
39：1	26.62	40.51	45.59	47.37	60.92
79：1	21.7	40.63	43.75	52.02	61.89

注：表中数据为以 1：1 混合后的混剂的抑制率为基准，其他比例混剂的抑制率与之比较。

2. 混剂的毒力分析和增效作用

比较 EC_{50}（表 8-7）可以明显看出，N-甲基吡咯烷酮与植物油乳化剂按不同比例混合后，混剂的抑菌能力明显不同，当混合比例为 1：1 和 4：1 时，EC_{50} 均较低，低于 70 mg/L，分别为 34.11 mg/L 和 68.54 mg/L，证明抑制效果好；当比例为 9：1 时，其 EC_{50} 为 171.22 mg/L，也较低，说明抑制效果尚可；当比例为 19：1、39：1 和 79：1 时，EC_{50} 高于 700 mg/L，分别为 760.05 mg/L、1 312.1 mg/L 和 1 060.75 mg/L，是 9：1 时的 4.44 倍、7.66 和 6.2 倍，说明抑制效果较差。故从 EC_{50} 看，N-甲基吡咯烷酮与植物油乳化剂混合，较适合的比例为 1：1、4：1 和 9：1。

表8-7 N-甲基吡咯烷酮与植物油乳化剂混合对黄瓜灰霉病菌的毒力效果

混合比例	回归方程	相关系数 r	EC_{50}/（mg/L）	比值	增效系数（SR）
1：1	$Y=0.526\,6X+4.192\,8$	0.971 6	34.11	0.2	7.218 5
4：1	$Y=0.593X+3.911\,3$	0.982 8	68.54	0.4	4.084 4
9：1	$Y=0.878\,2X+3.038\,6$	0.974 5	171.22	1	1.713 2
19：1	$Y=1.613\,4X+0.352\,1$	0.997 1	760.05	4.44	0.395 4
39：1	$Y=0.745\,4X+2.675\,8$	0.977 2	1 312.1	7.66	0.231 9
79：1	$Y=0.870\,7X+2.365\,5$	0.972 5	1060.75	6.2	0.288 6

注：混合比例=N-甲基吡咯烷酮：植物油乳化剂；比值为其他比例的抑制中浓度与9：1的抑制中浓度的比值。

从增效系数看，N-甲基吡咯烷酮与植物油乳化剂混合比例为 1：1、4：1 和 9：1 时，增效系数大于 1.5，分别为 7.218 5、4.084 4 和 1.713 2，均表现为增效作用；混合比例为 19：1、39：1 和 79：1 时，增效系数小于 0.5，分别为 0.395 4、0.231 9 和 0.288 6，均表现为拮抗作用。故从增效系数看，N-甲基吡咯烷酮与植物油乳化剂混合，适合的比例仍然为 1：1、4：1 和 9：1。

根据抑制效果和增效系数总体来看，N-甲基吡咯烷酮与植物油乳化剂混合后对黄瓜灰霉病菌菌丝生长的作用效果与植物油乳化剂所占比例有关，植物油乳化剂所占比例越大，抑制效果越好，即 N-甲基吡咯烷酮与植物油乳化剂混合比为 1：1 时，抑制效果最好，其次为 4：1 和 9：1。但是，在乳油制剂配制中要求：乳化剂的含量最适范围为 8%～10%，所以在配制乳油的试验过程中，最合适的比例为 N-甲基吡咯烷酮与植物油乳化剂比例为 9：1。

8.4.2 N-甲基吡咯烷酮与乳化剂 601 混合后的抑菌作用

1. 混剂的作用效果

N-甲基吡咯烷酮与乳化剂 601 按 79：1、39：1、19：1、9：1、4：1 和 1：1 比例混合后，混剂对黄瓜灰霉病菌菌丝生长的抑制效果存在差异。混合比例固定时，在供试浓度（62.5 mg/L、125 mg/L、250 mg/L、500 mg/L、1 000 mg/L）下，随着混剂浓度的增加，对菌丝生长的抑制率提高，即抑制率与浓度成线性正相关（图 8-4）。

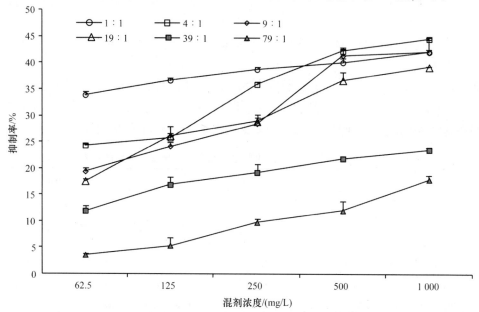

图 8-4　*N*-甲基吡咯烷酮与乳化剂 601 混合对黄瓜灰霉病菌的抑制效果

在供试浓度范围内，*N*-甲基吡咯烷酮与乳化剂 601 混合比为 1∶1、4∶1、9∶1、19∶1 和 39∶1 时，供试浓度下的抑制率变化范围为 11.93%～44.58%，最高抑制率分别是最低抑制率的 1.24 倍、1.84 倍、2.17 倍、2.24 倍和 1.97 倍，即抑制率增幅较小，抑制效果随浓度增大的提高速度较慢；当混合比为 79∶1 时，抑制率为 3.56%～17.91%，增幅较大，最高抑制率与最低抑制率比值为 5.03。在供试浓度范围内，任何比例混合后的混剂对黄瓜灰霉病菌菌丝生长的抑制率均低于50%，说明混剂的抑制效果较差（表 8-8）。

表8-8　*N*-甲基吡咯烷酮与乳化剂601混合对黄瓜灰霉病菌的抑制作用

混合比例	菌丝生长抑制率/%					比值
	62.5 mg/L	125 mg/L	250 mg/L	500 mg/L	1 000 mg/L	
1∶1	33.85±0.7	36.65±0.06	38.76±0.52	40.11±0.81	42.11±0.55	1.24
4∶1	24.28±0.34	25.68±2.21	35.9±0.59	42.27±0.3	44.58±0.37	1.84
9∶1	19.37±0.68	24.15±0.86	28.49±1.67	41.44±1.48	42.11±2.45	2.17
19∶1	17.52±0.35	26.12±0.43	28.88±0.83	36.7±1.65	39.23±0.16	2.24
39∶1	11.93±0.97	16.87±1.48	19.21±1.54	21.86±0.47	23.55±0.52	1.97
79∶1	3.56±0.32	5.36±1.46	9.75±0.74	12.01±1.9	17.91±0.82	5.03

注：混合比例为 *N*-甲基吡咯烷酮∶乳化剂 601；比值为最高浓度下时抑制率与最低浓度下时抑制率的比值。

在同一供试浓度下，总体趋势是随 N-甲基吡咯烷酮在混剂中所占比例的提高，抑制效果降低（表 8-9）。当浓度≤500 mg/L 时，1∶1 混剂对黄瓜灰霉病菌菌丝生长的抑制率分别为 33.85%、36.65%、38.76% 和 40.11%，其他比例混剂的抑制效果与 1∶1 时的抑制率比较，仅为其 10.52%～105.38%，即随 N-甲基吡咯烷酮在混剂中所占比例的提高，抑制效果降低速度较快；当浓度为 1 000 mg/L 时，1∶1 混剂的抑制率为 42.11%，其他比例混剂的抑制效果为其 42.53%～105.86%，即随 N-甲基吡咯烷酮在混剂中所占比例的提高，抑制效果降低速度较慢。综合各供试浓度下的抑制效果，说明 N-甲基吡咯烷酮与植物油乳化剂按 1∶1 混合时，混剂的抑制效果最好。

表8-9　N-甲基吡咯烷酮与乳化剂601混合对黄瓜灰霉病菌抑制效果比较

混合比例	抑制效果比较/%				
	62.5 mg/L	125 mg/L	250 mg/L	500 mg/L	1 000 mg/L
1∶1	100	100	100	100	100
4∶1	71.74	70.07	92.62	105.38	105.86
9∶1	57.22	65.89	73.51	103.31	100
19∶1	51.77	71.28	74.51	91.51	93.15
39∶1	35.25	46.03	49.56	54.5	55.93
79∶1	10.52	14.61	25.15	29.94	42.53

注：表中数据为以 1∶1 混合后的混剂的抑制率为基准，其他比例混剂的抑制率与之比较。

2. 混剂的毒力分析和增效作用

比较 EC_{50}（表 8-10）可以明显看出，N-甲基吡咯烷酮与乳化剂 601 按不同比例混合后，混剂的抑菌能力不同，但供试的任何比例下，混剂的 EC_{50} 均高于 1 500 mg/L，说明其抑制效果较差。

表8-10　N-甲基吡咯烷酮与乳化剂601混合对黄瓜灰霉病菌的毒力效果

混合比例	回归方程	相关系数 r	EC_{50}/（mg/L）	比值	增效系数（SR）
1∶1	$Y=0.174\ 7X+4.282\ 5$	0.991 3	12 802.24	7.31	0.019 2
4∶1	$Y=0.525X+3.332\ 6$	0.970 4	1 500.74	0.86	0.186 5
9∶1	$Y=0.603\ 3X+3.043\ 5$	0.972 6	1 750.9	1	0.167 5
19∶1	$Y=0.538\ 3X+3.160\ 5$	0.975 3	2 613.09	1.49	0.115
39∶1	$Y=0.364\ 6X+3.224\ 6$	0.965 7	74 023.53	42.28	0.004 1
79∶1	$Y=0.733\ 2X+1.880\ 8$	0.993 6	17 947.63	10.25	0.017 1

注：混合比例为 N-甲基吡咯烷酮∶乳化剂 601；比值为其他比例的抑制中浓度与 9∶1 的抑制中浓度的比值。

从增效系数看，N-甲基吡咯烷酮与乳化剂 601 按不同比例混合后，增效系数均小于 0.2，说明均表现为拮抗作用。

总之，N-甲基吡咯烷酮与乳化剂 601 混合试剂对黄瓜灰霉病菌的抑制作用不明显，抑制效果差不理想，且表现出拮抗作用，说明 N-甲基吡咯烷酮作为有机溶剂与乳化剂 601 作为乳化剂，两者的任何比例均不适合用于乳油的配制。

8.5　乳油的配方筛选

8.5.1　辽细辛精油乳油的抑菌作用

以辽细辛精油作为原药，以 N-甲基吡咯烷酮作为最佳有机溶剂，以植物油乳化剂作为最适乳化剂，三者与水按不同比例混合，筛选辽细辛精油乳油配方。辽细辛精油、N-甲基吡咯烷酮和植物油乳化剂的含量影响着乳油对黄瓜灰霉病菌的作用效果（图 8-5）。

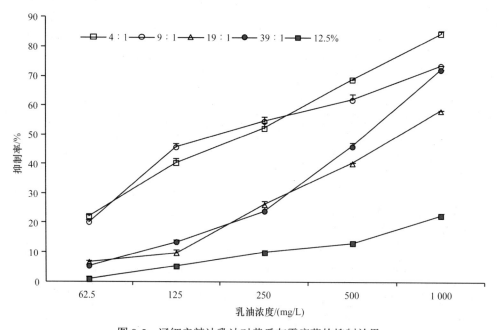

图 8-5　辽细辛精油乳油对黄瓜灰霉病菌的抑制效果

在供试浓度（62.5 mg/L、125 mg/L、250 mg/L、500 mg/L、1 000 mg/L）下，所配乳油均随着制剂浓度的增大，对黄瓜灰霉病菌菌丝生长的抑制率增大，作用效果与浓度成线性正相关，且在同一供试浓度条件下，不同混合比例配制的辽细辛精油乳油对黄瓜灰霉病菌菌丝生长的作用效果差异显著，如辽细辛精油含量 25%、N-甲基吡咯烷酮与植物油乳化剂混合比为 4：1 的乳油，在 62.5 mg/L、

125 mg/L、250 mg/L、500 mg/L、1 000 mg/L 的供试浓度下,抑制率分别为 22.21%、40.45%、52.17%、68.83% 和 84.52%,随浓度增加,抑制率提高,最高浓度下的抑制率是最低浓度下的 3.8 倍(表 8-11)。

表8-11　辽细辛精油乳油对黄瓜灰霉病菌的抑制作用

精油含量	比例	菌丝生长抑制率/%					比值
		62.5 mg/L	125 mg/L	250 mg/L	500 mg/L	1 000 mg/L	
25%	4∶1	22.21±0.54	40.45±1.41	52.17±2.1	68.83±0.29	84.52±1.12	3.8
	9∶1	20.23±0.92	45.77±1.32	54.59±1.59	61.92±2.01	73.61±0.13	3.64
	19∶1	6.63±0.65	9.76±1.1	26.23±1.26	40.29±0.2	58.21±0.18	8.77
	39∶1	5.29±0.63	13.53±0.78	24.01±1.39	46.03±1.42	72.2±0.21	13.64
12.5%	9∶1	0.8±1.04	5.16±0.56	9.89±0.42	13.17±0.81	22.54±0.99	28.18

注:比例为 N-甲基吡咯烷酮∶植物油乳化剂;比值为最高浓度抑制率与最低浓度抑制率的比值。

当辽细辛精油含量一定(如 25%)时,乳油的作用效果取决于有机溶剂 N-甲基吡咯烷酮的含量,主要趋势是随着 N-甲基吡咯烷酮含量的提高,对黄瓜灰霉病菌菌丝生长的抑制率降低,作用效果下降(表 8-12)。在供试乳油浓度为 62.5 mg/L 下,N-甲基吡咯烷酮与植物油乳化剂的混合比例为 4∶1、9∶1、19∶1 和 39∶1 时,抑制率分别为 22.21%、20.23%、6.63% 和 5.29%,降幅较大,39∶1 时的作用效果仅为 9∶1 时的 26%,即 1/4 左右;供试乳油浓度为 1 000 mg/L 时,4 个混合比例下的乳油抑制率分别为 84.52%、73.61%、58.21% 和 72.2%,降幅较小,39∶1 时的作用效果为 9∶1 时的 98%,几乎无差异。

表8-12　辽细辛精油乳油对黄瓜灰霉病菌抑制效果比较

精油含量	混合比例	抑制效果比较				
		62.5 mg/L	125 mg/L	250 mg/L	500 mg/L	1 000 mg/L
25%	4∶1	1.1	0.88	0.96	1.11	1.15
	9∶1	1	1	1	1	1
	19∶1	0.33	0.21	0.48	0.65	0.79
	39∶1	0.26	0.3	0.44	0.74	0.98
12.5%	9∶1	0.04	0.11	0.18	0.21	0.31

注:表中数据为以有机溶剂∶乳化剂=9∶1、精油含量 25% 的乳油的抑制率为基准,其他配方乳油的抑制率与之比较。

当有机溶剂与乳化剂的比例和含量一定时,乳油的作用效果取决于原药辽细辛精油的含量(表 8-11)。N-甲基吡咯烷酮与植物油乳化剂混合比为 9∶1 时,含

25%辽细辛精油的乳油的抑制率范围为20.23%～73.61%，最高浓度下的抑制率是最低浓度下的3.64倍，即抑制率增幅较小，说明随浓度的增大，该配方乳油的作用效果提高的速度较慢；含12.5%辽细辛精油的乳油的抑制率范围为0.8%～22.54%，最高浓度下的抑制率是最低浓度下的28.18倍，即抑制率增幅较大，说明随浓度的增大，该配方乳油的作用效果提高的速度较快。在供试浓度范围内，含12.5%精油的乳油的作用效果仅为含25%的4%～31%（表8-12），证明辽细辛精油作为原药在乳油配方中含量越高，对黄瓜灰霉病菌的作用效果越好。

　　总体看来，N-甲基吡咯烷酮与植物油乳化剂混合试剂配制的含25%辽细辛精油乳油对黄瓜灰霉病菌的抑制效果都比较好，在相同浓度下，9：1和4：1这两个比例配制的乳油的抑制率均较高，且差异不大；而混合比例为39：1和19：1时，抑制效果不及前两者；含12.5%辽细辛精油的乳油抑制效果最差，远不及含量25%的乳油。但是在乳油配制中乳油含量一般在1%～90%，一般在20%～50%；乳化剂的含量要求为8%～10%，当N-甲基吡咯烷酮与植物油乳化剂比例为9：1时，乳化剂的含量约7.5%，而当N-甲基吡咯烷酮与植物油乳化剂比例为4：1时，乳化剂的含量约15%。综合考虑来说，辽细辛精油含量25%、N-甲基吡咯烷酮与植物油乳化剂比例为9：1，为辽细辛精油乳油最佳配方。

8.5.2　辽细辛精油乳油的毒力分析和增效作用

　　辽细辛精油乳油对黄瓜灰霉病菌菌丝生长的毒力回归方程的相关系数 r 值均大于0.95，说明乳油作用效果与浓度成线性关系，回归曲线科学合理。比较 EC_{50}（表8-13），辽细辛精油含量为25%时，其 EC_{50} 为209～734 mg/L，均低于750 mg/L；而含量为12.5%时，其 EC_{50} 高达3 409.66 mg/L，显著高于前者，是前者的4.65～16.31倍，说明含25%辽细辛精油乳油对黄瓜灰霉病菌的抑制效果好。

表8-13　辽细辛精油乳油对黄瓜灰霉病菌的毒力效果

精油含量	比例	回归方程	相关系数 r	EC_{50}/（mg/L）	比值	增效系数（SR）
25%	4：1	$Y=1.426\ 7X+1.689\ 8$	0.996 2	209.00	0.88	0.382 3
	9：1	$Y=1.109\ 3X+2.362\ 1$	0.961	238.82	1	0.703 2
	19：1	$Y=1.485\ 4X+0.743\ 4$	0.991 5	734	3.07	0.532
	39：1	$Y=1.798\ 3X+0.100\ 2$	0.995	530.22	2.22	0.878 9
12.5%	9：1	$Y=1.268\ 8X+0.517\ 9$	0.963 7	3 409.66	14.28	—
辽细辛精油		$Y=2.413\ 7X-0.312\ 2$	0.993 7	158.79		

　　注：比例为N-甲基吡咯烷酮：植物油乳化剂；比值为其他混合比例的抑制中浓度与25%、9：1配制乳油的抑制中浓度之比。

当乳油中辽细辛精油含量为 25% 时，N-甲基吡咯烷酮与植物油乳化剂混合比例不同，所配乳油对黄瓜灰霉病菌的抑制效果不同，混合比为 $4:1$ 和 $9:1$ 时，EC_{50} 分别为 209 mg/L 和 238.82 mg/L，EC_{50} 偏低，作用效果好；混合比为 $19:1$ 和 $39:1$ 时，EC_{50} 分别为 734 mg/L 和 530.22 mg/L，EC_{50} 偏高，作用效果较差。

从增效系数可以看出，辽细辛精油含量 25%、N-甲基吡咯烷酮与植物油乳化剂按 $9:1$、$19:1$ 和 $39:1$ 混合，配制成乳油后表现为相加作用，增效系数（SR）均大于 0.5，分别为 0.703 2、0.532 和 0.878 9；而辽细辛精油含量 25%、N-甲基吡咯烷酮与植物油乳化剂按 $4:1$ 混合，配制成乳油后的增效系数为 0.382 3，小于 0.5，表现为拮抗作用。虽然辽细辛精油含量 25%、N-甲基吡咯烷酮与植物油乳化剂按 $39:1$ 混合配制成乳油的增效系数为较高（为 0.878 9），但乳化剂的含量约为 1.875%，明显低于乳油制剂中乳化剂含量为 8%～10% 的要求。综合而言，辽细辛精油含量 25%、N-甲基吡咯烷酮与植物油乳化剂比例为 $9:1$，是配制辽细辛乳油的理想配方。

8.6　乳油的稳定性

8.6.1　标准稳定性

用恒温水浴锅（30℃±1℃）在硬水（$CaCl_2$、$MgCl_2$）中对所选理想乳油配方进行了 1 h 的标准稳定性测定，观察结果无浮油、浮膏和沉淀，乳油合格。说明 $CaCl_2$ 与 $MgCl_2$ 在水中的各种离子键（Ca^{2+}、Mg^{2+}、Cl^-）对乳化的各种分子键没有破坏作用。

8.6.2　低温稳定性

利用冰箱（0℃±2℃）对所选理想乳油进行了低温稳定性测定，结果观察没有任何析出物或沉淀，没有颜色和状态的变化，低温稳定性较好。原因源自 N-甲基吡咯烷酮与植物油乳化剂及辽细辛精油均适合在低温下储存，所以乳油在 0℃±2℃ 低温下，稳定性也比较好。

8.6.3　高温稳定性

利用恒温箱（54℃±1℃）进行了 14 d 的高温稳定性测定，热贮前含量为 6.336 1 g，热贮后含量为 6.024 8 g，热贮分解率为 4.91%，并且能观察到黑色沉淀物，说明经过高温之后，乳油发生变化，但重量变化不大，热贮分解率≤5%，即高温稳定性较好。

8.6.4　稳定性测定后的抑菌作用

稳定性处理后的乳油在供试浓度下，随乳油浓度的增加，对黄瓜灰霉病菌菌丝生长的作用效果提高，抑制率与浓度成线性正相关；在供试浓度范围内，低温 0℃处理后的乳油，抑制率变化范围为 20.67%～70.04%，最高抑制率是最低抑制率的 3.39 倍，即增幅较大，图 8-6 中曲线陡度大；高温 54℃处理后，抑制率范围为 59.63%～70.02%，最高抑制率是最低抑制率的 1.17 倍，即增幅较小，图 8-6 中曲线比较平稳；供试浓度为 1 000 mg/L 时，稳定性处理后和处理前乳油的抑制率均为 70%左右，差异不显著，作用效果相当。

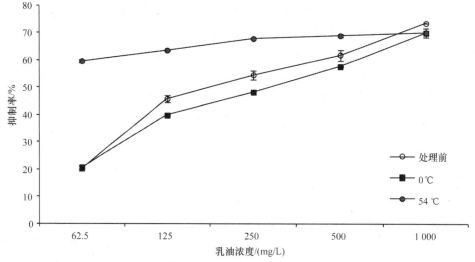

图 8-6　稳定性处理后辽细辛精油乳油对黄瓜灰霉病菌的抑制作用

　　低温和高温处理后，乳油对黄瓜灰霉病菌菌丝生长的抑制作用与处理前比较或增强或降低（图 8-6 和表 8-14）。在供试浓度范围内，低温 0℃处理后的乳油，抑制效果降低，抑制率为处理前乳油的 87%～95%，只有浓度为 62.5 mg/L 时，抑制效果稍有提高，是处理前乳油的 1.02 倍，图 8-6 中两条曲线走势一致；高温 54℃处理后，抑制率范围为 59.63%～70.02%，抑制效果增强，抑制率为处理前乳油的 1.11～2.95 倍，且高温处理后乳油的抑制效果随浓度的提高增强幅度不大，图 8-6 中两条曲线走势完全不同。

表8-14　稳定性处理后辽细辛精油乳油对黄瓜灰霉病菌的抑制效果比较

样品	菌丝生长抑制率/%				
	62.5 mg/L	125 mg/L	250 mg/L	500 mg/L	1 000 mg/L
处理前	20.23±0.92	45.77±1.32	54.59±1.59	61.92±2.01	73.61±0.13
低温	20.67±0.64	39.74±0.23	48.22±0.14	57.63±0.12	70.04±0.45
高温	59.63±0.48	63.59±0.32	67.89±0.08	69.02±0.41	70.20±1.53

续表

样品	抑制效果比较				
	62.5 mg/L	125 mg/L	250 mg/L	500 mg/L	1 000 mg/L
处理前	1	1	1	1	1
低温	1.02	0.87	0.88	0.93	0.95
高温	2.95	1.39	1.24	1.11	0.95

注：抑制效果比较数据以处理前的乳油抑制率为基准，稳定性处理后的抑制率与之比较。

低温 0℃贮藏后，辽细辛精油乳油的抑制中浓度 EC_{50} 为 298.89 mg/L，是处理前（EC_{50}=238.82 mg/L）的 1.25 倍，说明抑制效果有所下降，但下降幅度较小；高温 54℃贮藏后，EC_{50} 仅为 4.58 mg/L，是处理前的 1/50，说明抑制效果有所提高，且提高幅度非常大，提高了 50 倍（表 8-15）。表明所配制辽细辛精油乳油的高温稳定性一般，但经高温贮藏后抑制效果显著提高；低温稳定性好，0℃处理后乳油与处理前乳油的抑制效果变化不大，证明所配制的辽细辛精油乳油的稳定性较好。

表8-15 稳定性处理后辽细辛精油乳油对黄瓜灰霉病菌的毒力效果

样品	回归方程	相关系数 r	EC_{50}/（mg/L）	比值
处理前	$Y=1.109\ 3X+2.362\ 1$	0.961	238.82	1
0℃	$Y=1.042\ 9X+2.418\ 2$	0.983 4	298.89	1.25
54℃	$Y=0.239\ 8X+4.841\ 5$	0.962 5	4.58	0.02

8.7 乳油的药效对比

采用生长速率法对筛选出的理想辽细辛精油乳油配方与较广泛使用的生物杀菌剂（如蜡质芽孢杆菌、苦参碱等）和化学杀菌剂（如福美双、霜霉立克等）对黄瓜灰霉病菌的作用效果进行了对比试验（表 8-16、图 8-7 和表 8-17）。

表8-16 不同制剂对黄瓜灰霉病菌的抑制作用

制剂	菌丝生长抑制率/%				
	1	2	3	4	5
	62.5 mg/L	125 mg/L	250 mg/L	500 mg/L	1 000 mg/L
辽细辛精油乳油	20.23±0.92	45.77±1.32	54.59±1.59	61.92±2.01	73.61±0.13
福美双	22.42±0.23	42.33±0.39	52.05±0.24	69.86±0.21	76.48±0.68
	31.25 mg/L	62.5 mg/L	125 mg/L	250 mg/L	500 mg/L
霜霉立克	20.31±0.23	27.97±0.17	37.21±0.12	66.22±0.72	84.68±1.47

续表

制剂	菌丝生长抑制率/%				
	1	2	3	4	5
	4 mg/L	8 mg/L	16 mg/L	32 mg/L	64 mg/L
苦参碱	46.24±0.71	55±0.88	73.96±0.61	90.65±1.23	94.24±0.40
	20 mg/L	40 mg/L	80 mg/L	160 mg/L	320 mg/L
蜡质芽孢杆菌	61.56±0.59	69.84±0.62	76.05±0.16	88.7±0.09	94.51±0.82

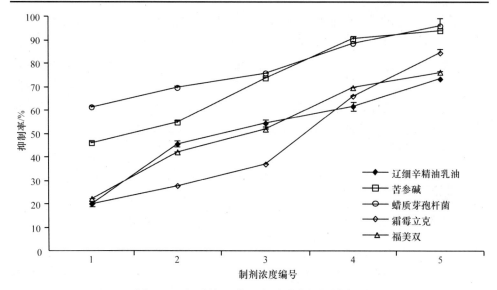

图 8-7　不同制剂对黄瓜灰霉病菌的抑制效果

表8-17　不同制剂对黄瓜灰霉病菌的毒力效果

制剂	回归方程	相关系数 r	EC$_{50}$/（mg/L）	比值
辽细辛精油乳油	$Y=1.109\,3X+2.362\,1$	0.961	238.82	1
苦参碱	$Y=1.506X+3.900\,2$	0.986 1	5.37	0.02
蜡质芽孢杆菌	$Y=1.214\,9X+3.354\,3$	0.972 4	22.63	0.09
霜霉立克	$Y=1.564\,4X+1.962\,9$	0.973 4	87.38	0.37
福美双	$Y=1.220\,4X+2.142$	0.987 8	219.72	0.92

注：比值为几种农药的抑制中浓度 EC$_{50}$ 与乳油的抑制中浓度 EC$_{50}$ 之比。

在供试浓度范围（62.5 mg/L、125 mg/L、250 mg/L、500 mg/L、1000 mg/L）内，辽细辛精油乳油对黄瓜灰霉病菌菌丝生长的抑菌率为20.23%～73.61%，抑菌中浓度 EC$_{50}$ 为238.82 mg/L，在供试药剂中为最高；苦参碱在供试浓度范围（4 mg/L、8 mg/L、16 mg/L、32 mg/L、64 mg/L）内，抑菌率为46.24%～94.24%，EC$_{50}$ 为5.37 mg/L，作用效果是辽细辛精油乳油的44.47倍；蜡质芽孢杆菌在供试浓度范围(20 mg/L、40 mg/L、80 mg/L、160 mg/L、320 mg/L)内,抑菌率为61.56%～94.51%,EC_{50}为22.63 mg/L,作用效果是辽细辛精油乳油的10.55倍;霜霉立克在供试浓度范围(31.25 mg/L、62.5 mg/L、125 mg/L、250 mg/L、500 mg/L)内,抑制率为20.31%～84.68%,EC_{50}为87.38 mg/L,作用效果是辽细辛精油乳油的2.73倍;福美双的供试浓度与辽细辛精油乳油相同,其抑菌率为22.42%～76.48%,抑菌中浓度EC_{50}为219.72 mg/L,与辽细辛精油乳油的相接近。说明辽细辛精油乳油的抑制效果不及苦参碱、蜡质芽孢杆菌、霜霉立克,但与化学农药福美双的作用效果相当,可以推广应用于农业生产。

8.8　本　章　小　结

植物源农药来源于自然,杀菌谱广,对多种病原菌有很强的抑菌作用,并且病原菌不易产生抗性,不会出现病害的再泛滥;同时植物源农药毒性小,不易产生药害,对人畜健康危害小,且有助于提高农产品质量。乳油是农药传统基本剂型之一,国内尚无植物精油乳油制剂的报道。辽细辛精油抑菌谱较广,具有开发成植物源农药的价值。通过系列试验研制出了具有抑菌/杀菌活性的新型植物源农药——辽细辛精油乳油。该乳油的研制成功,填补了国内空白,满足了人们对绿色蔬菜和有机蔬菜的需求,必将带来巨大的生态、经济和社会效益。

1. 有机溶剂不同对辽细辛精油的溶解能力不同

石油醚、二甲基亚砜、无水乙醇、乙酸乙酯和 N-甲基吡咯烷酮5种有机溶剂对黄瓜灰霉病菌的抑制效果不同,对辽细辛精油的溶解能力也不同,其中 N-甲基吡咯烷酮的EC_{50}为292.09 mg/L,抑制效果较好,且辽细辛精油在 N-甲基吡咯烷酮中的溶解度为100%,说明 N-甲基吡咯烷酮是配制辽细辛精油乳油较为合适的有机溶剂。

乳油中由于含有大量有机溶剂,使药液容易在作物、虫体和杂草上润湿、展着,因此具有更好的防治效果,溶剂对原药起溶解和稀释作用,要求对原药溶解度大,与原药相容性好,来源丰富,成本低。但含有一定比例的以甲苯、二甲苯等芳烃类物质为代表的有机溶剂,不仅会导致石油资源的浪费,同时还有可能诱发环境污染,另外,溶剂具有可燃性,因而对容器、运输及贮存等方面提出了较高要求。为此,国际上有在农药制剂中禁用甲苯、二甲苯等有机溶剂的规定,我国台湾地区农业委员会对二甲苯、苯胺、苯、四氯化碳、三氯乙烯等农药产品中使用的38种有机溶剂进行了限量管理。而 N-甲基吡咯烷酮沸点高、极性强、黏度低、溶解能力强、无腐蚀、毒性小、生物降解能力强、挥发度低、化学稳定性和热稳定性优良,广泛应用于石油化工、塑料工业、药品、农药、染料以及锂离子电池制造业等许多方面，且其抑制效果较好，克服了上述不足，所以选择其为最适的有机溶剂。

2. 乳化剂不同对辽细辛精油的乳化能力不同

植物油乳化剂、乳化剂601、乳化剂601、By-140、吐温-80等5种乳化剂对黄瓜灰霉病菌的抑制效果不同，对辽细辛精油的乳化能力不同，其中植物油乳化剂的 EC_{50} 为205.09 mg/L，抑制效果好，且辽细辛精油在该乳化剂中的分散性最好，同时 N-甲基吡咯烷酮与植物油乳化剂混合后混剂对辽细辛精油的乳化能力也很好，说明植物油乳化剂是配制辽细辛精油乳油较为合适的乳化剂。

乳化剂是乳油配方筛选的关键，乳化剂中由于极性和表面能的作用，带负电的油滴胶核吸附水中的反离子或极性水分子形成胶体双电层则进一步阻止了油滴间的相互碰撞，使油滴能长期稳定地存在于水中。乳化剂的作用使得原本互不相容的油水充分混合乳化并长期稳定存在，乳化后的乳液具有极高的稳定性。

烷基酚聚氧乙烯醚类乳化剂由于其生物降解性差，并随着降解过程，毒性增大，对鱼类、无脊椎动物、海藻和微生物具有很高毒性，所以在乳化剂选择过程中没有使用这类乳化剂，而选择植物油乳化剂作为最佳乳化剂则避免了这些问题。

3. 辽细辛精油乳油组成成分配比不同抑制效果不同

有机溶剂和乳化剂的混合比较不同，其混合物的抑制效果不同。虽然 N-甲基吡咯烷酮与植物油乳化剂按1∶1和4∶1混合后的混合物对黄瓜灰霉病菌的抑制作用强，其 EC_{50} 低于70 mg/L，分别为34.11 mg/L 和68.54 mg/L，而两者混合比例为9∶1时的 EC_{50} 为171.22 mg/L，但是乳化剂含量的为8%～10%，所以 N-甲基吡咯烷酮与植物油乳化剂按9∶1混合试剂是最好的选择。

辽细辛精油在乳油中的占比不同，抑制效果不同。25%辽细辛精油与 N-甲基吡咯烷酮与植物油乳化剂按9∶1混合而成的乳油对黄瓜灰霉病菌的作用效果好，EC_{50} 为238.82 mg/L，且不同组分间混合起相加作用，增效系数>0.5；而辽细辛精油含量为12.5%时，与 N-甲基吡咯烷酮与植物油乳化剂按9∶1混合而成的乳油对黄瓜灰霉病菌的作用效果极差，EC_{50} 高达3 409.66 mg/L，是前者的14.28倍。

4. 辽细辛精油乳油性能较好，可推广应用于农业生产

25%辽细辛精油、N-甲基吡咯烷酮与植物油乳化剂按9∶1混合而成的辽细辛精油乳油其最佳的配方为：辽细辛精油∶有机溶剂∶乳化剂=10（25%）∶27（67.5%）∶3（7.5%）。

该乳油在硬水中的标准稳定性、54℃条件下的热稳定性和 0℃条件下的低温稳定性均较好，且经过54℃高温处理后，对黄瓜灰霉病菌的作用效果有所提高，

提高幅度非常大，近 50 倍。

该乳油对黄瓜灰霉病菌的作用效果与 50%的福美双可湿性粉剂的抑制效果相当，EC_{50} 分别为 238.82 mg/L 和 219.72 mg/L，说明可以推广应用于农业生产。

该乳油的制备方法特征是：①将植物油乳化剂 EL、N-甲基吡咯烷酮混合，搅拌均匀；②在上述混合物中再加入辽细辛精油，继续搅拌，混合均匀；③装入棕色瓶中，低温黑暗保存；④所得抑/杀植物致病真菌用植物精油乳油，以 1 000 mL 计，其中辽细辛精油 250 mL、N-甲基吡咯烷酮 675 mL、植物油乳化剂 75 mL。

乳油是农药传统的、常见的基本剂型之一，相较其他农药剂型而言，乳油具有诸多优势，工艺简单，药效高，施用方便，性质较稳定，便于长期储存，防治效果较为理想。因而农药乳油制剂产品在农作物的防虫、防病和除草方面发挥出了良好的应用价值，至今仍旧是我国及大多数发展中国家所使用的主要农药剂型之一，占制剂产量的 50%。中国是一个农业大国，农药在农业生产中发挥着十分重要的作用。为了降低农药残留量，努力开发新型农药已经成为当务之急。植物源农药作为绿色农药之一，在未来的植物保护中肩负着巨大的历史使命。湖北省农业科学院喻大昭研究员团队从植物代谢产物中发现和创制了用于防治植物病害的天然蒽醌类农用系列杀菌剂，荣获第十七届中国专利奖金奖，自 2006 年获得发明专利授权后，产品累计应用面积达 2116 万亩[①]，创造经济效益 43 亿元。0.5%丁香酚可溶液剂 250 倍液+1.3%苦参碱水剂 500 倍液果穗套袋前混用浸果对葡萄灰霉病防效达 85%以上；LS-1 是东北农业大学植物保护系研制的植物源杀菌剂，对番茄叶霉病、番茄早疫病和黄瓜霜霉病均有良好的防治效果，与甲基托布津和诺毒霉等防效相当；20%银泰乳油在 0～200 μg/mL 浓度范围内，对早疫病菌的抑菌活性和对照药剂扑海因基本相当，对灰霉病菌的抑菌活性强于扑海因。本研究同样证明，25%的辽细辛精油乳油对黄瓜灰霉病菌的抑制效果与福美双相当，说明辽细辛精油乳油可以推广应用于农业生产。

近几年随着国内农资市场向外开放，一些欧美企业将新型的植物源农药带进中国市场，体现了其强大的生命力。中国地大物博、物产丰富、植物种类繁多，因此，必须加快植物源农药的研究开发力度，充分发挥植物大国的得天独厚的优势，促进绿色农业发展和生态环境建设。

---

① 1 亩≈666.7 m^2

参 考 文 献

蔡少青，陈世忠. 1997. 不同生长年限及不同采集时间对北细辛根挥发油的影响. 北京医科大学学报，29（4）：
    336-371.

曹克强，van Bruggen A H C. 2001. 几种植物提取物和天然产物对马铃薯晚疫病菌的抑制作用. 河北农业大学学报，
    24（2）：90-96.

陈根强，冯俊涛，马志卿，等. 2004. 松油烯-4-醇对几种昆虫的熏蒸毒力及其致毒症状. 西北农林科技大学学报（自
    然科学版），32（7）：50-52, 56.

陈红兵，王金胜，张作刚，等. 2003. 万寿菊根提取物对西瓜枯萎病反应的抗性研究. 植物病理学报，33（5）：439-443.

陈建伟，武露凌，李祥，等. 2012. 北细辛超临界萃取物挥发性成分的 GC-MS 分析. 天然产物研究与开发，24：
    195-198.

方中达. 1998. 植物病理研究方法. 第 3 版. 北京：中国农业出版社：152.

付昌斌，张兴. 2000. 砂地柏提取物对粘虫幼虫体内几种酶系活性的影响. 植物保护学报，27（1）：75-78.

韩俊艳，王军，韩雪，等. 2012. 北细辛挥发油对二斑叶螨的毒性及其酶的影响. 天然产物研究与开发，24（4）：
    525-528.

侯华民. 1998. 植物精油的杀虫活性及熏蒸机理研究. 西北农业大学硕士学位论文.

胡林峰，许明录，朱红霞. 2011. 植物精油抑菌活性研究进展. 天然产物研究与开发，23：384-391.

黄聪华. 2013. 芒萁抑菌有效成分的提取及抑菌机理研究. 广东工业大学硕士学位论文.

回瑞华，魏倩，盖泽广. 1993. 辽细辛挥发油化学成分的研究. 辽宁大学学报，20（2）：87-93.

姬兰柱，王桂清，刘艳，等. 2013. 细辛精油对 2 种农业害虫保护酶和解毒酶活性的影响. 河南农业科学，42（12）：
    79-85.

江志利，陈安良，白伟，等. 2002. 六种植物精油对家蝇的熏蒸及触杀毒力测定. 农药学学报，4（1）：85-88.

江志利，张兴，冯俊涛. 2001. 植物精油研究及其在植物保护中的利用. 陕西农业科学，16（10）：32-36.

蒋志胜，尚稚珍，万树青，等. 2003. 光活化杀虫剂 α-二噻吩的电子自旋共振分析及其对库蚊保护酶系统活性的影
    响. 昆虫学报，4 6（1）：22-26.

兰琪，姬志勤，顾爱国，等. 2004. 苦皮藤内生真菌中杀虫杀菌活性物质的初步研究. 西北农林科技大学学报（自
    然科学版），32（10）：79-84.

李凡海，张秀省，王桂清，等. 2014. 不同方法提取的北细辛精油指纹图谱分析及杀虫活性比较. 江苏农业科学，
    42（8）：124-126.

李永刚，文景芝. 2003. 30 种中药抑菌活性的筛选试验初报. 植物保护学报，30（1）：109-110.

凌冰，张茂新，庞雄飞. 2003. 飞机草挥发油对真菌和昆虫的生物活性及其化学成分研究天然产物的研究与开发，
    15（3）：183-187.

刘东吉，刘春生. 2010. 不同产地栽培辽细辛的挥发油研究. 中国实验方剂学杂志，9：79-82.

刘海燕，高微微，樊瑛，等. 2007. 细辛挥发油抗植物病原真菌活性初步研究. 植物病理学报，37（1）：95-98.

刘惠霞，吴文君. 1998. 苦皮藤素 V 对东方粘虫中肠细胞及其消化酶活性的影响. 昆虫学报，41（3）：258-261.

刘杰，高希武，伍一军. 2006. 化学杀虫剂对松墨天牛体内代谢酶的作用. 农药，45（8）：542-544.

刘树民，罗明媚，杜心懿，等. 2006. 细辛挥发油对栖龙散白蚁毒效作用. 中药材，29（6）：539-541.

刘学文，徐汉虹，鞠荣，等. 2004. 植物精油在农药领域中的研究进展. 香料香精化妆品，（2）：36-39.

骆焱平. 2004. 128 种南药植物提取物对六种病原菌的抑制生长作用. 热带作物学报，25（4）：106-111.

马志卿，颜瑞莉，陈根强，等. 2004. 松油烯-4-醇对粘虫体内保护酶活力的影响. 西北农林科技大学学报（自然科
    学版），32（10）：85-88.

孟昭礼, 罗兰, 袁忠林, 等. 2002. 人工模拟的植物源杀菌剂银泰防治番茄3种病害效果研究. 中国农业科学, 35 (7): 863-866.

米热古丽伊马木, 余雄, 阿依古丽, 等. 2011. 三种植物精油抑制效果的研究. 新疆农业科学, 48 (6): 1044-1048.

莫建初, 张时妙, 滕立, 等. 2003. 细辛对黄胸散白蚁的毒效. 农药学学报, 5 (4): 80-84.

牟少飞, 梁沛, 高希武. 2006. 槲皮素对B型烟粉虱羧酸酯酶和谷胱甘肽-S-转移酶活性的影响. 昆虫知识, 43 (4): 491-495.

慕立义. 1994. 植物化学保护研究方法. 北京: 中国农业出版社.

钱华, 吴蓉, 左小明, 等. 1998. 马尾松毛虫幼虫血淋巴羧酸酯酶的诱导及其与抗菌物质的相关性研究. 浙江林业科技, 18 (6): 30-32.

石国荣, 饶力群. 2003. 微波萃取技术在天然产物活性成分提取中的研究进展. 化学与生物工程, 6: 4-6.

宋军, 李鹤玉, 于廉君. 1996. 丁香酚抗真菌作用的实验观察. 沈阳部队医药, 3: 199-201.

孙录, 胡文忠, 刘程, 等. 2016. 辽细辛功能成分的研究进展. 食品工业科技, 37 (4): 391-394.

孙秀安, 孙国刚. 2011. 细辛叶枯病发生规律及综合防治. 特种经济动植物, 2: 52.

万树青, 徐汉虹, 赵善欢, 等. 2005. 多炔类化合物对美洲大蠊的触杀活性及对乙酰胆碱酯酶和腺苷三磷酸酶活性的影响. 昆虫学报, 48 (4): 526-530.

王光峰, 张友军, 柏连阳, 等. 2003. 多杀菌素对甜菜夜蛾多酚氧化酶和羧酸酯酶的影响. 农药学学报, 5 (2): 40-46.

王桂清. 2007. 细辛精油对七种玉米病害的离体抑制效果. 沈阳农业大学学报, 38 (6): 807-810.

王桂清. 2008. 辽细辛提取物对灰葡萄孢菌的抑制效果. 植物保护, 34 (2): 53-57.

王桂清, 孙华. 2009. 活体条件下辽细辛精油对灰葡萄孢菌细胞壁降解酶活性的影响. 沈阳农业大学学报, 40 (4): 426-430.

王桂清, 张涛. 2011. 辽细辛精油对黄瓜灰霉病菌菌丝体细胞膜通透性的影响. 华北农学报, 26 (5): 5-8.

王桂清, 姬兰柱, 张弘. 2008a. 辽细辛精油对淡色库蚊的杀伤作用. 中国生物防治, 24 (2): 112-115.

王桂清, 张敏, 张军华. 2008b. 细辛精油和4种化学药剂对黄瓜灰霉病菌的抑制作用. 华中农业大学学报, 27 (5): 597-600.

王桂清, 李凡海, 姬兰柱. 2015. 辽细辛精油不同馏分杀虫活性比较. 湖北农业科学, 54 (2): 355-358.

王慧君. 2010. 5%米尔贝乳油配方研究. 东北农业大学硕士学位论文.

王树桐, 曹克强, 胡同乐, 等. 2004. 对番茄灰霉病菌有抑菌活性的丁香和细辛提取物提取条件研究. 河北农业大学学报, 27 (1): 69-72.

王晓丽, 金礼吉, 续繁星, 等. 2013. 中草药细辛研究进展. 亚太传统医药, 9 (7): 68-71.

王一丁, 高平, 郑勇, 等. 2002. 紫茎泽兰提取物对棉蚜的毒力及其灭蚜机理研究. 植物保护学报, 29 (4): 337-340.

翁群芳, 钟国华, 胡美英, 等. 2005. 骆驼蓬提取物对松材线虫的生物活性及生理效应. 中国农业科学, 38 (10): 2014-2022.

吴文君. 1987. 植物化学保护实验技术导论. 西安: 陕西科学技术出版社, 141-145.

吴文君, 刘惠霞, 朱靖博, 等. 1998. 天然产物杀虫剂——原理、方法、实践. 西安: 陕西科学技术出版社.

吴文君, 姬志勤, 胡兆农, 等. 2005. 杀虫植物苦皮藤中的有效成分及其生物活性. 华中师范大学学报 (自然科学版), 39 (1): 50-53.

吴学民, 冯建国, 马超. 2014. 农药制剂加工实验. 化学工业出版社, 17-18.

吴艳蓉, 贾凌云, 高福坤, 等. 2006. 不同产地和采收期辽细辛挥发油的含量测定. 沈阳药科大学学报, 23 (5): 285.

夏忠弟, 李沛涛. 1995. 山苍子油抗白色念珠菌的机制研究. 湖南医科大学学报, 2: 107-108.

肖秀屏, 苏玉彤, 王秀, 等. 2015. 细辛的病虫害防治. 特种经济动植物, 8: 52-53.

徐汉虹, 张志祥, 查友贵. 2003. 中国植物性农药开发前景. 农药, 42 (3): 1-10.

许静, 孔德洋, 宋宁慧, 等. 2013. 甲氧丙烯酸酯类杀菌剂的环境降解特性研究. 农业环境科学学报, 32 (10):

2005-2011.

鄢景森，李景辉，贾超. 2010. 细辛的资源开发利用与研究进展. 辽宁科技学院学报，12（3）：43-45.

严敖金，谭青安. 1998. 桉叶精油对三种天牛的忌避效果. 南京林业大学学报，22（1）：87-90.

杨大峰，闫汝南. 1997. 五个不同来源细辛挥发油气相色谱-质谱分析. 中国中药杂志，22（7）：426-428.

杨厚玲，邱琴，陈婷婷，等. 2007. 不同方法提取的北细辛挥发油的气质联用成分分析. 中国药学杂志，42：1031-1033.

杨频，潘沁红，马雅军. 2005. 植物精油熏杀致倦库蚊对酯酶活性的影响. 中华卫生杀虫药械，11（4）：235-237.

杨润亚，刘惠霞，吴文君，等. 2001. 苦皮藤素Ⅴ引起粘虫失水的作用机理初探. 西北农林科技大学学报（自然科学版），29（2）：77-79.

杨秀娟，何玉仙，陈福如，等. 2002. 不同植物提取液的杀线虫活性评价. 江西农业大学学报（自然科学版），24（3）：386-389.

杨银书，刘增加，张继军. 2002. 8种植物挥发油对媒介硬蜱的驱避效果研究. 医学动物防制，18（5）：234-235.

杨勇，王建华，吉沐祥，等. 2016. 植物源农药丁子香酚与苦参碱及其混配对葡萄灰霉病的毒力测定及田间防效. 江苏农业科学，44（12）：160-163.

杨致年，曾超等. 2000. 植物精油的抗菌性. 天然产物研究与开发，3（21）：37-39.

尹红，杜心鹭，刘树民，等. 2007. 细辛醇提物对栖北散白蚁的毒效及含量测定研究. 中华卫生杀虫药械，13（4）：263-266.

俞晓平，吕仲贤，陈建明，等. 2005. 植物源农药的研究进展. 浙江农业学报，17（1）：42-48.

喻大昭，杨小军，杨立军，等. 2004. 49种植物源粗提物对黄瓜灰霉菌的生物活性筛选. 植物保护学报，31（2）：217-218.

曾虹燕，金永钟，包罗涛，等. 2004. 不同方法提取的辽细辛挥发油指纹图谱分析. 测试技术学报，18（3）：232-236.

张国珍，樊英，丁万隆，等. 1995. 麻黄和细辛挥发油的抗真菌作用. 植物保护学报，22（4）：373-374.

张国洲，王亚维，徐汉虹. 2002. 瑞香亭和狼毒色原酮对昆虫酯酶同工酶的影响. 湖北农学院学报，22（2）：112-114.

张继文，姬志勤，吴文君. 2004. 苦皮藤素Ⅴ的结构修饰及生物活性. 西北农林科技大学学报（自然科学版），32（10）：99-101.

张洁，伊艳杰，王金水，等. 2014. 小麦赤霉病的防治技术研究进展. 中国植保导刊，34（1）：24-28，53.

张静，冯岗，马志卿，等. 2007. 细辛醚对粘虫幼虫的毒力及几种重要酶系的影响. 昆虫学报，50（6）：574-577.

张静，冯岗，马志卿，等. 2008. 细辛醚对六种农业害虫的生物活性. 西北农林科技大学学报（自然科学版），36（4）：166-170.

张磊，陈晓辉，刘玉磊，等. 2008. RP-HPLC法同时测定辽细辛中L-细辛脂素、L-芝麻脂素和卡枯醇. 中草药，39（7）：1098-1100.

张妙玲，唐裕芳，叶进富. 2004. 细辛超临界CO_2萃取物抑制活性研究. 四川食品与发酵，40（1）：36-38.

张兴，赵善欢. 1992. 川楝素对菜青虫体内几种酶系活性的影响. 昆虫学报，35（2）：171-177.

张兴，马志卿，李广泽，等. 2002. 生物农药述评. 西北农林科技大学学报（自然科学版），30（2）：142-148.

张应焓，尹彩萍，等. 2005. 植物源杀菌剂的研究进展. 西南民族大学学报（自然科学版），31（3）：402-409.

赵雪平，施南华，李奇峰，等. 2005. 抗真菌微生物天然产物的研究进展. 中国抗生素杂志，30（8）：512-516.

周勇，姚三桃，吴琦，等. 1981. 细辛挥发油抗真菌作用及其有效成分黄樟醚的研究. 中医杂志，12：62-64.

Anthony S，Abeywickrama K，Dayananda R，et al. 2004. Fungal pathogens associated with banana fruit in Sri Lanka, and their treatment with essential oils. Mycopathologia，157（1）：91.

Bouchra C，Mohamed A，Mina I H，et al. 2003. Antifungal activity of essential oils from several medicinal plants against four postharvest citrus pathogens. Phytopathologia Mediterranea，42（3）：251-256.

Cai S Q，Yu J，Wang X，et al. 2008. Cytotoxic activity of some *Asarum* plants. Fitoterapia，79（4）：293-297.

Chebli B，Hmamouchi M，Achouri M，et al. 2004. Composition and *in vitro* fungitoxic activity of 19 essential oils against two post-harvest pathogens. J Essent Oil Res，16：507-511.

Fratemale D，Epifano F，Curini M. 2004. Composition and antifungal activity of two essential oils of hyssop（*Hyssopus officinalis* L.）. J Essent Oil Res，16（6）：617-622.

Fraternale D，Giamperi L，Ricci D. 2003. Chemical composition and antifungal activity of essential oil obtained from *in vitro* plants of *Thymus mastichina* L. J Essent Oil Res，15：278- 281.

Khambay B P S，Duncan B，Philip J J，et al. 2003. Mode of action and pesticidal activity of the natural product dunnione and of some analogues. Pest Management Science，59：174-182.

Letessier M，Svoboda K P，Walters D R. 2001. Antifungal activity of the essential oil of hyssop（*Hyssopus oficinalis*）. Journal of Phytopathology，149（11/12）：673-678.

Michael G P，Savarimuthu I，Munusamy R G，et al. 2017. Comparative studies of tripolyphosphate and glutaraldehydecross-linked chitosan-botanical pesticide nanoparticles and their agricultural applications. International Journal of Biological Macromolecules，104：1813-1819.

Nakamura C V，Ishida K，Faccin L C，et al. 2004. *In vitro* activity of essential oil from *Ocimum gratissimum* L. against four *Candida species*. Research in Microbiology，155：579-586.

Perumalsamy H，Chang K S，Park C，et al. 2010. Larvicidal activity of *Asarum heterotropoides* root constituents against insecticide susceptible and resistant *Culex pipiens pallens* and *Aedes aegypti* and *Ochlerotatus togoi*. J Agric Food Chem，58（18）：10001-10006.

Perumalsamy H，Kim N J，Ahn Y J. 2009. Larvicidal activity of compounds isolated from *Asarum heterotropoides* against *Culex pipiens pallens*，*Aedes aegypti* and *Ochlerotatus togoi*（Diptera：Culicidae）. Biol Control，46（6）：1420-1423.

Ristic M，Sokovic M，Grubisic D，et al. 2004. Chemical analysis and antifungal activity of the essential oil of *Achillea atrata* L. J Essent Oil Res，16：75-78.

Tachibana S，Ishikawa H，Itoch K. 2005. Antifungal activities of compounds isolated from leaves of *Taxus cuspidata* var. *nana* against plant pathogenic fungi. J Wood Sci，51：181-184.

Wang F，Wei F，Song C，et al. 2017. *Dodartia orientalis* L. essential oil exerts antibacterial activity by mechanisms of disrupting cell structure and resisting biofilm. Industrial Crops & Products，109：358-366.

Wu T，Chcng D，He M，et al. 2014. Antifungal action and inhibitory mechanism of polymethoxylated flavones from *Citrus reticulata* blanco peel against *Aspergillus niger*. Food Control，35：354-359.